神奈川県二宮町吾妻山公園より富士山を望む（撮影：江川式部）

奈良県橿原市藤原宮跡にて（撮影：武田和哉）

左上：鹿児島県指宿市にて（撮影：武田美作子）　右上：兵庫県淡路市にて（撮影：武田和哉）
左下：栃木県宇都宮市にて（キャベツ畑）　右下：愛媛県今治市にて（撮影：渡辺正夫）

スペイン・グラナダ　アルハンブラ宮殿の庭園で観花植物として栽培されているアブラナ植物（クロガラシ、または、カラシナの仲間）（撮影：武田美作子）

中国青海省青海湖畔にて（撮影：江川式部）

左上：中国雲南省玉渓市通海の市場にて（コールラビ）
中上：同 麗江市の畑にて（マカの苗）
右上：ミャンマー連邦ヤンゴン市の店頭にて（大根）
左中：同 パガン市の市場にて（カリフラワー）
中中：中国内蒙古自治区赤峰市の市場にて（白菜とキャベツ）
右中：ウズベキスタン共和国タシケントの市場にて（大根）
左下・中下：ウズベキスタン共和国ブハラの市場 にて（左下：白菜・カリフラワー、中下：キャベツ・大根）
（撮影：江川式部・武田和哉）

図1-2-2(渡辺論文) ***B.rapa*** と ***B.oleracea*** で見られる形態的平行進化
(A)ハクサイ, (B)キャベツ, (C)カブ, (D)コールラビ
それぞれ植物種を超えて、結球性、茎の肥大性という点で共通性が見られる。

図1-3-1(同前) アブラナ科作物である
キャベツ類とカブ類の多様性
(A)ケール,(B)キャベツ,(C)コールラビ,
(D)ブロッコリー,(E)カリフラワー,(F)ロマネスコ,(G)カブ,(H)ハクサイ,(I)ミズナ,
(J)ミブナ,(K)コマツナ

図1-3-2 (同前) XY染色体で雌雄性が制御されている植物
(A) パパイア, (B) キウイフルーツ, (C) アスパラガス

図1-3-3(同前) 雌雄異花、雌雄異熟を示す植物
(A)トウモロコシ, (B) スイカ, (C) キュウリ, (D) ネギ, (E) ハス

図1-3-4(同前) 春の畑の風景

(A)受粉に機能するミツバチ, (B)ダイコンと雑菜が同時に抽苔、開花している様子, (C)カブ類の雑種幼植物, (D)形態の異なるダイコン雑種植物

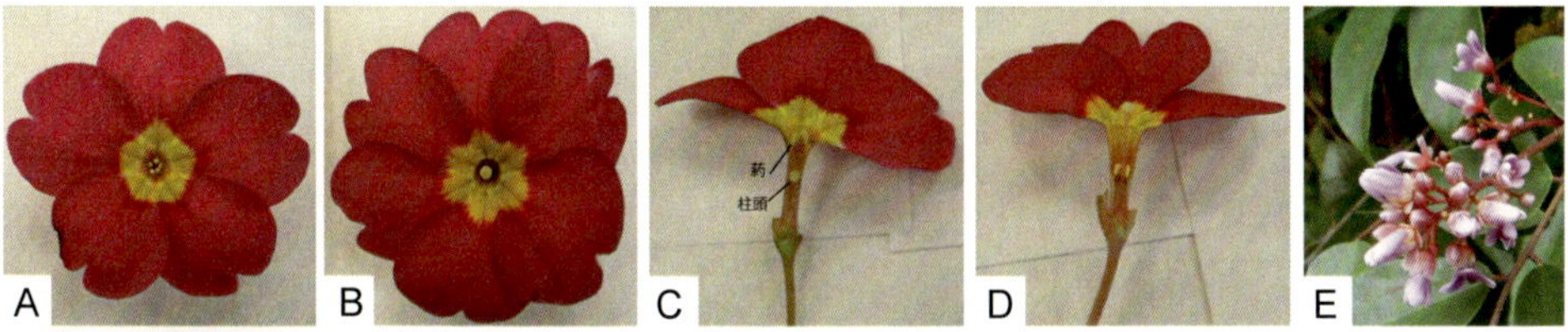

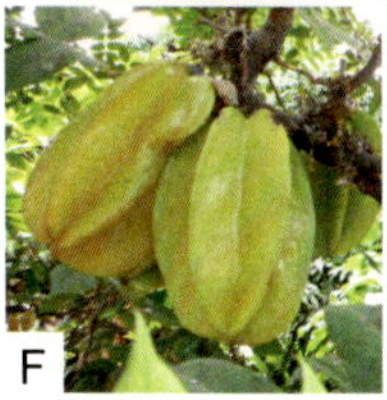

図1-3-5(同前) 異形花型自家不和合性を示す植物とサクラソウ花器官の形態

(A)長花柱花を示すサクラソウ(花の上からの写真), (B)短花柱花を示すサクラソウ(花の上からの写真), (C)長花柱花を示すサクラソウ(花の横断面の写真), (D)短花柱花を示すサクラソウ(花の横断面の写真), (E)スターフルーツの花, (F) スターフルーツの果実

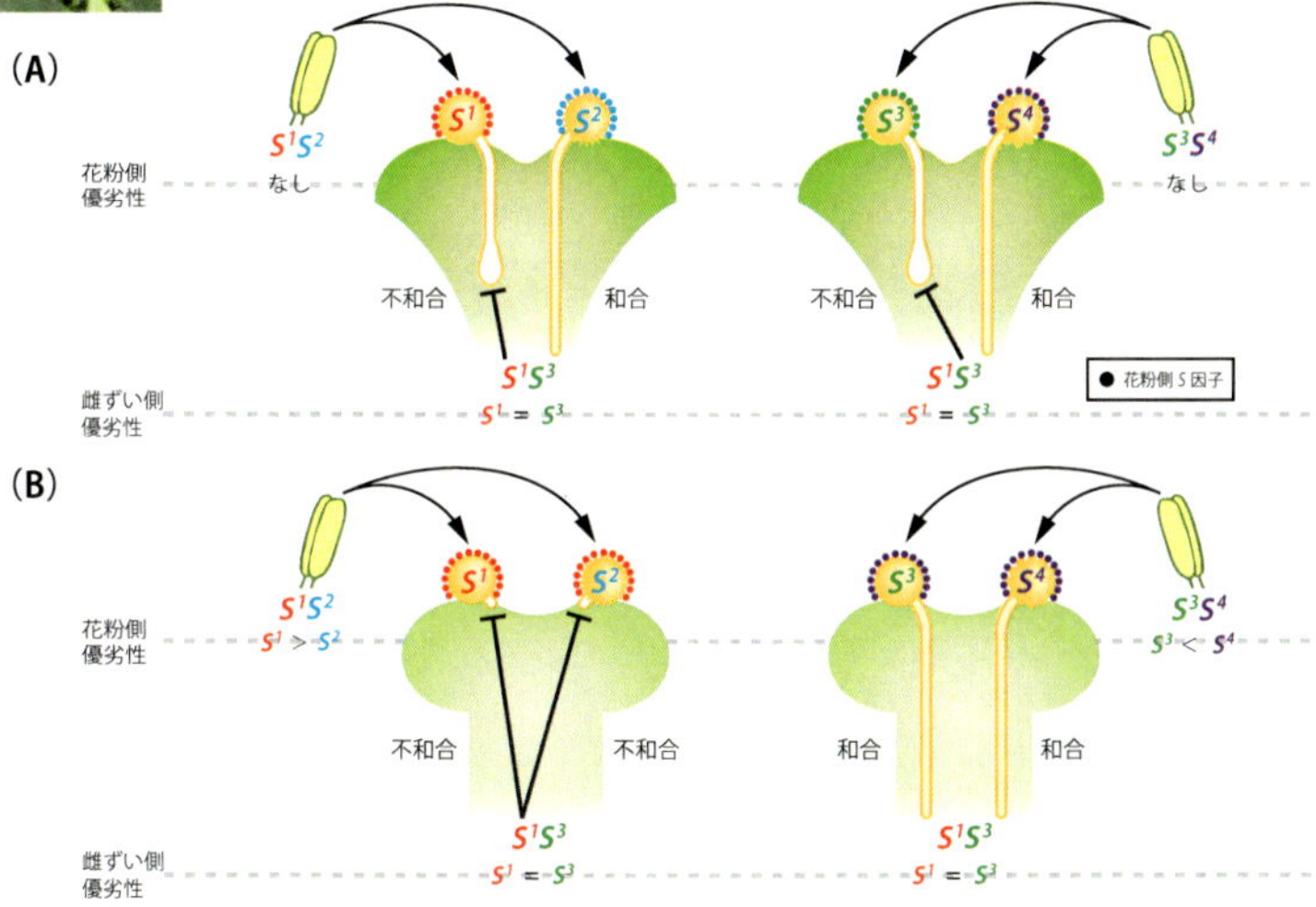

図1-3-6(同前) 配偶体型自家不和合性(A)と胞子体型自家不和合性(B)の違いとその遺伝子学的モデル

(A) S^1S^3ヘテロ接合体の植物の雌しべの先端にS^1, S^2, S^3,S^4対立遺伝子を有している花粉を交雑したときの花粉管行動。S^1, S^3花粉に由来する花粉管は花柱内で花粉管の先端が肥大、破裂することで、それ以上伸長できず不和合性となる。一方、雌しべの2つの対立遺伝子は多くの場合、共優性を示すため、S^1, S^3以外の花粉は和合性となり、正常な花粉管伸長の後に受精に至る。つまり、花粉S遺伝子の表現型は、花粉が有している配偶子の遺伝子型によって決定される。(B) 配偶体型自家不和合性と同様に、便宜的にS^1S^3ヘテロ接合体の植物の雌しべの先端に花粉を交雑したときの花粉管行動。左側は花粉を産生する植物体がS^1S^2植物であり、その植物では花粉のS対立遺伝子間に優劣性があり、$S^1>S^2$と仮定する。つまり、このS^1,S^2植物由来の花粉は、S^1かS^2の対立遺伝子を有しているが、優劣性があることから、自家不和合性の表現型としては全ての花粉がS^1を示す。結果として、雌しべの表現型がS^1S^3であることから、全ての花粉が不和合性を示す。一方、右側は花粉を産生する植物体がS^3S^4植物であり、その植物では花粉のS対立遺伝子間に優劣性があり、$S^3<S^4$と仮定する。つまり、このS^3S^4植物由来の花粉はS^3かS^4の対立遺伝子を有しているが、優劣性があることから、自家不和合性の表現型としては全ての花粉がS^4を示す。結果として、雌しべの表現型がS^1S^3であることから、全ての花粉が和合性を示す。

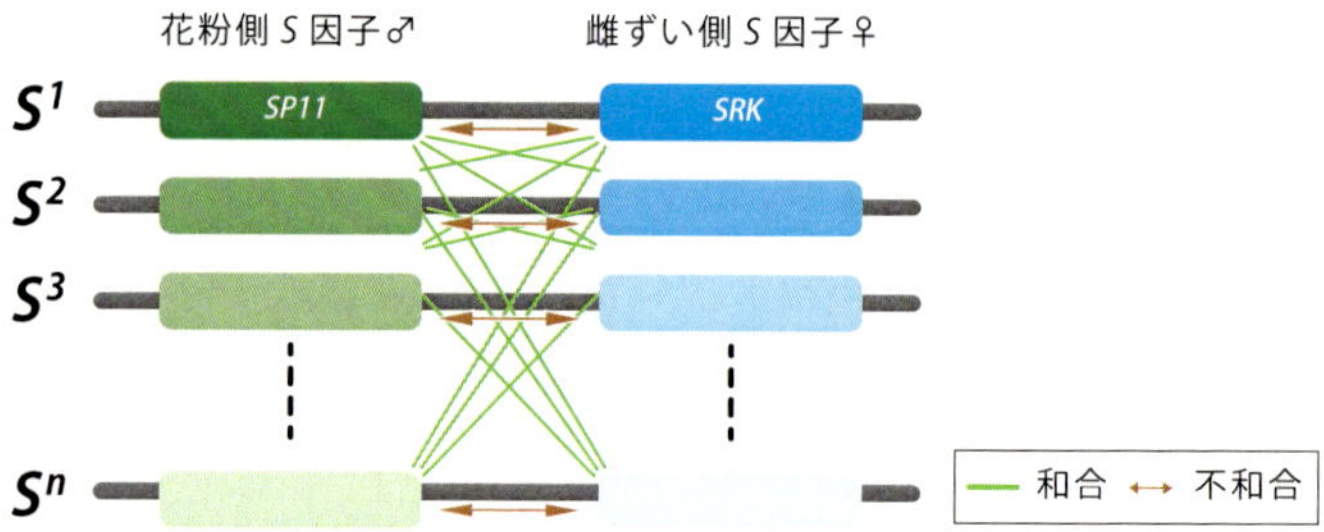

図1-3-7（同前） 遺伝子座*S*複対立遺伝子系のモデル

*S*対立遺伝子の雌雄の表現型が一致(*S*対立遺伝子の番号が一致)したとき、その組合せでは、同一個体でなく、他個体の場合にも不和合性を示す。一方、一致しない場合は、和合性を示し、雑種種子を得ることができる。

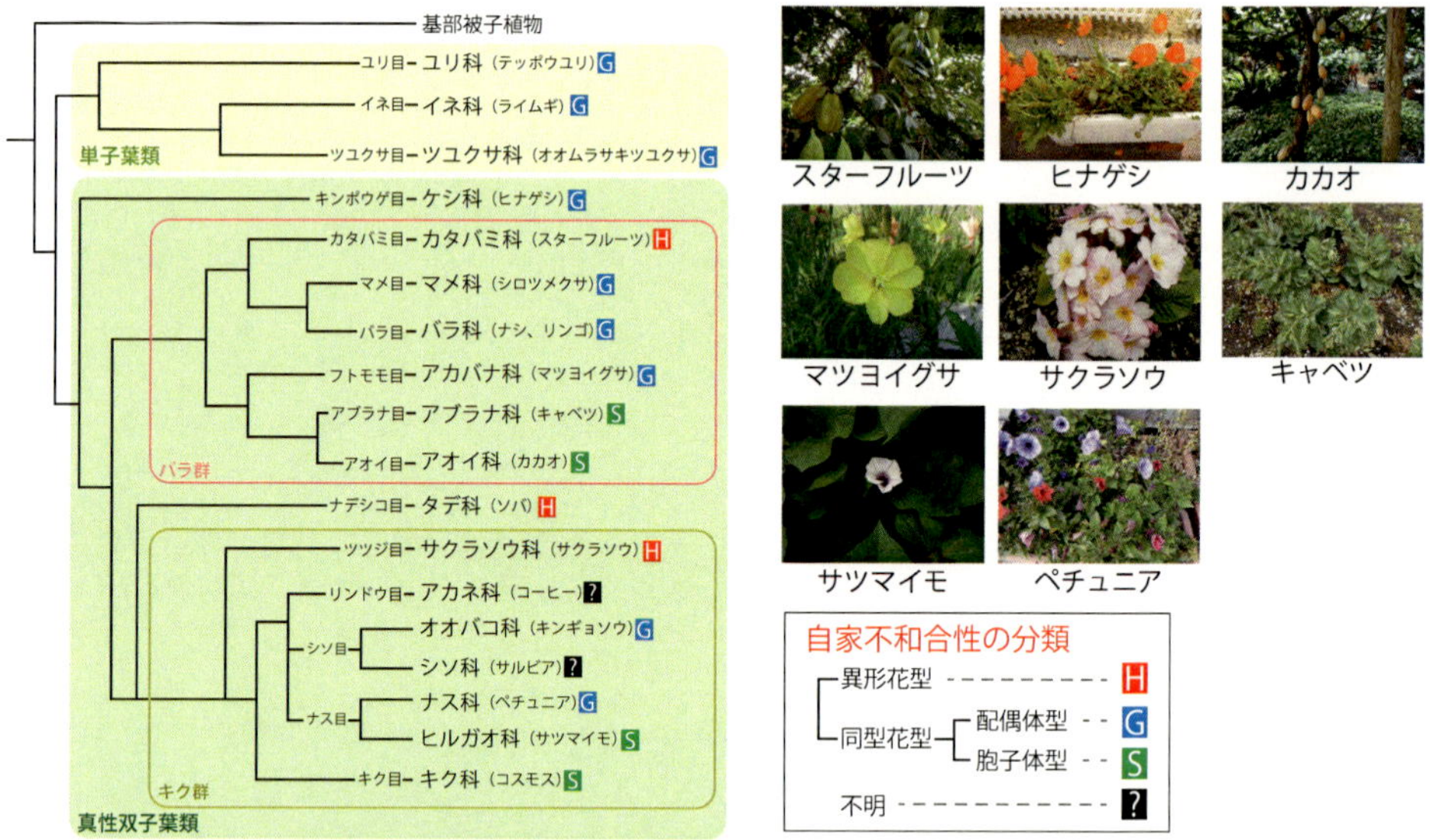

図1-3-8（同前） 被子植物の系統樹上での植物種の位置と自家不和合性の関係

自家不和合性を有している被子植物を主とした分子系統樹。種の分類と異形花型自家不和合性、胞子体型自家不和合性、配偶体型自家不和合性の分類は必ずしも一致しない。

<table>
<tr><th>科</th><th>花の形態</th><th>自家不和合性のタイプ</th><th>花粉側 S 因子</th><th>雌ずい側 S 因子</th></tr>
<tr><td>アブラナ科</td><td rowspan="4">同形花型</td><td>胞子体型</td><td>SP11/SCR</td><td>SRK</td></tr>
<tr><td>ナス科、バラ科
オオバコ科</td><td rowspan="2">配偶体型</td><td>SLF/SFB</td><td>S-RNase</td></tr>
<tr><td>ケシ科</td><td>PrpS</td><td>PrsS</td></tr>
<tr><td>ヒルガオ科</td><td>胞子体型</td><td>AB-2 ?</td><td>SE2 ?, SEA ?</td></tr>
</table>

図1-3-9（同前） 自家不和合性における雌雄*S*因子が決定されている植物種とその因子の機能

ヒルガオ科については、候補遺伝子が示されているだけであり、最終的な決定因子としての証明はなされていない。

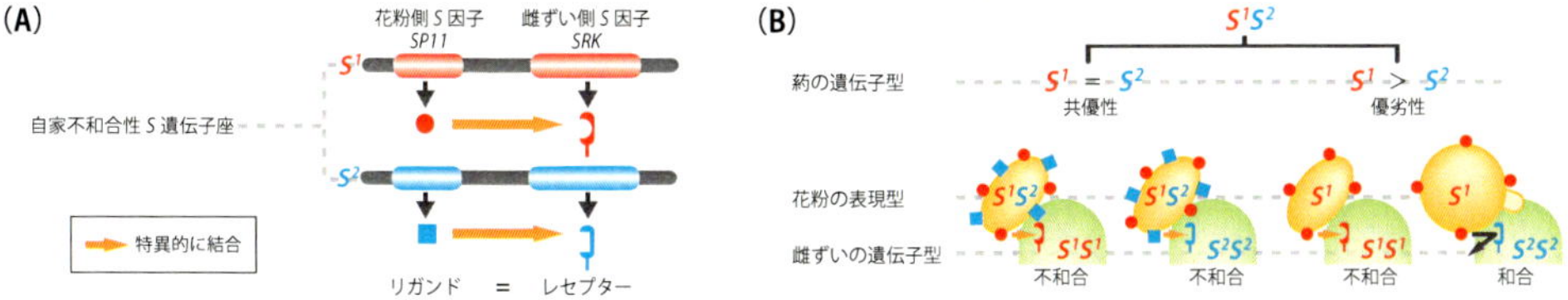

図1-3-10（同前）アブラナ科植物の自家不和合性における優劣性の遺伝学的モデル

（A）*S*遺伝子座上には、花粉側*S*因子をコードする*SP11*遺伝子と雌ずい側*S*因子をコードする*SRK*遺伝子が座乗しており、両遺伝子間で組換えは抑制されている。花粉側*S*因子である*SP11*と雌ずい側*S*因子である*SRK*は相互に、鍵と鍵穴の関係になっており、S^1由来の*SP11*はS^1由来の*SRK*と対立遺伝子特異的に結合できる，（B）アブラナ科植物の自家不和合性は胞子体的に機能する*S*複対立遺伝子系で説明されていることから、対立遺伝子間には、優劣性が生じる。左のようにS^1とS^2が共優性の場合には、花粉表面にはS^1・S^2対立遺伝子由来の*SP11*が花粉表面に存在する。花粉自身が*SP11*を産生するのではなく、花粉を取り囲むタペート細胞で転写・翻訳され、花粉表面に付着するとされている。一方、優劣性がある場合には、片方のみの*SP11*が花粉表面に付着し、不和合または和合の表現型を示すことになる。*SP11*と*SRK*が対立遺伝子特異的に結合できた時に自己花粉というシグナルが雌ずい内で伝達され、結果として不和合性となる。

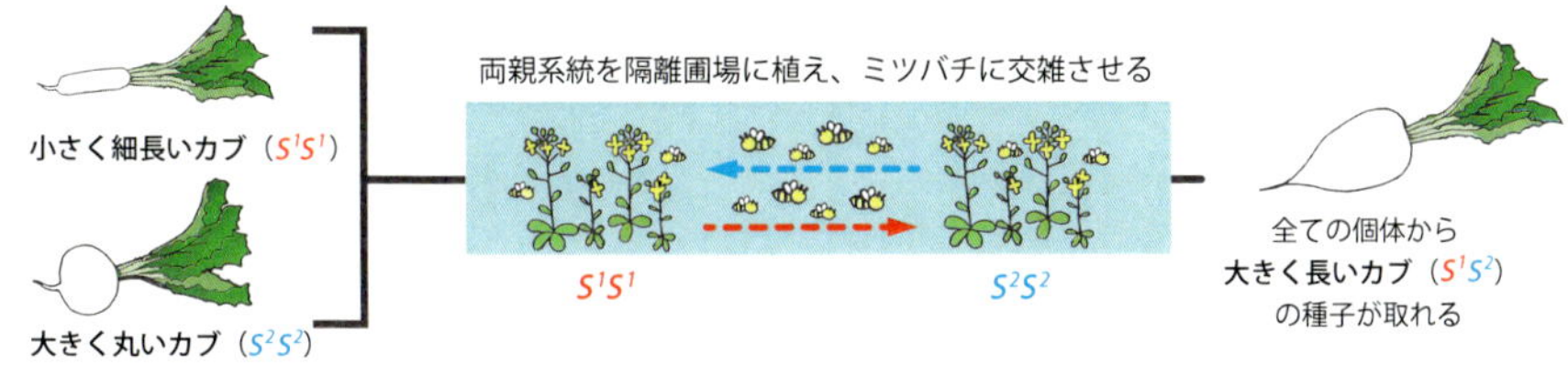

図1-3-11（同前）自家不和合性形質を利用したアブラナ科野菜の経済的F_1雑種育種

特定形質を有する5〜10系統の両親系統間で総当たり交雑を行い、両親よりも優れた形質を示す雑種強勢が発現する組合せでF_1雑種種子を採種する。この採種法により、両親の優れた形質に加えて、雑種強勢により収量増なども期待され、生産性が上昇することから近年、多用されている育種法である。ここでは、カブの例を示した。

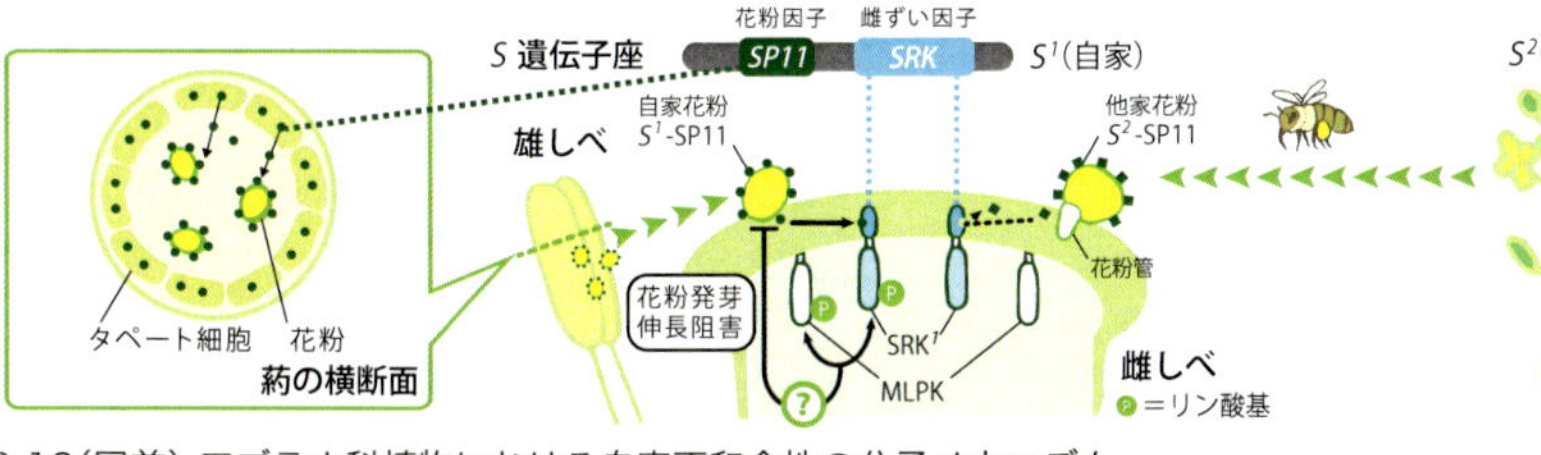

図1-3-12（同前）アブラナ科植物における自家不和合性の分子メカニズム

自己花粉の場合、花粉表面の*SP11*が乳頭細胞の*SRK*と結合し、*SRK*の自己リン酸が起き、不和合性が誘導される。一方、他家受粉の場合には、*SP11*が*SRK*と結合できず、和合性を示す。

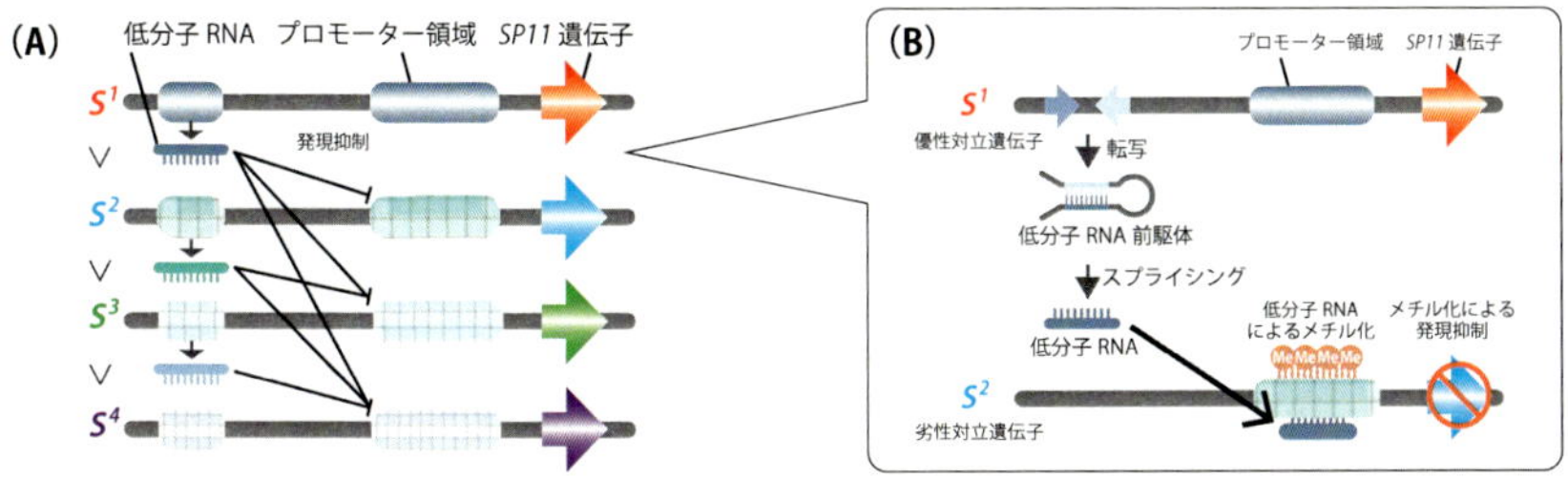

図1-3-13（同前）胞子体型自家不和合性を示すアブラナ科植物に見られる*S*対立遺伝子間における花粉側での直線的優劣性発現メカニズム

（A）胞子体型自家不和合性を有しているアブラナ科植物（*B. rapa L.*）では、複数の*S*対立遺伝子間で直線的な優劣性が生じる。ここでは便宜的に花粉側での優劣性を（$S^1>S^2>S^3>S^4$）と仮定する。S^1対立遺伝子と残り3つの*S*対立遺伝子とヘテロ接合体を形成したとき、S^1は全てに対して優性を示す。一方、S^2対立遺伝子の場合には、S^3, S^4に対してのみ優性を示す。花粉側*S*因子をコードする*SP11*遺伝子の発現調節領域の周辺領域に発現領域と相同性を有する低分子RNAをコードした遺伝子が存在している。（B）上位に位置する低分子RNAは下位ある*SP11*遺伝子の発現調節領域に作用することで、メチル化を誘導し、下位にある*SP11*遺伝子の発現を抑制する。逆に下位にある低分子RNAは上位の発現調節領域には作用できず、メチル化を誘導できず、*SP11*遺伝子は発現できる。

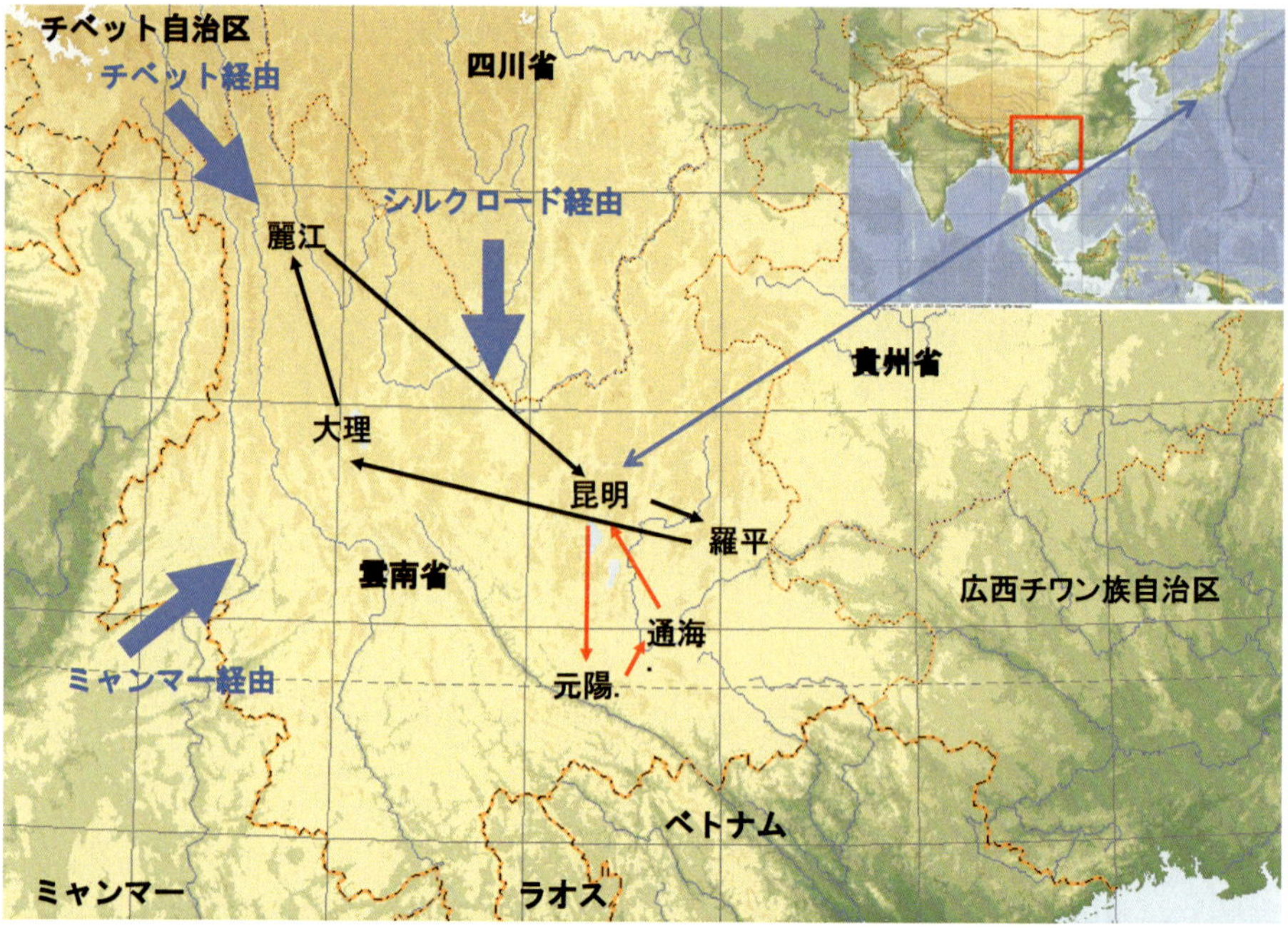

図2-4-1（佐藤論文）雲南のアブラナ科植物の伝搬・栽培・食文化調査旅程とブラシカ作物の伝搬経路
（Microsoft社エンカルタ総合大百科2007の素図に佐藤が加筆）

図2-4-2（同前）（左）緑色に輝くハニ族の棚田
図2-4-3（同前）（右）棚田のキッチンガーデンに育つアブラナ科作物

図2-4-4（同前）（左）水田であった畑には、タバコやトウモロコシが栽培され、脇の水路は枯れていた。
図2-4-5（同前）（右）幾何学模様の「牛街田螺の棚田」には、タバコやトウモロコシなどが栽培されていた。

図2-4-6(同前)(右最上) 大理は「茶馬古道」の中心地

図2-5-1(鳥山コラム)(左最上)雲南省麗江 のワサビ栽培地
図2-5-2(同前)(左上)昆明市内 で売られていたマカ
図2-5-3(同前)(右中)雲南省で見かけた白菜の置物
図2-5-4(同前)(左下)ラオスの市場で売られていたサヤダイコン
図2-5-5(同前)(右下)昆明の朝市 で売られていた食用ナズナ
図2-5-6(同前)(左最下)昆明郊外で栽培されていた食用ナズナ

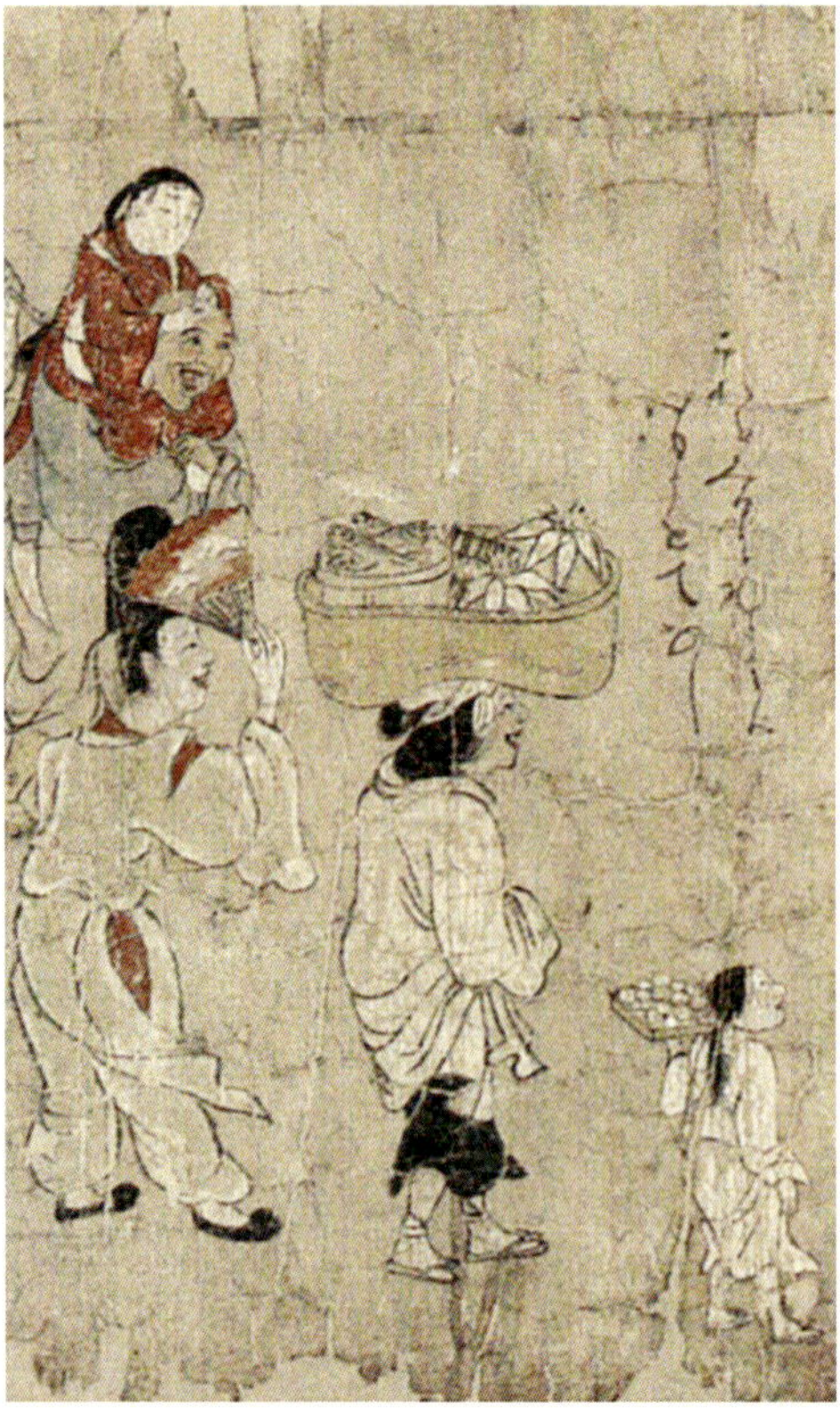

図3-3-1（横内論文）（右上）『信貴山縁起絵巻』（出典：『特別展 国宝 信貴山縁起絵巻』奈良国立博物館、2016年）
図3-3-2（同前）（左上）『粉河寺縁起絵巻』（出典：『日本の絵巻5　粉河寺縁起絵巻』中央公論社、1987年）
図3-3-3（同前）（右下）『春日権現験記絵』（出典：『続日本の絵巻14　春日権現験記絵 下』中央公論社、1991年）
図3-3-4（同前）（左下）『福富草子』（出典：『御伽草子――この国は物語にあふれている』サントリー美術館、2012年）

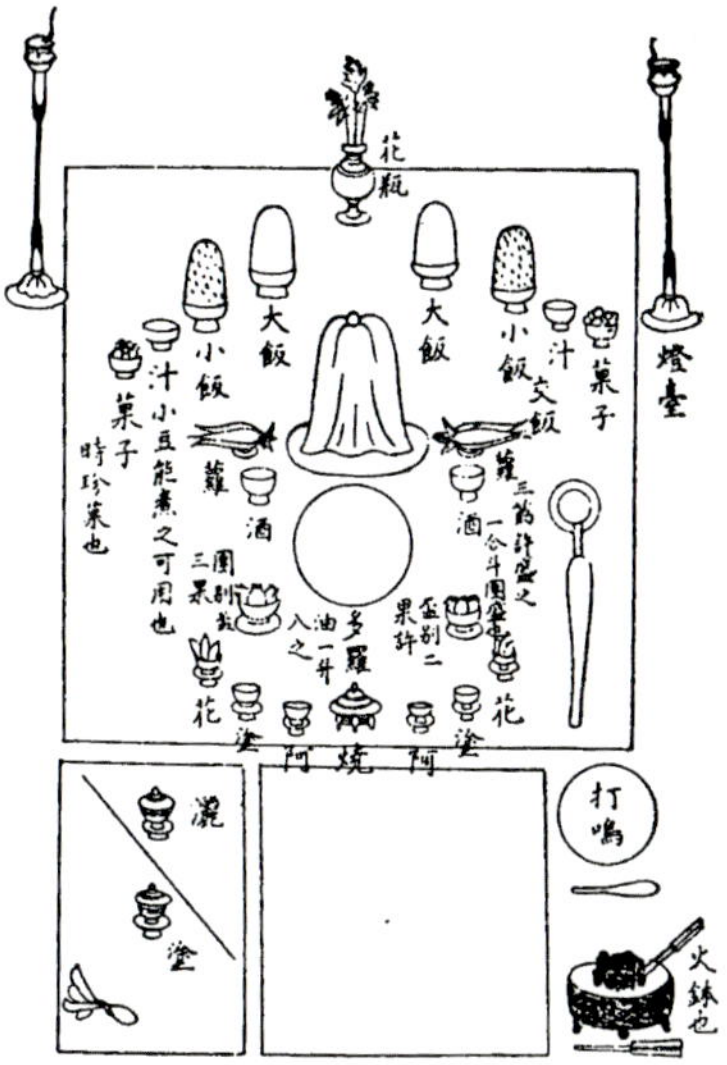

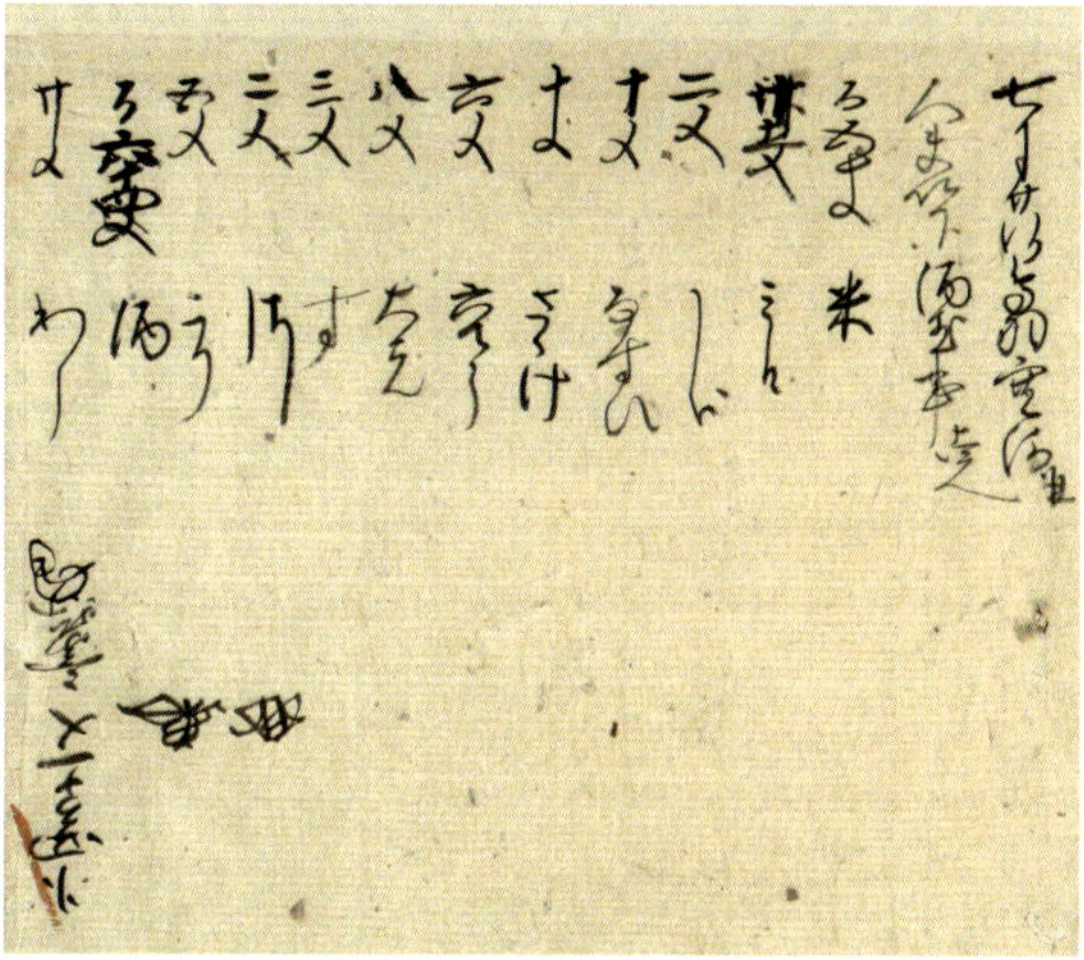

図3-3-5（同前）（右上）
東寺百合文書（出典：東寺百合文書WEB）

図3-3-6（同前）（左上）
勝賢記『秘抄』所収の聖天壇図
（出典：大正新脩大蔵経78、574頁）

図3-3-7（同前）（右）
雲蘿蔔を手に持つ聖天
（出典：『覚禅鈔 六』、大日本仏教全書、第一書房、1978年）

図3-3-8（同前）（右下）蘿蔔図
図3-3-9（同前）（左下）蕪菁図
（出典：ともに『日本と中国の美術――16世紀までの名品から』（宮内庁三の丸尚蔵館、1995年）

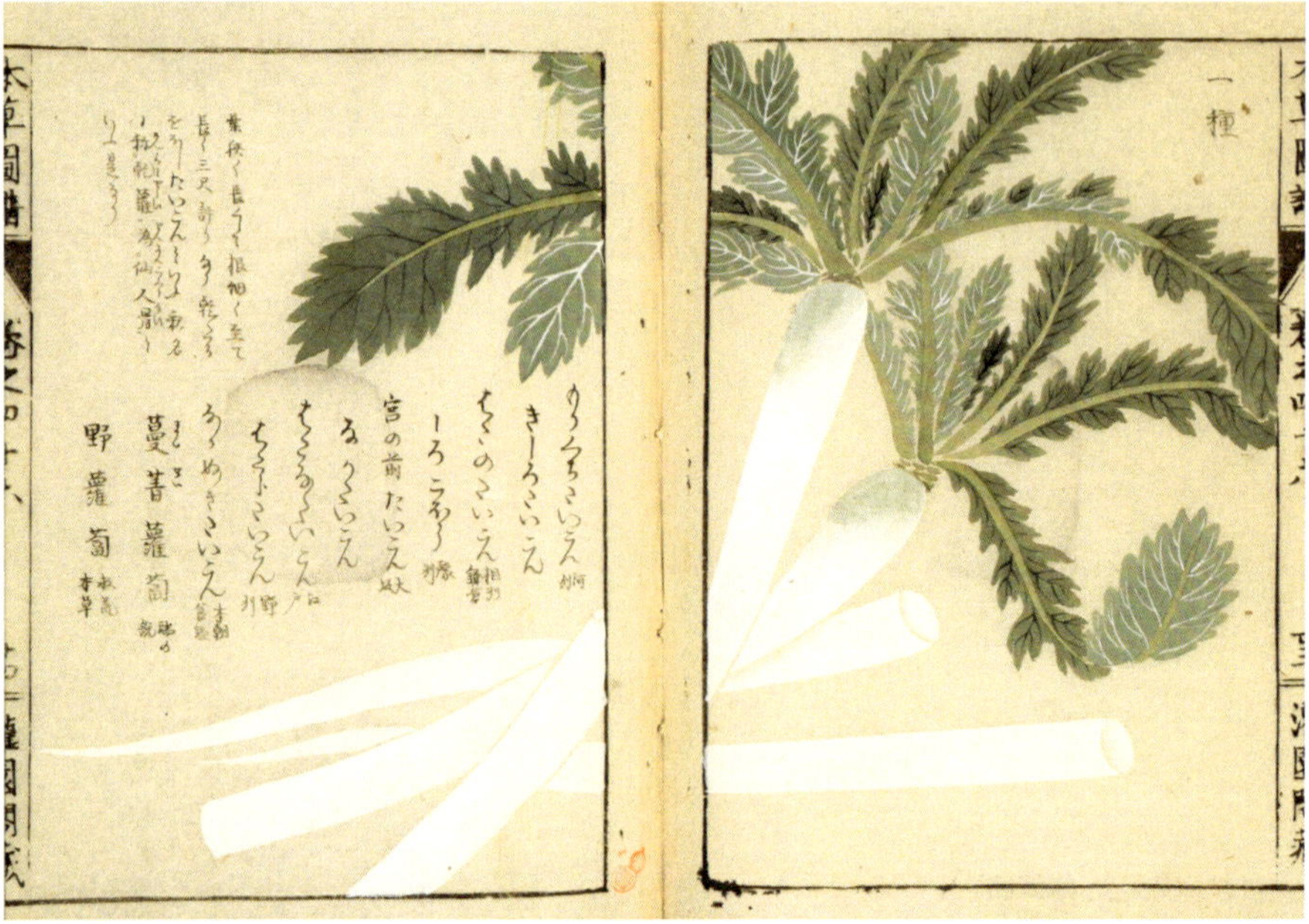

図3-4-2（鳥山論文）『本草圖譜』巻46に記載されている守口大根（国立国会図書館デジタルコレクションより）

図3-4-3（同前）松島湾に浮かぶ「朴島」における採種風景

図3-4-5（同前）『本草圖譜』巻46に掲載されているケール（そてつな）（国立国会図書館デジタルコレクションより）

図3-4-6（同前）ブロッコリーの花と雄しべ。左は昔の品種を自家増殖したもので花粉がある。
右は最近の品種で花粉ができない。

図4-1-1（渡辺論文）昭和四十年代から現在に至るまで栽培されている理科教材としての植物
(A)アサガオ, (B)ヒマワリ, (C)ヘチマ, (D)イネ

図4-1-2（同前）近年、理科教材、生活科などの教材として栽培される植物
(A)ホウセンカ, (B)サツマイモ, (C)ダイズ, (D)オクラ, (E)ゴーヤ（左が熟した果実、右は生食できる果実）,
(F)ニンジン, (G)トマト, (H)ワタ, (I)ジャガイモ

図4-1-3（同前）通学路などの道ばたにはえ、遊びに使った植物
(A)ツバキ, (B)レンゲ, (C)カラスノエンドウ, (D)オオムギ,
(E)ナズナ, (F)オオバコ, (G)ムラサキカタバミ, (H)オシロイバナ,
(I)イノコヅチ, (J)アメリカセンダングサ, (K)クヌギ, (L)ミズナラ

図4-1-4(同前) 小学校の花壇で見かけるアブラナ科植物
(A)キャベツ, (B)ブロッコリー, (C)ハボタン, (D)ダイコン, (E)アリッサム, (F)アラセイトウ, (G)ナズナ, (H)タネツケバナ, (I)ハクサイ, (J)カラシナ, (K)カブの花(左), キャベツの花(右), (L)ダイコンの花(白・紫系; 左), ダイコンの花(黄色系; 右)

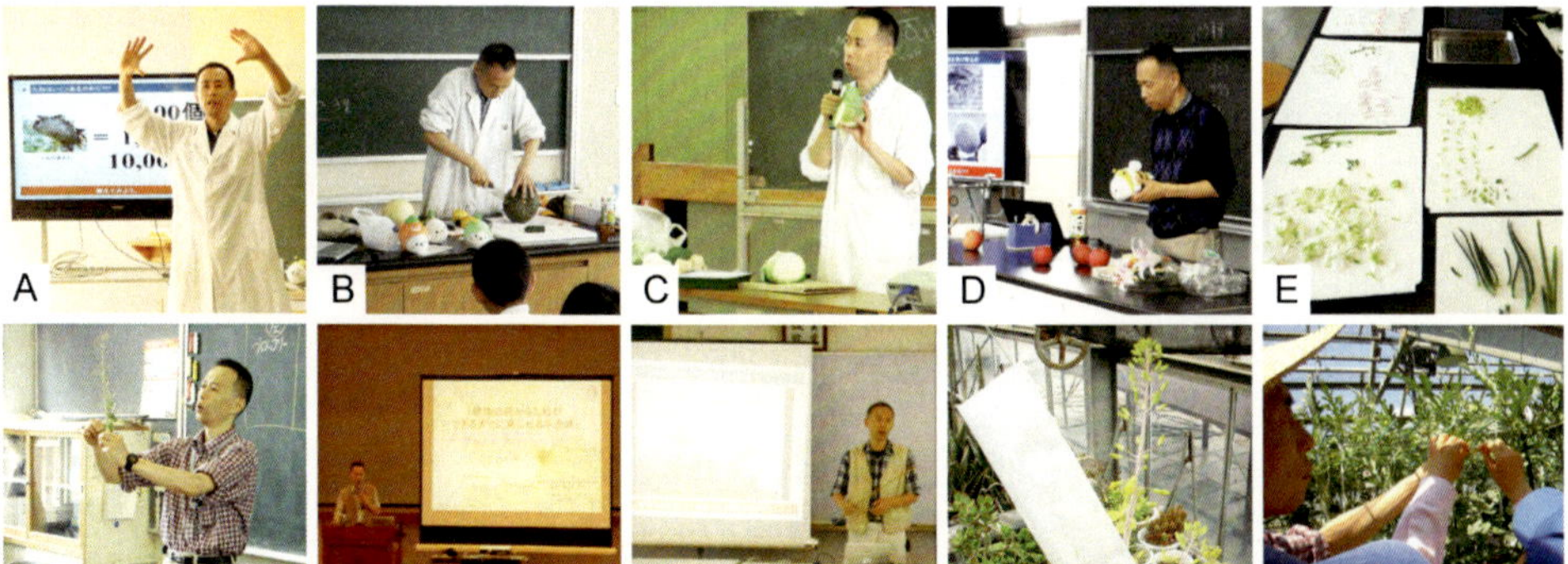

図4-1-5(同前) 植物を材料とした出前講義の実例
(A)仙台市立木町通小学校, (B)四国中央市立川滝小学校, (C)今治市立今治小学校、日吉小学校、美須賀小学校、城東小学校, (D)小松市立中海小学校, (E)仙台市立七北田小学校, (F)今治市立今治小学校, (G)栃木県立宇都宮女子高等学校, (H)愛媛県立西条農業高等学校, (I)福島県立相馬農業高等学校, (J)愛媛県立今治南高等学校

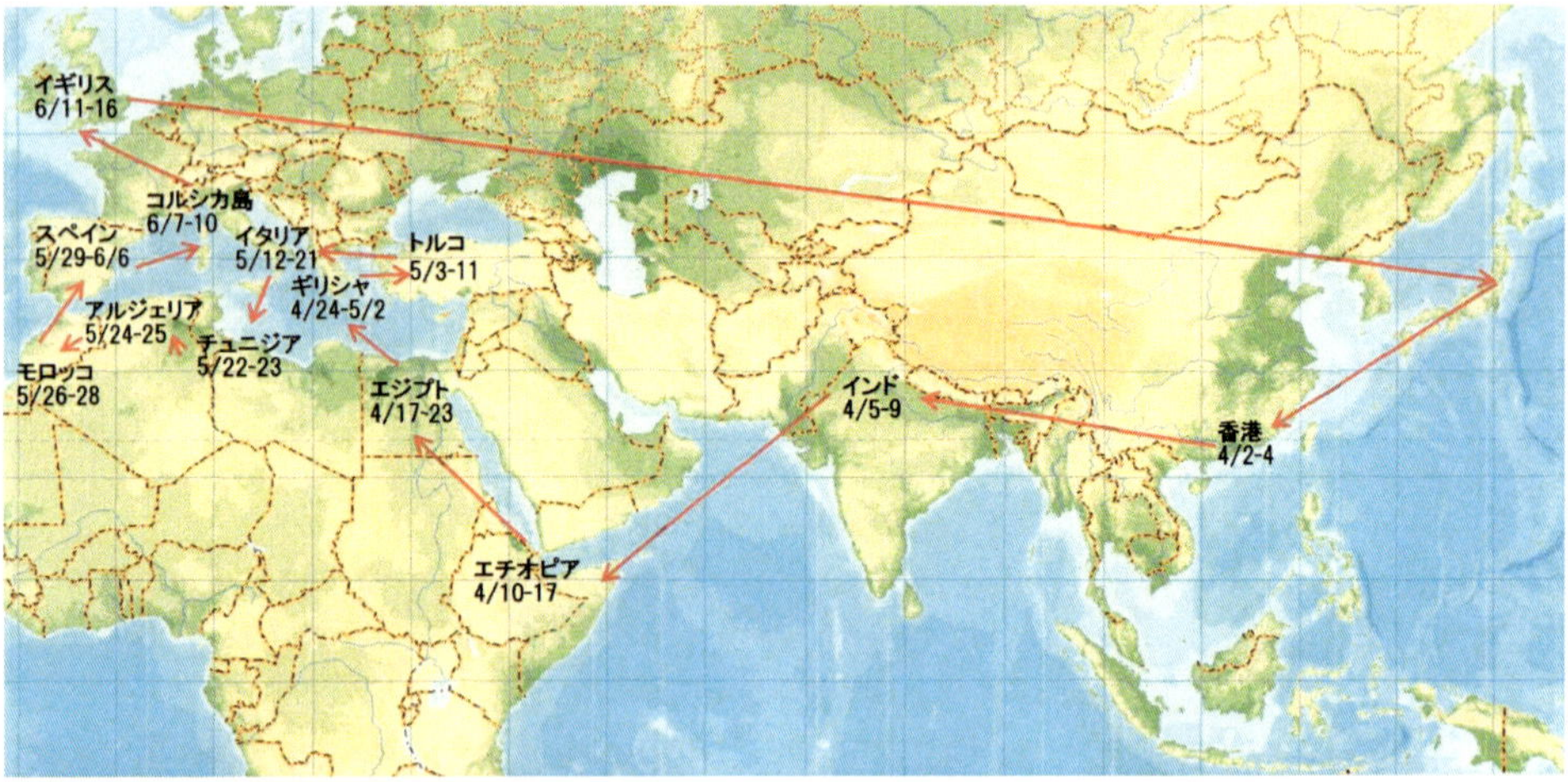

図4-3-1（佐藤コラム）アブラナ科植物遺伝資源に関わる海外学術調査の調査旅程

図4-3-2（同前）（左上）インドの農業研究所にて、左端が渡邉氏、右から角田助教授、Singh博士、水島教授、日向氏

図4-3-3（同前）（右上）エジプトのKahera大学にて、左から2番目がTackholm教授、左端がWaridr博士

図4-3-4（同前）（左中）トルコのイズミールにあるFAOの農場にて、左端がKuchuck博士

図4-3-5（同前）（右中）トルコのアンカラ大学にて

図4-3-6（同前）（下）スペインのCiudad大学にて、左から2番目がGoday教授、右端がBorja博士

菜の花と人間の文化史

アブラナ科植物の栽培・利用と食文化

武田和哉・渡辺正夫［編］

勉誠出版

〔目次〕

菜の花と人間の文化史

アブラナ科植物の栽培・利用と食文化

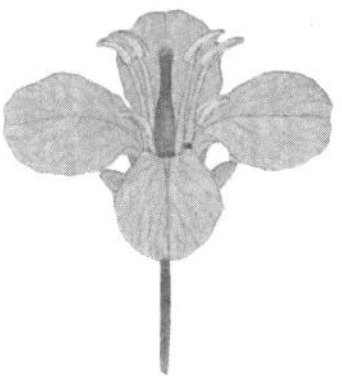

III ◉ 日本におけるアブラナ科作物と人間社会

IV ◉ アブラナ科作物と人間社会の現状と将来展望

［総論］

アブラナ科植物の現在

――今、なぜアブラナ科植物なのか

武田和哉・渡辺正夫

アブラナといえば、恐らくや多くの方はまずはじめに、菜の花を思い起こされるに違いない。春の訪れを知らせる黄色い花は、日本のみならず、世界でも人々に親しまれる存在である。ところで、現在日本や世界各地で多く栽培されている搾油用の「菜の花」は、セイヨウアブラナ（学名：*Brassica naups*）と呼ばれる品種である。かつて、江戸時代に栽培されていたナタネ（和種ナタネ、学名：*B. rapa*）と呼ばれていた植物種とは少し異なっている。このセイヨウアブラナが日本に導入されるようになったのは明治時代の頃であり、それまで日本で栽培されていた和種ナタネに比べて、搾油をした場合に油の収量が多いからであったとされている。それまでの和種ナタネは室町時代以降において灯明油を得る目的で広く作付されたものであったが、食用としても利用されていた。

しかし、これら菜の花にはさらに多くの近縁種が存在する。それは、本書でも取り扱っているが、白菜・キャベツ・からし菜・高菜・水菜・カブ・大根・わさびなどである。これらの名前を聞くと、これまた多くの方はほぼ毎日何らかの形で口にする機会がある野菜であろう。これらは、植物学の分類では菜の花とともにアブラナ科というひとつのグループを構成しているのだが、こうしたことを知っている人は意外に少ない。

たけだ・かずや――大谷大学文学部教授。専門は人文情報学・考古学・歴史学。主な著書に『都城――古代日本のシンボリズム』（吉村武彦・山路直充編、共著、青木書店、二〇〇七年）、『北東アジアの歴史と文化』（菊池俊彦編、共著、北海道大学出版会、二〇一〇年）、『金・女真の歴史とユーラシア東方』（共編、共著、勉誠出版、二〇一九年）などがある。
わたなべ・まさお――東北大学大学院生命科学研究科教授　専門は植物分子育種学・植物生殖遺伝学。主な著書に『プラントミメティクス――植物に学ぶ』（甲斐昌一・森川弘道編、共著、エヌ・ティー・エス出版、二〇〇六年）、『温度と生命システムの相関学』（岩手大学21世紀COEプログラム事業編、共著、東海大学出版、二〇〇九年）、『農学・生命学のための学術情報リテラシー』（齋藤忠夫編、共著、朝倉書店、二〇一一年）などがある。

今日の日本、アジア、欧米などの諸外国においても、アブラナ科植物は主食であるイネやムギなどとともに、一番人間の食生活でなじみがある存在である。しかも、主食ではない分、様々な調理方法によって副菜というかたちで食卓を彩る存在である。特に漬物の材料に関してみると、大根やカブ・白菜・高菜・野沢菜などのアブラナ科植物が大半を占めている。人間の食生活は主食だけでは成立し得ず、またタンパク質主体の食事も健康上は推奨しづらい。こうした点からも、アブラナ科植物は非常に重要な食材である。

＊＊＊

それにしても、アブラナ科植物とは、よくよく調べれば調べるほど、とても不思議な植物であると感じる。それは前述のように、まず植物種・品種(注)がとても多く、しかもその形態は様々である（本書第Ⅰ部渡辺論文（アブラナ科植物について））。なぜ、このような様相となるのかについては、現在も研究が進められているが、そのひとつのポイントとなるのは生殖様式の問題である。一般に、植物は花が咲くとそのおしべから出る花粉がめしべに付着し（受粉）、種子ができる仕組みである。たとえば、イネなどは同じ花のおしべの花粉がめしべに付着し受粉（自殖性）して種子が発育できるが、アブラナ科植物に含まれるカブ・ハクサイ（種名：*B. rapa*）、キャベツ・ブロッコリー（種名：*B. oleracea*）の類いは、基本的には自殖ができない。他の株のおしべから出た花粉でないと受粉しないシステム（他殖性）になっている。こうした性質を野菜の品種改良を行うような専門分野では「自家不和合性」と呼んでいる（本書第Ⅰ部渡辺論文（植物の生殖の仕組みとアブラナ科植物の自家不和合性））。つまり、これらの類は基本的には別の個体の遺伝子でないと交配しない、言い換えると、つねに別個体との交配により種子が生まれていく。

ちなみに、近年の研究では、遺伝子情報の解析が進んでおり、近い将来においてアブラナ科植物のすべての種のゲノム解析がなされる可能性がある。その際には、膨大な遺伝子情報を解析するための学問である「バイオインフォマティクス」という領域が、非常に重要な役割を果たしている（本書第Ⅰ部矢野コラム）。

アブラナ科植物の中にはその不和合性を有する類がある。ために、交配に際しては別の花から花粉を運んでくる蜂などの存在が重要な役割を果たしている。また、おなじ品種の中でさまざまな交雑が進んでいく。それは、過去に存在した品種であっても、時代の流れと共に交雑を重ねることで、その形質が徐々に変化していく傾向があるということになる。実際に、江戸時代に編纂された書物の図版を見ると、現在とはその姿が大きく異なっていることがある（本書第Ⅲ部鳥山論文）。

他方で、前述のように古来から人間の食生活を支えてきた存在であったので、主食であるイネやムギと同様に人間により栽培がなされてきた。やがて、それらは歴史展開における人間社会の変化の中で、社会経済的には商品市場というものが形成されるような時代になると、主食と同様に流通する商品作物となっていった。商品化という過程では、往々にしてブランド化というものが起きる（本書第Ⅲ部横内論文）。まさに、近世以降では例えば京野菜に見える「聖護院かぶら」や「壬生菜」などはその代表例であるし、現代でも日本各地には様々な地元野菜が知られていよう（本書第Ⅲ部等々力コラム）。ただし、ひとたびブランドとして成立すると、今度はその形質や品質がある程度維持されなければならないことになる。

このことは、生殖的にみて交雑が進みやすい性質であるアブラナ科植物にとっては弱点であり、そして利点でもある。つまり、きちんと交配についても管理し、種子を更新していかなければブランドとしての野菜の形質や品質の維持はできない。そこで、その形質等を顕著に示す個体を選抜するという行為が必要になってくる。これらは、当然にして人間の関与がなければできない作業である。他方で、新たなブランドとなる作物を目指して品種改良をしていくのであれば、むしろ交雑を進めやすいということは便利な点となる。

このようにみると、アブラナ科植物の多くは人間が手を入れて改良・更新を重ねてきた存在にほかならない。古代以来の多くの歴史書や古文書・古記録の中に多くのアブラナ科植物の各品種に関する記述や情報を見出すことができるのは、まさにこれらが古来から人間社会において身近な存在であり、かつ極めて有用な植物であったことを示す証左である。

さて、このアブラナ科植物とは、いったいどこから来たのであろうか。現時点では、原産地は地中海沿岸、もしくは欧州近辺とする見解が有力である。もしそうであるとすると、日本列島にまで伝播するには広大なユーラシア大陸を西から東に横断してきたことになる。

日本列島では、既に縄文時代前期（約七〇〇〇〜五〇〇〇年前）には自生していたことはほぼ間違いない（本書第Ⅲ部武田論文）。ということは、それ以前には現在の中国大陸など東アジア各地には伝播していたはずである。ただし、縄文時代に日本列島に存在していたアブラナ科植物がいったいどのような形質の品種であったかはまだ解明できていない。それは前述のように、アブラナ科植物にはさまざまな植物種・品種があり、また交雑によってまた別の形態へと変貌していたことが充分に推測されるからである。

ただ、ある時期において、人間はこの植物がもつ食材としての有用性に気付き、それらを採集することから始めたのであろう。その後、安定的な供給を目的として、採集から栽培へと変化したものとみられる。ここに至ると、食用としてどのように調理して食べるのか、また栽培するためにはどのような手段が必要なのか、というような人間が培った「知」が当然必要となる。それらは、すなわち調理方法・栽培技法のことである。

やがて人間が、言語と文字の双方を併用するようになり、様々な概念や事物に名称を附して書き表すようになると、アブラナ科植物にも様々な呼称が附された。それらの呼称とともに、上述の調理方法や栽培技法などの情報も言語や文字という手段で伝達されていくようになる。それを助長したのは紙の発明であり、それに文字を書いて書物・手紙とすることで、先史時代のような無文字社会とは大きく異なり、地域を越えた大きな広がりの中で共有されていくようになった。

＊　＊　＊

環境や気候なども大きく異なり、様々な品種が存在した広大なユーラシア大陸では、地域ごとに様々な調理方法や栽培技法が培われたに違いない。今日でも中央ユーラシア地域には、多くの民族が居住しており、各種の言語が存在するが、それらの言語の中に見られるアブラナ科の各植物の名称の単語を比較すると、接触が多い言語間で類似した呼称が存在するなどの傾向が見られるという（本書第Ⅱ部等々力論文）。これは、種が固有名詞として認識されていて、その背景には栽培や利用といった行為が存在していたことをうかがわせるものである。

当初は、時の為政者らが掲げたイデオロギーや正統の根拠となる歴史著述が多くを占めた著作物も、次第に個人の思想や見解を著し、かつ印刷技術の発展により同時に大量の書物として世に送られて流通することが可能となった。こうした人間社会の変革により、各地では農業に関する知を結集した書物も多数著されるようになり、それらが流通することを通じて各地で情報が共有されることになっていく。人間が持つ特徴のひとつは、こうした言語と文字の双方を使用することで他人が獲得した思想や知を受け継ぎ、またそれらを同様にして他人に伝達し共有することができる、というコミュニケーション手段にあろう。これにより、たとえ出会ったことも無い隔絶した時代・地域にいた人の知も、今日の我々は知ることが可能である。

しかしながら、全ての情報が一元的に配信されて共有されてきたのではない。各地における多様な文化や思想を背景とした知の発信が多発的に行われていなければ、今日知られているような各地における食文化の多様性は保持されることはなかったに違いない。

中国では、古くから農耕が発達し、漢字文化の展開とともに複雑かつ多様な概念とその表現による知が蓄積され、高度な社会文明を構築してきた地域である。そこでは、古来からアブラナ科の栽培と様々な用途への利用が展開されていた。紀元前の殷王朝の頃に成立したとみられる思想書『詩経』にはその名称が見え、時代が下るにつれて膨大な数の「農書」と呼ばれる植物の特徴やその栽培・調理方法について記した知的蓄積物が刊行された（本書第Ⅱ部江川論文）。

その中国から膨大な知を吸収した古代日本では、様々なアブラナ科の種が知られており、天皇の食卓にもあがったほか、重要な法会（仏事）にも供されるような必要不可欠な食材であった。そのため、朝廷内の官司での栽培や調達などの面でも整備がなされており、さらには流通するなどして都城《とじょう》などの市場でも購入することも可能であったという。当然高度な調理も考案されており、漬物としての利用も確認されている（本書第Ⅲ部吉川論文・吉川コラム）。

また、中世に至ると、市場への流通がさらに盛んになり、その様相は各種の絵巻物の描写の中でもビジュアルに確認できる。寺社での購入も大量になされ、関係者の食材となったほか、薬効のある食材としての認識もあった。こうして、今日で言うところのブランド化が進行し、京都周辺の寺院僧侶間での贈答物に使用された。また、中世の搾油植物の代表的な存在であったエゴマに代わって、搾油植物として利用が開始されるのもこの時期である(本書第Ⅲ部横内論文)。

こうした日本の各時代の様相は、日本文化の基層の中でのアブラナ科植物の果たした役割とその栽培技術や食文化の成熟した定着ぶりを示すものとして理解でき、今日に生きる我々の身近にも思い当たることがいくつか散見できるであろう。

他方で、アブラナ科植物とは多様な植物種・品種と性質を持ち、様々な環境のもとで様々な形態として自生するポテンシャルを持つ。寒冷地ではその環境に適合する品種が残り、また温暖な地帯では様々な品種として展開する。特に、後者に関しては、日本列島各地と雲南地方の事例は極めて興味深い様相を示しており、類似した点も散見されるなど、示唆に富んでいるフィールドである(本書第Ⅱ部佐藤論文・鳥山コラム・江川コラム)。まさに、我々日本人は、アブラナ科植物にとって天恵の地ともいうべき環境に住んでいるのである。

＊　＊　＊

ところで、近年の日本においてはさまざまな社会的観点から、地域振興の重要性が説かれる世の中となった。その契機となったものはいくつかあるが、ひとつには首都圏など大都市への人口集中という事態が地方の過疎という現象を引き起こし、そのために近年叫ばれている地方創生という問題もあろう。さらには、地域文化の維持・保存という問題もあるだろう。

これは、植物の生殖様式や遺伝学を研究する理系研究者の立場からしても、あるいは歴史・文化を研究する文系研究者の立場から見ても言えることなのであるが、集団の構成が単一的・均質的な個体群で占められるということは、あまり宜しくないと考えられている。生物学的には、多様性のない集団構成が好ましくないことは容易に推測して頂けるであろうが、文化的な面から見ても、地域の固有性・独自性が失われることは日本文化全体の多様性やそこから生まれる活力維持という点では好ましくないことである。

前段で少し触れたが、地元野菜というのはその地域にのみ存する固有種であり、かつては各地域でそれらがさかんに栽培され、また地元を中心に消費される社会が存在することでその品種も維持・更新されていた。しかしながら、地域社会の崩壊はこうしたサイクルの崩壊でもあり、現在これら地元野菜という固有種の維持は極めて困難に直面している。たとえば、山形県は地元野菜が極めて多く残る地域として有名であり、その多くをアブラナ科植物が占めている。しかし、昨今の社会状況の変化により、既に更新できずに失われた品種も存在するという。こうした事態は山形県だけでなく、現在も全国各地であまり認識されないまま、静かかつ着実に進行している。こうした事態が進捗すると、いわゆる品種としての多様性が失われることとなり、農作物資源の将来を考える上では極めて好ましくない事態が到来する。

この状況を打開するのは、そう簡単なことではない。単に資金なり予算を組めばよいというものではなく、それらの固有種が利用され消費されるというサイクルや人的なつながりもつくりあげる必要がある。既に、「地産地消」という言葉が各地で標榜されている通りである。そして、それらの固有種を消費するには、栽培技術や調理方法といったいわば「附属する技術情報」も併せて継承されていかねばならない。かつての伝統社会にはこれを安定的に継承するシステムが存在していたのであるが、実に皮肉なことに、現代のような科学技術や情報手段が発展した社会となるにつれて、こうしたシステムの維持が危ぶまれる事態が進行しつつある。この点については、我々は常に注意を払いつつ、間断なく対策を講じていかねばならない。

しかしながらこうした状況下においても、各地域においてはさまざまな有志の人々による品種維持のための活動や、ブランド化に向けた地道な活動も数多くなされてきていることについても忘れてはなるまい。そして、それらの品種の多くを占めていて今後の展開の鍵となっているものこそは、このアブラナ科植物のさまざまな品種群なのである。

食材としてのアブラナ科植物について述べてきたが、それ以外の用途からも考察してみよう。まず、アブラナ科を代表する菜の花は、食用としても利用できるものであるが、何と言っても昭和時代前半頃までは灯明油の原料として重要であった（本書第Ⅲ部武田コラム）。科学技術が発展し、電力などのエネルギー供給が行き届いた現代社会においては些か想像しづらいことかもしれないが、前近代社会では日没後の夜の時間帯は基本的には行動・活動等には適さない時間帯であり、人間社会の日常生活サイクルもそれを前提としていた。元来、「灯明」という言葉は宗教的な意味合いが強く、たとえば仏前に供える灯火などを意味しており、それは人間が活動するための照明を主目的としてはいない。

それにしても、宗教的観点から見ると、植物油は実に重要な役割を果たしている。また、灯明の燃料すなわち灯明油やろうそくは古代では貴重であり、平民社会では到底利用できるものではなかった。日本を例にとれば、古代の灯明油の原料は主としてイヌザンショウであり、その後はエゴマに変わるものの、いずれにしてもそれらから取れる油の収量には一定の限りがあり、一般的なものではなかった。

やがて、より多くの収量が可能なナタネからの搾油が普及すると、灯明油は社会的に商品としても流通し始める。それらにより、次第に社会的に灯明油の利用が増大することで、徐々に夜間の照明と照明具の発展による人間の行動・活動の時間や場の拡大が生じていくこととなる（本書第Ⅲ部武田コラム）。

また、アブラナ科植物は薬用としての効能にも着目されている。たとえば、古代インドでは既にアブラナ科植物のひとつであるカラシナの効能が『アーユル・ヴェーダ』などの古典に記されている（本書第Ⅱ部清水論文）。また、中国では漢方薬としての材料に利用されるアブラナ科植物の植物種・品種もある（本書第Ⅱ部江川論文）。これらの点でも、アブラナ科植物は古来より様々な面で人間社会に大きく寄与してきた植物であるといわねばならない。

さらに、現代社会におけるいくつかの事例を考察すると、ひとつには今日の健康志向の観点からアブラナから取れた油を食用油として利用する動きがある。コスト的には一般に流通する各種の食用油とは勝負にはならないが、エゴマの油などとともに、健康食品のひとつとして注目されている。さらには、環境保護の観点からナタネをバイオディーゼルの原料として見直す考えも提示されており、実際に各地で開発に取り組むグループが複数存在している(本書第Ⅰ部武田論文)。

また、春先に一斉に咲くアブラナを観光資源としている事例が、日本や中国等の諸外国でもみられる。特に、中国ではかなり広範な地域に種を撒いており、こうした活動ができるのは現代中国ならではかもしれない。日本では、前述の地域振興活動の中で行われることが多く、休耕田などを利用しており、開花の後は種を収穫して上述のような搾油に回している例が多い。

このほか、土壌中の有害物質の除去のためにアブラナを利用する試みもなされている(本書第Ⅰ部武田論文)。これは、アブラナには放射性物質のひとつであるセシウムを多く吸着するという性質があることを利用したもので、既に旧ソ連時代におきたチェルノブイリ原発事故により放出された放射性物質除去のため、ウクライナやベラルーシ等で行われており、近年では東日本大震災に伴う福島原発事故の被害地域でも試みられた。ちなみに、アブラナが吸収した金属イオンである放射性物質は、主として、植物細胞内の「液胞」という老廃物を蓄積するところに蓄積されることが多い。そのため、液胞の発達が他の組織と比べて未熟である種子にはほとんど蓄積されない。また、放射性物質は金属イオンであり、水溶性であるのに対して油は水溶性ではないことから、種子はそのまま搾油に利用することができるのである。

このように、食用以外にも実にさまざまな用途で利用がなされているアブラナ科植物は、現代社会においても必要不可欠な植物といっても過言ではないのである。

＊　＊　＊

さて、ここで改めて考えてみたい。私たちは、こうしたアブラナ科植物との関わりやそれらの利用を前提としてきた人間社会の営みをどれほど把握し理解できているのであろうか。

歴史学は、どうしても政治・経済の現象やその時代的変化を主要な分析対象としがちである。もちろん、そのこと自体は誤りではないが、歴史研究の進展にはさまざまな歴史観が存在することも必要とされる。それは前段において、人間文化が多様性や独自性、地域性などを失って画一的になれば活力を失う恐れがあると述べたのと同様であり、健全な歴史研究にはやはり多様な歴史観が必要である。

我々はもしかすると、人間の歴史とは人間の活動のみにより展開されてきたと錯覚してしまっているのかもしれない。たしかに、多くの面ではそうした点が存在することは事実である。しかし、環境という観点から考察すると、自然という厳然たる世界の中では人間の存在がいかに小さな存在であることを否応なく思い知らされているではないか。そして、我々はそれに眼を瞑《つむ》ってはいないだろうか。

翻って、私たちが生物として生きていく上で必要不可欠な行為のひとつは食事である。食事をするためには、まずそれに適した食材を選ばねばならない。また、食しやすいように調理もしなければならないし、時には長期間保存するための処理もしなければならない。こうした一連の工程に耐えうるもので、かつ入手しやすい、あるいは安定的な供給がしやすい存在となると、それほど多くあるものではないであろう。そうした食事に至るまでの様々な必要な食材選択や調理、保存の技術や過程、そして附随する情報とは、総じていえば食文化ということである。

比較的単純な調理を経てエネルギーの主源として食される主食に対して、副食はより高次な調理方法が施される傾向にある。そうした副食の中核を占め、さらには薬剤や燃料としての用途もあるアブラナ科植物は、人間社会にとってはまさに天の恵みともいうべき植物のひとつといわねばならない。

実は、人間社会と深く関わる重要な植物はいくつかある。主食として利用されるイネやムギなど、そして食用以外にワインの原料となるブドウなどがそうかもしれない。ただいずれにしても、これら植物と人間との営みの歴史について、我々はまだ充分に考究し、体系的な観察や分析を果たせていないのではないだろうか。

そうした植物の栽培技法や植物種・品種系統の分化を理解するためには、どうしても植物の育種学・遺伝学といった理系側の知的成果を大きく導入しないことには解明は困難である。またそれのみならず、調理方法や利用などを含めたトータルな食文化ということも分析視点として加味する必要もあろう。従来では、近代以降の産業発展と技術史、あるいは手工業生産や流通を主たる対象とする手工業史、あるいは農作物の生産と経済的影響を分析する農業史などといった切り口からの歴史研究がなされてきたが、それらは主として歴史史料に依拠した研究であり、その研究過程に理系側の知や見解が反映されることは極めて少なかったように感じられる。

アブラナ科植物と人との出会いは、恐らく先史時代のことであったと考えられるが、それ以来の我々人間社会の豊かさに大きく寄与してきたであろうし、また人間の関与を得てその生殖特性を発揮することで、様々な品種として展開しているという側面もあろう。

我々がこれから生きていく世界は、いろいろな意味での多様性が維持されていくことが求められる社会である。そうした多様性を保持するために必要なこととは何か。また、そうした歴史観や視点、理念等を共有するとともに継承していくためには、どのようにして若い世代に伝えていくべきなのか（本書第Ⅳ部渡辺論文・武田論文・佐藤コラム）という諸問題と、いよいよ我々は真剣に向き合わなければならない時期に来ていると考えている。

本書は、こうした問題意識を前提して、人間社会と大きな関わりを持ってきたアブラナ科植物を大きなテーマに選び、従来の研究手法や枠組みを越えて文系と理系の専門的な知を結集させることで、多角的な面から人間社会と植物との営みについて、様々な視座から多角的に考察していくことを目的とした。そして本書が、次世代に遺していくべき重要な価値のある資産とも言うべきアブラナ科植物の各品種およびその栽培技術・食文化に関して、多様な視点から認識を深めて頂ける契機となれば誠に幸いである。

（注）「植物種」とは、種として異なるものを示している。他方、「品種」とは同一種内での多様性を示し、品種間では交雑が可能である。

アブラナ科植物と人間文化
——日本社会を中心に

武田和哉

アブラナ科植物と人との関わりについて、歴史的な視座や現代社会の視座などからその様相を概観する。かつての人間社会にとっては重要な食材であり、また燃料源でもあった。現代社会でも、震災や環境破壊・地方の過疎化・世代間の断絶といった各種の社会的課題への対応が重視される中、アブラナ科植物の存在が再認識されつつあり、様々な利活用が期待されている。

はじめに

本書のタイトルに含まれている「アブラナ」とは、直接的には日本語では「油菜」と標記する菜の花のことを指している。室町時代の終わり頃には、この菜の花の種子から油を搾って主に灯明油《とうみょうあぶら》として利用する方法が普及し始め、それ以降この名称が定着した。今日、「アブラナ」とカナ標記するのは、明治時代以降に導入された別種の西洋アブラナの影響もあるだろう。他方で、「十字花」という名称も以前から使用されていた。これは、アブラナの花が十字型になっている構造からきたものであり、現代中国ではこの名称の方が主流である。

アブラナの仲間（属）の学名は*Brassica*であるが、この語の語源はラテン語でいうところのキャベツを指す語である。続章でも述べているが、日本人に大変なじみのあるキャベツは、実はアブラナ科に属する植物であり、今日の社会ではなくてはならない野菜であるが、古代ギリシャ・ローマの時代

には整腸作用のある薬草として利用されていたことが知られている。(1)

アブラナ科作物の栽培起源地については、以前から地中海沿岸からヨーロッパ方面であったとする説が現在では主流のようではある。ただし、その考えのひとつの根拠としては、やはり古代ギリシャ・ローマ世界において利用されていたことが歴史史料から確認される点にあるからではないかとも思われる。世界史的に見ても、ギリシャ・ローマ時代には他の古代世界に比べて格段に早い時期から比較的体系的な哲学が存在し、成熟した社会の中で様々な書物が編まれていたし、その中に描写されている点は確かにインパクトが大きい。

しかし、他方でアジア世界に目を移すと、後漢時代の歴史を記した『後漢書』には「蕪菁《ぶせい》」の名が見える。この「蕪菁」とは、やはりアブラナ科に属するカブのことを指しており、当時は災害時の非常食として利用されていたようである。(2)

また、後段の第Ⅲ部の武田論文にて詳論しているが、日本列島では約七〇〇〇～五〇〇〇年前の縄文時代前期の遺跡からアブラナ科植物の種子が出土しているので、恐らく日本列島を含むアジア世界には、栽培や人間の利用の有無は別としても、先史時代から既にアブラナ科の植物が自生していたことは間違いない。これらの事実も踏まえると、アブラナ科作物の栽培起源地がどこなのか、という問題は改めて再検討が必要なことなのかもしれない。

ただし、今ここで紹介したいくつかの話からもお判りのように、アブラナ科植物と人との関わりは古い時代にさかのぼることだけは間違いのない事実である。そして、その関わりとは「人の役に立つ」植物とされていた点を忘れてはならない。それは、後段でも述べるが、現代社会においても全く変化してはいないのである。

一、非主食の食材としての利用

人間の食材となるものには、基本的には動物由来のものと植物由来のものに大別される。もちろん、それ以外にも塩などの化学物資もあるのだが、これらは保存料や調味料としての役割で使用されている。

農耕が発展する以前の狩猟・採集が主体をなす社会においては、恐らく動物由来の食材と植物由来の食材の双方が利用されていたことであろう。しかし、その後農耕が開始されると、当然にして農耕の産物としての植物由来の食材、特に穀物類が主食としての地位を占めたと考えられる。他方で、農耕に適さない比較的寒冷な地域や乾燥した地域では、遊牧という生産手段も展開されたが、これらの世界では家畜から産出される乳製品や肉類が基本的な主食を構成していた。

農耕が可能な社会では、その展開とともに、より生産の向上を目的として、灌漑による水の調達（水利）や農地の整備といった土木事業を伴う行為が次第に行われるようになったが、こうした事業を行うためにはある程度の強制力・権威を有する政治体制が存在しなければ不可能である。こうして、政治体制および農耕という生産手段は、社会を規定し存立させる両輪の車のような存在としての役割を果たして行くことになる。そして農産物の主力となったのは、言うまでもなく主食の農産物であり、麦・米などの穀物であったことは周知の通りである。

ただ、人間の食事とは、生物としてのエネルギーの補給ということが第一義的な目的であることは揺るがないとしても、それだけの意味に留まらないのであり、食事という行為にいろいろな人間集団に関わる意味や役割を重ねている面を忘れてはなるまい[3]。たとえば、同じ場で同じ食事を摂ることで、人間の個人間の友好や集団としての結束を促進・維持するという効果がある。また、同じ食材であっても、調理という手段で異なった料理として食することも可能となる。となると、食材は決して主食だけでは成立するものではない。

洋の東西を問わず、古代の歴史史料に頻出する植物名称は、まず基本的には主食となる農産物の名である。しかし、時代の経過とともに、様々な植物名称が出現する傾向にある。それらは、副菜であったり、薬草であったりする。本書で扱うアブラナ科植物は、特に副菜の食材としての利用がなされてきたアジアの米作社会においては、中心的副菜として存在し、特に漬物としての調理が施され、一定期間保存可能な食品として不可欠な存在となった。

漬物という調理方法は、世界的に存在する技法であるが、長期に保存ができる食品とする点で大きな利点がある。ちなみに、日本では奈良時代には既に漬物が存在していたことが知られる[4]。アブラナ科植物の場合は、カブやダイコンなどの根茎部分を漬ける場合と、各菜種の葉や茎の部分を漬ける場合とに大別される。いずれとも、塩や麹などと併用することにより、保存性があってかつ主食との相性のよい食品として、食文化の中で必要不可欠な存在となっていった。

現代の日本社会において、漬物の材料となる農産物の大半はアブラナ科の野菜が占めている。また、近年の世界的な和食ブームにより、こうした漬物の存在も広く世界に発信されつつあり、結果としてアブラナ科野菜の需要は高まる傾向にある。

二、搾油作物としての利用

人間社会において、当初は食材のひとつとして利用されていたアブラナ科植物は、それらの種子に含まれる油分を利用する目的としても利用されるようになった点も忘れてはならない。

中国では六世紀の北魏時代に成立した農業書である『斉民要術』には、アブラナ科植物の種子に圧力を掛けて搾るという方法で油を得る技術が既に記録されている(5)。

日本を例にとると、奈良時代の頃には植物から油を採取することがなされていたが、その対象となる植物はイヌザンショウであった(6)。そこから得られた油は、基本的には灯明用として利用されたとみられている。その後、平安時代後期以降には、より油の収穫が可能なエゴマからの採油に変更されたとみられているが、その後は室町時代以降、江戸時代初期に至るまでの間にアブラナ科植物種子からの採油方法へと徐々に切り替わっていく。こうした変革は、人間社会における生活様式と密接な関係がある。すなわち、夜間においても一定の照明が必要な行動を取る生活様式が人間社会において成立し拡大してきたことにより、灯明の燃料としての需要が増大したことがその背景にあろう。

江戸時代以降、アブラナ科植物の栽培はさらに拡大したことが各種の史料からもうかがえる。と同時に、アブラナ由来の油すなわち「菜種油《なたねあぶら》」の取引と流通が増大し、それらを担う油商人が出現した。特に、大坂や京などの大都市近郊では、アブラナの栽培地が多く、そこで収穫された種子は近場で搾られて油として精製されて流通した(7)。こうした傾向は江戸時代中期以降には全国各地に波及し、各地でアブラナ栽培が広がった。それらは農村の風物詩として広く日本人の心理に認識されていく。江戸時代の様々な文学や俳句などの作品には菜の花の描写が登場することからもそれがうかがえる。

こうした菜種油を照明用エネルギーとして利用することは、実は近代に入って以降も続き、識字率の増加や市民社会の成立とも相まって、需要はさらに増加していく。その結果、より採油量が見込める品種として、ヨーロッパ由来の品種(いわゆる西洋アブラナ)が導入され、従来の品種に代わって日本各地で栽培されるようになった(8)。今日、畑地などで一面に作付されているのを我々がよく目にする菜の花は、実は江戸時代以前に栽培されていた日本固有の種ではなく、この西洋アブラナである。

この後、電気やガスのインフラ整備が早かった都市部での需要は減退していくものの、食用油としての利用もあり、第二次大戦終了後でも依然として菜種油の生産は続いていた。一九五七年には、作付面積は約二五万八六〇〇ヘクタールで、生産量は二八万六二〇〇トンであった。(9) しかしその後は役割を終えて、高度経済成長が始まる一九六〇年代頃から生産量が激減し始める。

このように、太古の時代には夜間は活動する時間帯でなかったものが、歴史の展開の中で生活様式が変わっていく過程で、照明用の燃料として利用がなされた。それらの生産が増大するに従い、一般家庭にも普及していくことになった。さらには、食用油としても利用されるなど、人間の生活をエネルギー源のひとつとして支えてきた。

三、循環型社会を支える農産物としての注目

昭和の高度経済成長を経て世相や社会が移り変わっていく中で、搾油植物としての菜の花の需要はほとんど無くなる一方、食用としてのアブラナ科野菜の需用の方だけが堅調に進んでいくかに見えた。しかしながら、折から地球の温暖化が社会的課題として認知されていく中で、次第に「エコ社会」・「循環型社会」の構築という概念が叫ばれるようになった。

一九九五年には関西地方で阪神・淡路大震災が発生し、またリーマンショックによる不況などの事案も世相に影響を与え、以前の高度経済成長社会とは異なる社会システムを目指す言説が多く目立つようになっていく。そうした中で、一九九四年に発効した気候変動に関する国際連合枠組条約(10)による会議（地球温暖化防止京都会議。いわゆる「COP3」）が京都で開催された。この会議で日本は議長国を務め、最終的には「京都議定書」と呼ばれる温室効果ガス排出抑制に係る条約締結国間の取り決めを定めた議定書採択を主導した。

この京都議定書の内容は、その後いくつかの問題点が指摘されているが、日本が主導した議定書採択という過程の中で、日本社会での理解や認知度も高まり、一九九〇年代以降から提唱されつつあった前述の「エコ社会」・「循環型社会」を目指し、具体的には二酸化炭素排出抑制を目指した取り組みが各地で増加し、政府機関も様々な施策で後押しをした。(11)

こうした動きの中で、アブラナ（菜の花・ナタネ）の存在が改めて脚光を浴びることとなる。ひとつは、採油作物としてのアブラナの能力に着目し、ディーゼルエンジンの燃料として活用しようとする動きである。元々、家庭から排出される天ぷら油などを集めて、自治体のごみ収集車や公共路線バスの燃料の一部に充てる等の取り組みが一部にあったが、こうした動きにさらにアブラナから搾った油も加えて、僅かながらも一定のシェアの燃料を製造しようとする試みが開始され

ていく。こうした中で、アブラナは改めて採油植物としての価値が見直されていくこととなった。

具体的な試みについて、ここで全て列挙する紙幅はないが、先駆的な代表事例としては滋賀県を舞台とした「菜の花プロジェクト」の取り組みがある。この代表を務めた藤井絢子によると、この運動の発端は昭和後期に頻発した琵琶湖の富栄養化に伴うアオコや赤潮の発生という問題を克服するために、琵琶湖周辺地域で展開された使用洗剤の規制や食品廃油の回収等の運動から始まっている。(12) 結果として、そうした取り組みを通じて意識が高まっていたところに、さらに温暖化ガス排出規制も併せて行うという目標が付加された結果、農業と地域再生という命題にも行きついて、それらの複合的な社会問題を総合的に克服しようとする動きへと展開していく流れができていった。

こうした藤井らの運動や取組は、今日では日本各地において採用されており、平成時代のひとつの大きなムーブメントとして評価しうるであろう。また、この運動・取り組みの深化という方向で進捗すれば、当然にしてバイオディーゼル燃料としてのアブラナ栽培面積の拡大という結果となっていく。実際に、二〇〇六年度頃の統計では、アブラナの作付面積は八〇〇ヘクタールしかなく、これは作付面積としてはほぼ最大であったとみられる一九五七年頃の水準に比べて、〇・三パーセント程度の水準となっていたのが、二〇一八年の作付面積は約一九三〇ヘクタールとなり、二〇〇六年の約二・四倍強に戻ってきている。(13)

しかし、単に作付だけすればよいということではなく、さらに付加価値を加えた運動となっているのが興味深い点である。すなわち、菜の花が満開となる春先の時期には、観光資源としての活用も併せて行われている。また搾った油の一部は、食用油としての販売にも回されている。こうして、二十一世紀以降では地域振興という社会問題の克服という観点からもこうした運動はさかんに取り組まれるようになり、「地産地消」・「エコツーリズム」といった新たなスローガンも得て、アブラナの栽培作業が児童学習の場として活用されたり、地域振興のひとつの商品としても、様々な形態として新たな展開を見せている。

一連の動向の中で、アブラナ科植物に関して見逃せないもう一つの新たな動向は、地場野菜の再評価と認知であろう。もともと、日本各地には在来種としての様々な野菜があり、そのうちのかなりの部分はアブラナ科の野菜、すなわちダイコン・カブ・葉菜の一部などが占めている。これらについては、ある一時期には栽培もなされず、種子の更新すらも困難な時期があり、結果としていくつかの品種は絶滅したとみられている。しかし、一九九〇年代後半以降の様々な経過を経ていく過程で社会的価値観の変化があり、こうした地場野菜の保存や活用、地産地消という動きへと展開していく。今日では、全国のほとんどの都道府県において、こうした地元野菜が認知され、各自治体のホームページ等で競うように普及に注力している様相を見ると、まさに隔世の感を禁じ得ない。

こうして、アブラナ科食物は平成の時代において、改めて人間社会においていくつかの重要な役割を果たす作物として、社会的に認知され、新たな利用が始まっている。

四、公害物質や放射能物質の除染手段としての活用

かつて、昭和の高度経済成長期には、環境への無配慮や法制・行政の不備などもあり、全国各地で公害が発生した。その中でも、富山県神通川下流域で発生したイタイイタイ病の事例は、鉱山からの精錬使用後の排出水を未処理のまま排出したことにより、カドミウムにより汚染された水田で作られた米を食することで体に症状が起きるものであった。

この際に大きな課題となったのは、汚染された農地の回復、すなわちカドミウムの回収である。上記のイタイイタイ病公害による汚染地域の場合、汚染の著しい水田は客土などで土壌の入れ替えがなされたが、かなりの面積を占める低水準の汚染地については、そこで作付された米を買い上げて流通させない等の対応をとってきた。しかし、この方法ではカドミウムの除去として根本的な解決には至らないため、カドミウムなどの重金属を吸着させる性質のある植物を栽培することで除去を進めるという手法の研究がなされてきた。この手法は「ファイトレメディエーション」と呼ばれ、カドミウムの除去に関しては、アブラナのほか、品種改良されたイネや、ベニバナ、ボロギク、あるいはコスモス、ヒャクニチソウ、マリーゴールド、キンセンカ、ヒマワリなどの花卉植物の利用が考案されている。[14]

ところで、二〇一一年三月十一日に発生した東日本大震災による津波は、結果的に東京電力福島第一発電所の事故を誘発することとなった。この経過についても、最近になって様々な見地からの検証報道や意見表明が陸続となされており、それらを目にするたびに、地域住民や関係者の方々のご辛苦や衝撃のほどはいかばかりであったかと拝察すると、本当に一言では言い表すことは出来ないものがある。

この福島での原発事故の前には、海外ではいくつかの深刻な原発事故が発生している。筆者の記憶に残る限りでは、ひ

とつは一九七九年に発生したアメリカ・スリーマイル島の原発事故である。その次に発生した重大な事故としては、何といっても一九八六年に発生したチェルノブイリ原子力発電所事故（当時はソ連のウクライナ共和国、現在は独立）である。これは、史上最悪の原発事故とされている。この事故後に様々な措置がなされたが、一つは放射能排出源の密閉化、そして周辺住民の避難と、汚染地域での除染活動に大別される。この中で、放射性物質の除染については、やはりファイトレメディエーションによる方法が検討され、アブラナやヒマワリ栽培による放射性物質除去が試されている。近年有望な方法として確立したのは、アブラナを用いた方法であり、これにより放射性セシウムがアブラナの種に吸収されるが、この種を搾油しても水溶性のセシウムはここに含まれず、油を搾った後のかすに残ることとなり、ここからセシウムを回収するという方法であるという。(15)

このほか、東日本大震災で発生した津波で海水が浸入した農地の脱塩についても、塩分に強いアブラナを栽培する手法を用いることも検討されている。(16)

五、アブラナ科植物と人間社会
――今、なぜアブラナ科植物なのか――

本章では、アブラナ科植物と人との関わりについて、歴史的な視座や現代社会の視座などからその様相を概観した。古代日本の記録から見えるアブラナ科植物と人間との出会いは、主食ではないものの重要な食材としてのものであり、その後の日本の食文化に与えた影響は大きいといわねばならない。また、中世以降近代までの記録から見えるアブラナ科植物は、もちろん食材であると同時に、燃料源としての作物の意味が重要であった。

このように振り返ると、目立たない存在ながらも、人間の生活や社会の基盤のいくつかの重要な部分を支えてきた植物であることは言うまでもないであろう。

その後、近代化の進捗と産業革命により、人間社会は格段の進歩を遂げ、一見して科学技術により物質的にも豊かになったかのようには見える。化石燃料や放射性物質を用いた発電により支えられる電力基盤の構築によって、今日の高度情報化社会が成立している。

しかしながら、大震災や津波などの災害時には、情報インフラの無力さが露呈することが多いばかりか、我々人間の存在自体がいかに無力なものであるかを痛感するばかりである。

さらに、高度経済成長や電力需要増大に伴って発生した負の遺産ともいうべき公害や原発事故などにおいて、我々は重金属や放射性物質といった有害物質の存在に日々苛まれているという面も忘れてはならない。

平成の時代に入った頃、日本では次々と進化していく高度情報化社会や経済至上主義的な風潮に対して、各種の立場からいくつかの警鐘が鳴らされてきた。その際に大きな論点となった環境破壊・地方の過疎化・世代間の断絶、といった様々な社会的課題については、今日でも多くの対策や解決に向けた活動がなされている。今回本章をまとめるにあたり、それらの多くにはアブラナ科の各種植物の利活用が採用されている事例が実に多いことを把握することができ、その存在感には改めて驚くばかりである。

ただしこうした活況はたまたま展開されたのではなく、やはりその背景にはアブラナ科植物をうまく利用して発展してきた近代までの人間社会の流れがあり、その食文化や栽培技法や付随する様々な知恵・情報などがまだ各地には豊富に残されているという下地が存在しているからこそ、ではないかと思われてならない。

そうであるとしたら、我々はむしろ古代からのアブラナ科植物とのいとなみや、それに伴って先人たちが築いてきた食文化や栽培に関する技法、その他付随する文化や社会的なシステム、そして情報などを明確な形で次世代に引き継いでいく必要があるのではないか。それは、今後の人間の在り方を考えていくという、我々に課せられた根本的な問いを続けていくうえでも重要な意味があるのではないかと考えている。

注

（1）マグロンヌ・トゥーサン＝サマ（玉村豊男訳）『世界食物百科』（原書房、一九九八年）
（2）『後漢書』巻七・考桓帝本紀・二年条には、災害時にカブを植えて食糧としたことが記される。
（3）ゴリラ研究の第一人者である山極壽一によれば、人間が他の霊長類と異なる特質のひとつとして、食事による他者との関係の維持や調整という機能を指摘する。詳細は、山極壽一『ゴリラからの警告――人間社会、ここがおかしい』（毎日新聞出版、二〇一八年）
（4）関根真隆『奈良朝食生活の研究』（吉川弘文館、一九六一年）
（5）賈思勰『斉民要術』（平凡社東洋文庫）
（6）奈良文化財研究所編『香辛料利用からみた古代日本の食文化の生成に関する研究』（平成二十五年度　山崎香辛料財団研究助成　成果報告書）二〇一四年
（7）新保博『封建的小農民の分解過程――近世西摂津菜種作地帯を中心として』（新生社、一九六七年）、津田秀夫『新版　封建経済政策の展開と市場構造』（御茶の水書房、一九七七年）
（8）長田武正著『原色日本帰化植物図鑑』（保育社、一九七六年）

(9) 本田裕「ナタネ育種の現状と課題」(『特産種苗』五、二〇一〇年)

(10) 気候変動に関する国際連合枠組条約　日本は、一九九二年に署名、一九九三年に国会で批准、一九九四年の発効時からの加盟国である。

(11) 環境省『京都議定書目標達成計画』(二〇〇五年)。https://www.env.go.jp/press/files/jp/11154.pdf

(12) 藤井絢子『菜の花エコ革命』(創森社、二〇〇四年)

(13) 農林水産省大臣統計部のまとめによるデータ。詳細は、http://www.maff.go.jp/j/tokei/ を参照。

(14) 藤正志ほか「秋冬作におけるアブラナ科植物のカドミウム吸収特性」(『東北農業研究』六一・六二、二〇〇四年)、安部匡ほか「ガンマ線照射による突然変異育種法を用いた難脱粒性カドミウムファイトレメディエーション用イネ系統「MJ3」および「MA22」の育成」(『育種学研究』一五─二、二〇一四年)、大和政秀ほか「汚染農地におけるベニバナボロギクのカドミウム吸収」(『日本土壌肥料学雑誌』八一─二、二〇一〇年)、堀部貴紀ほか「フラワーレメディエーション──花卉植物による重金属汚染土壌の修復に関する研究」(『中部大学生物機能開発研究所紀要』一七、二〇一六年)などによる各種の研究報告がある。

(15) 藤井絢子・河田昌東「チェルノブイリの菜の花畑から──放射能汚染下の地域復興」(創森社、二〇一一年)

(16) 東北大学菜の花プロジェクト編『菜の花サイエンス：津波塩害農地の復興』(東北大学出版会、二〇一四年)

アブラナ科植物について

渡辺正夫

アブラナ科植物は、ぺんぺん草の様な雑草から栽培作物のハクサイ、キャベツ、ダイコンなどの重要な露地野菜を含んでいる。本章では、アブラナ科植物の分類体系に始まり、どの分類群に多くの野菜が含まれるのか、また、遺伝子解析から解明されたことを概観する。アブラナ科植物の植物学的な理解は、文理融合的研究の基礎基盤となるであろう。

はじめに

四季折々に多様な形態や花色で我々の心を和ませてくれる植物。彼らは生命誕生以来、進化の過程を経て、コケ植物・シダ植物・種子植物（裸子植物・被子植物）へと進化・多様化してきた。種子植物の中でも様々な花色があり、「花」をイメージできる植物が被子植物であろう。裸子植物であるイチョウの花を見たことがある、という方は少数だと思われるし、街路樹など、比較的大きな樹木になっており、花そのものを見ることも容易ではない。その種子である「銀杏《いちょう》」は食材として一般的であるというのは、ご存じの通りである。一方、同じく裸子植物のマツは、イチョウに比べ背丈が低いので、小さな「松ぼっくり」の形をした雌花《めばな》と、それとは異なる形態で花粉を飛ばす雄花《おばな》を見かけた、という方がいるかもしれない。これら裸子植物に対して、被子植物の植物体・葉・花の形態的多様性は、裸子植物のそれを遙かに凌駕している(1)。

これら植物の特徴の一つに「光合成能」を有していること

が挙げられる。光合成とは太陽光が有している光エネルギーを化学エネルギーに変換し、その化学エネルギーを用いて、空気中の二酸化炭素（CO_2）を有機酸に変換させるものである。この化学反応の鍵となる酵素が、ルビスコ（Rubisco）という酵素であり、植物体のエネルギー源となるショ糖・デンプンなどが生成される。地球上に植物が繁栄したことにより、二酸化炭素が減少し、活発な光合成活動の副産物として、大気中に多くの酸素（O_2）が発生した。これによって酸素を呼吸などに利活用する生物が繁栄したとも言われている。[1] 被子植物を光合成代謝系で大別すると、C3植物・C4植物・CAM植物に分類される。被子植物は通常C3型光合成を示すものが多い。C4植物には、トウモロコシ・サトウキビなどが含まれ、光合成効率を上げるために、光合成関連酵素が場所を変えて、機能することにより、高い光合成能を示すことができる。

さらに、CAM植物には、パイナップル・ランの仲間（カトレヤ・バンダなど）・アロエなどが分類され、二酸化炭素を取り込むこと、酵素により有機酸に変換することを昼夜で分けることにより光合成効率を上げている。[1] もちろん、こうした光合成の中間型を示すような植物も見いだされている。アブラナ科植物である*Moricandia arvensis*は、C3—C4中間型光合成を示すとされ、その形質を有用なアブラナ科作物に持たせようとした研究も行われている。[2]

一、被子植物の分類法

被子植物は上述のように高い多様性をもっているが、その分類における歴史は古いものがある。そもそも、分類するということは、比較している種が同種なのか、異種なのかを形態学、遺伝学など可能な手法で理解することであり、同種内での多様性がどの様にして進化してきたのか、あるいは、異なる種であるにもかかわらず、同様の形態、形質を有しているのは、なぜなのかを理解するための、基本である。分類の先駆者であるリンネが構築した花の形態に基づく分類法は、その後エングラーなどによって改訂された。[3][4] 一九九〇年代になると植物でも遺伝子解析が容易になり、植物分類学・植物系統学・植物進化学などの研究者の中で、植物の類縁関係を植物が共通に有する遺伝子に基づいて整理することが有意義であろう、という考え方が議論されるようになった。つまり、同種であれば、目的とする遺伝子はほぼ一〇〇%保存されているが、種が異なれば、その種と種の遺伝的な距離に従って異なる種間での遺伝子の相同性が変化する、ということをメルクマールにすれば、種を遺伝子レベルで類縁関係に関して、決定できるというものである。ここで議論している遺伝子はそのほとんどが、細胞が有している核の中にあるDNAに記述されている。その核内DNAの総体を「ゲノム」と呼ぶ。詳細については、後の記述を参考にして頂きたい。つまり、ゲノム中の遺伝子は、種が異なれば、変化するという概念に基づき、核内ゲノム（ゲノムについての説明は後述）に記されたいくつかの遺伝子（18S rDNA、*rbcL*、*atpB*など）が遺伝子を元にした分類に使われてきている。この分子進化に基づき、被子植物全体を分類するという概念が、被子植物系統研究グループ（Angiosperm Phylogeny Group; APG）によって一九九八年に提唱された。その後、三回の改訂を経て、現在に至っている。[5] こうした経緯から、植物科学関連の研究者レベルではAPGの分類体系に従うことが慣例となっている。

このAPG分類体系の基礎にあるのは分子分類学・分子系統学である。これらは、生物種が有している遺伝子配列情報、あるいは、その翻訳産物であるアミノ酸配列情報を元に、生物種間の遺伝子レベルでの類縁を計算により導き出す学問である。先述の通り、分子系統樹を構築するために用いられる遺伝子配列の条件は、植物種間で一定程度の多様性があることである。つまり、大部分の配列は保存されながらも配列は多型性《たけいせい》を有しているということが重要である。さらに、それらの遺伝子間の距離を計算する手法（アルゴリズム）はいくつかあり、近隣結合法（neighbor—joining method）[6]、最尤法《さいゆうほう》（maximum likelihood method）[7]などがよく用いられる。近隣結合法は、植物種間の系統関係を示した「分子系統樹」の全体の長さが最も短くなるように書いたものである[6]（図1—2—1）。これらの計算手法により、植物種の類縁関係が系統的に理解できるようになるということである。また、推定して、作成した分子系統樹がどれくらい確からしいのかを示す指標としてブートストラップ法（bootstrap method）[8]が用いられ、分子系統樹の分岐点に確からしさを記載することによって、書き上げた分子系統樹、いわば、植物種間の類縁関係の指標がどれくらい正しいのかを示すことが一般的になりつつある。

一方で、花の形態に基づく従来の分類基準の方が視覚的にも分かりやすいなどの理由から、高校の教科書などでは現在も「新エングラー体系」が示されている。なお、植物の種名は、それぞれの国の言語によって異なることから、万国共通に理解できる手法として、リンネが構築した「二名法《にめいほう》」を使った学名というものがある。これは属名と種名を続けて表記する方法であり、現在でも一般的に使われている。ハクサイ・カブの仲間は*Brassica rapa*であり、ダイコンは*Raphanus sativus*である。つまり、それぞれ*Brassica*や*Raphanus*が属名

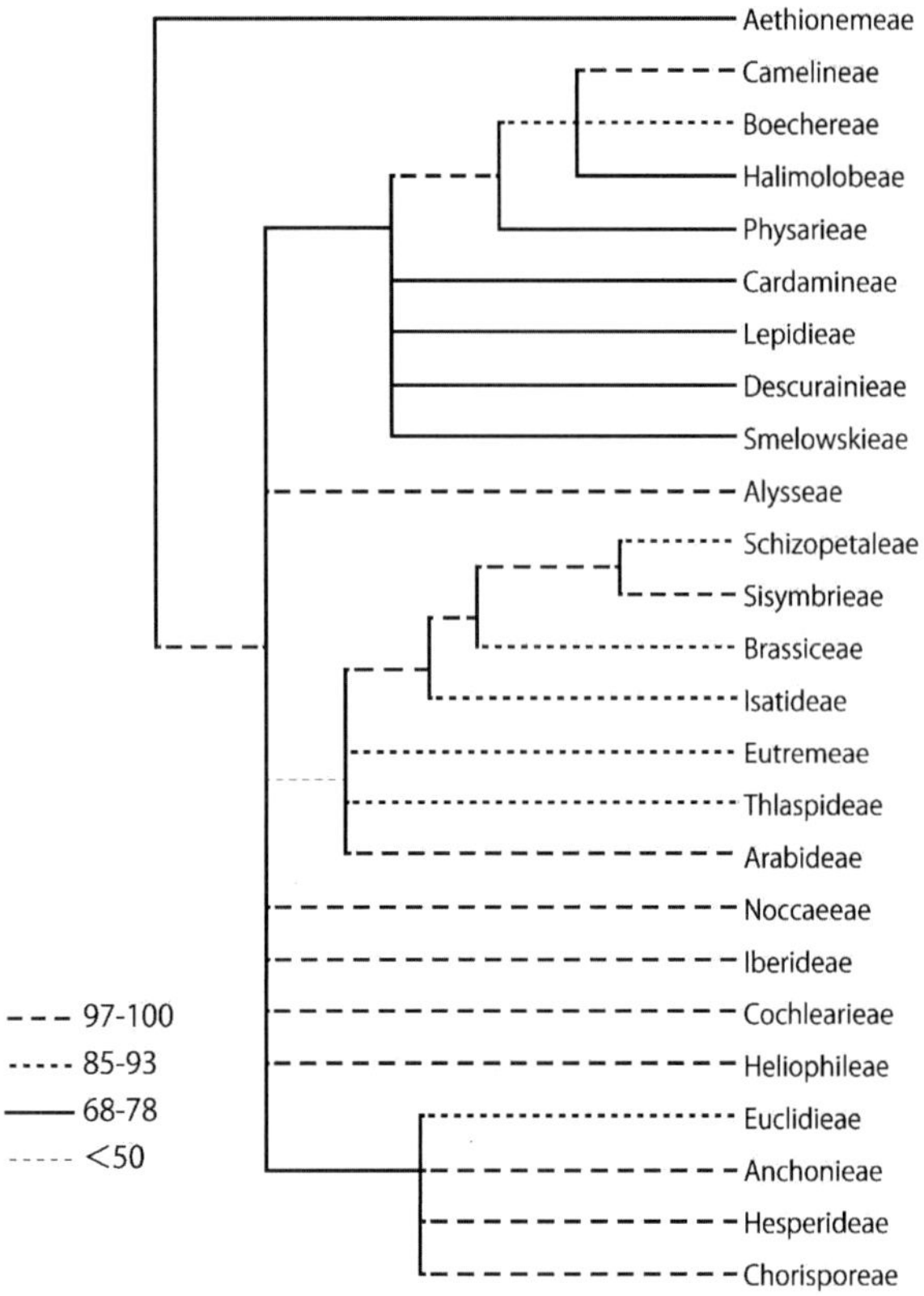

図1-2-1 アブラナ科に属する25連(族)の分子系統樹
アブラナ科に属する25の連は共通祖先からAethionemeae連(族)が分岐し、大きく8つのグループに分化したと考えられている。シロイヌナズナが属するCamelineae連を含む8つの連は共通祖先から分岐したと考えられる。また、Brassiceae連を含む7つの連も1つのグループを形成している(9)。Al—Shehbaz et al. (2006)(9)の図版改定。分子系統樹の左下の数字は、確からしさである、ブートストラップ値を示す。

であり、*rapa*や*sativus*が種名となる。(3)

新エングラー体系による分類では、界(Kingdom)・門(Division)・綱(Class)・目(Order)・科(Family)・連(Tribe; 以前は「族」と訳していたが一つ下の分類の「属」と混乱しやすいとの理由から「連」と呼ばれるようになった)・属(Genus)・種(Species)というように大きな分類群から小さな分類群へとグループ分けされていた。アブラナ科植物の*Brassica oleracea*(ヤセイカンラン、野生甘藍)をその分類に当てはめると、植物界・種子植物門(被子植物亜門)・双子葉植物綱(離弁花亜綱)・ケシ目・アブラナ科・アブラナ族(連)・アブラナ属・ヤセイカンラン種、という表記となる。しかしながら、APG分類体系においての*B. oleracea*はアブラナ目に分類され、離弁花亜綱という分類がなされていないため、植物界・被子植物・真正双子葉類・バラ類・アブラナ目・アブラナ科・アブラナ連(族)・アブラナ属・ヤセイカンラン種、という表記となる。

前述のAPG分類体系では、「科」の名前にその「科」を代表する典型的な属名を用いることが一般的になった。そのため、アブラナ科は旧来Cruciferaeという様に呼ばれていたが、現在では、Brassicaceaeとなっている。旧来の科名が花の形態である「十字花」を意味することもあり、植物の分類を理解しやすいという点はある。ただし、旧学名も使うことは認められており、併記されていることもある。このような例として、イネ科は旧来、Gramineaeと呼ばれていたが、現在ではPoaceaeの方が一般的な科名となっている。

先述の通り、現在では遺伝子進化を基礎とした分子分類体系が構築されている。一般に一つの生物種が有している遺伝子は数万から多くても十万以下である。これらの遺伝子が一つの方向性を持って進化するわけではなく、個々の遺伝子が独立に進化しているといっても差し支えがない。つまり、分子分類を行った場合、用いる遺伝子によって、できあがる分類された分子系統樹は異なることが予想される。それでは、生物種の分類を正しく行っているとはいいがたい。特定の遺伝子で分類するのではなくて、ゲノム上の全ての遺伝子、つまり、ゲノムの全てのDNA配列を使って分類することができれば、厳密な意味での類縁関係を正しく反映した分類、系統樹を作成できる。しかしながら、それを行うためには、後述のゲノム解析手法を使っても予算面での限界があり、現状では困難であることから、これから先の解決しなければならない問題であろう。

二、アブラナ科植物の分類体系

アブラナ科植物には三七〇〇種の植物が含まれており、先のような分子分類によって三三八属二十五連（族）に分類され、研究者ごとに使われた遺伝子が異なるため、大きな分類群での差異はないが、細かな分類群では差異が生じることもある。(9)〜(12) 先述の通り、三七〇〇種のアブラナ科植物全ての遺伝子について分子系統樹を表記することは難しいことから、その代表的な遺伝子、植物種を代表として分類された結果が分子系統樹として表記される。また、系統樹を作成するときに使うアルゴリズム、対象とする遺伝子によって系統樹のパターンは異なる。(9)〜(12) 言い換えれば、種・属・連の数は、分類基準によって変化することがある。植物分類学・植物進化学などの研究者にとっては、その詳細さが重要であるが、他の植物科学・農学などの研究者にとっては、どの基準で論文を作成するかを明記すればよいということであることから、大きな問題ではない。(9)〜(12)

ここでは、Al-Shehbazら（2006）の分類体系に基づき、二十五連に対して分子系統樹を構築すると、図1―2―1のようになる。(9) また、二十五連に含まれる主要な属・種名を表したものが表1―2―1のようになる。二十五連のうち

表1-2-1 アブラナ科に属する25連(族)に含まれる主要な属と種名

連(族: tribe)名	属(genus)名	和名	種(species)名
Aethionemeae			
Camelineae	*Arabidopsis*	シロイヌナズナ属	シロイヌナズナ
	Camelina	アマナズナ属	ナガミノアマナズナ
	Capsella	ナズナ属	ナズナ(薺、ぺんぺん草)
Boechereae			
Halimolobeae			
Physarieae			
Cardamineae	*Cardamine*	タネツケバナ属	タネツケバナ
	Armoracia	セイヨウワサビ属	セイヨウワサビ(ホースラディッシュ)
	Barbarea	ヤマガラシ属	ヤマガラシ
	Nasturtium	オランダガラシ属	オランダガラシ(クレソン)
	Rorippa	イヌガラシ属	イヌガラシ
Lepidieae	*Lepidium*	マメグンバイナズナ属	マメグンバイナズナ、マカ
Descurainieae			
Smelowskieae			
Alysseae	*Alyssum*	ミヤマナズナ属	
Schizopetaleae			
Sisymbrieae	*Sisymbrium*	キハナハタザオ属	
Brassiceae	*Brassica*	アブラナ属	カブ、キャベツ、カラシナ
	Diplotaxis	エダウチナズナ属	ロケット
	Eruca	キバナスズシロ属	ルッコラ
	Raphanus	ダイコン属	ダイコン
	Hirschfeldia	ダイコンモドキ属	アレチガラシ
	Sinapis	シロガラシ属	シロガラシ
	Orychophragmus	オオアラセイトウ属	オオアラセイトウ
Isatideae	*Isatis*	タイセイ属	
Eutremeae	*Eutrema*	ワサビ属	ワサビ
Thlaspideae	*Thlaspi*	グンバイナズナ属	グンバイナズナ
Arabideae	*Arabis*	ヤマハタザオ属	
Noccaeeae			
Iberideae	*Iberis*	マガリバナ属	トキワマガリバナ
Cochlearieae			
Heliophileae			
Euclidieae			
Anchonieae	*Mattiola*	アラセイトウ属	アラセイトウ
Hesperideae	*Hesperis*	ハナダイコン属	ハナダイコン
Chorisporeae	*Lunaria*	ゴウダソウ属	ゴウダソウ

表1-2-2 現在までに全ゲノム配列が決定されているアブラナ科に属する種名,系統名,生殖様式,および掲載論文名

連(族: tribe)名	種名	系統名など	生殖様式	掲載論文名
Aethionemeae	*Aethionema arabicum*	??	SC	37)
Camelineae	*Arabidopsis thaliana*	Columbia	SC	31)
	Arabidopsis thaliana	80 accessions	SC	38)
	Arabidopsis thaliana	1,135 accessions	SC	39)
	Arabidopsis thaliana	337 accessions	SC	40)
	Arabidopsis halleri ssp. dacica	1 accession	??	40)
	Arabidopsis halleri ssp. gemmifera	2 accessions	??	40)
	Arabidopsis halleri ssp. halleri	3 accessions	??	40)
	Arabidopsis halleri ssp. ovirensis	2 accessions	??	40)
	Arabidopsis halleri ssp. tatrica	2 accessions	??	40)
	Arabidopsis umezawana	1 accession	??	40)
	Arabidopsis arenosa ssp. arenosa	9 accessions	??	40)
	Arabidopsis arenosa ssp. borbasii	6 accessions	??	40)
	Arabidopsis arenosa ssp. intermedia	1 accession	??	40)
	Arabidopsis carpatica	8 accessions	??	40)
	Arabidopsis neglecta ssp. neglecta	4 accessions	??	40)
	Arabidopsis neglecta ssp. robusta	2 accessions	??	40)
	Arabidopsis nitida	4 accessions	??	40)
	Arabidopsis petrogena ssp. exoleta	2 accessions	??	40)
	Arabidopsis petrogena ssp. petrogena	3 accessions	??	40)
	Arabidopsis arenicola	3 accessions	??	40)
	Arabidopsis lyrata ssp. lyrata	2 accessions	??	40)
	Arabidopsis lyrata ssp. petraea	21 accessions	??	40)
	Arabidopsis petraea ssp. septentrionalis	2 accessions	??	40)
	Arabidopsis petraea ssp. umbrosa	2 accessions	??	40)
	Arabidopsis cebennensis	3 accessions	??	40)
	Arabidopsis pedemontana	2 accessions	??	40)
	Arabidopsis croatica	2 accessions	??	40)
	Arabidopsis suecica	3 accessions	SC?	40)
	Arabidopsis kamchatica ssp. kamchatica	3 accessions	SC?	40)
	Arabidopsis kamchatica ssp. kawasakiana	1 accession	SC?	40)
	Arabidopsis lyrata	MN47	SI	41)
	Leavenworthia alabamica	??	SI	37)
	Camelina sativa	DH55	??	42)
	Capsella rubella	Monte Gargano (Italy)	SC	43)
Cardamineae	*Cardamine hirsuta*	Oxford	SC?	44)
	Barbarea vulgaris	G-type, P-type	SC?	45)
Sisymbrieae	*Sisymbrium irio*	??	SC	37)
Brassiceae	*Brassica rapa*	Chifu-401-42	SI	34)
	Brassica napus	Darmor-*bzh*	SC	46)
	Brassica oleracea var capitata	line 02-12	SI	47)
	Brassica oleracea var italica	Early Big	SI	48)
	Brassica oleracea var capitata	Badger Inbred 16	SI	48)
	Brassica oleracea var capitata	HRIGRU009617 DH3	SI	48)
	Brassica oleracea var botrytis	BOL909	SI	48)
	Brassica oleracea var botrytis	AC498 (Gower DH line)	SI	48)
	Brassica oleracea var gemmifera	CA25 (Nedcha DH line)	SI	48)
	Brassica oleracea var acephala	ARS_18 (Arsis DH)	SI	48)
	Brassica oleracea var gongylodes	HRIGRU011183 DH1	SI	48)
	Brassica oleracea var alboglabra	TO1000 DH3	SC?	48)
	Brassica macrocarpa	??	SI	48)
	Raphanus sativus	Aokubi doubled haploid	SI	49)
Eutremeae	*Thellungiella parvula*	??	SC?	50)
	Thellungiella salsuginea	Shandong ecotype	SC?	51)
	Eutrema salsineum (Thellungiella halophila)	Shandong	SC?	52)
Arabideae	*Arabis alpina*	Pajares	SC?	53)

Aethionemeae連が他の二十四連とは初期に分化したということは、分子分類を行う際に用いる遺伝子によって変化がないことから、アブラナ科植物の中ではかなり古くからある植物群になると考えられる（図1—2—1）。また、Al-Shehbazら(2006)の論文にはそれぞれの連に属する属名などが細かく記されていることから、三三八属の分類については、原著を参照して頂きたい。[9] アブラナ科植物の野菜など、比較的一般的なものの分類を含めたものについては後述する。

三、野菜としてのアブラナ科植物

後述するとおり、アブラナ科植物には多くの栽培種が含まれている。分類体系に見た場合、その多くはBrassiceae連に含まれる*Brassica*属、*Eruca*属、*Raphanus*属、*Sinapis*属が主流である。*Brassica*属では、***B. rapa***（ハクサイ、カブ、パクチョイ、チンゲンサイ、紅菜苔《こうさいたい》など）、***B. oleracea***（キャベツ、ブロッコリー、カリフラワー、ロマネスコ、芽キャベツ、ケール、コールラビ、カイランなど）、***B. napus***（セイヨウナタネ）、***B. juncea***（カラシナ、高菜など）、***B. nigra***（クロガラシ）が野菜として利用され、これまで品種改良が為されてきた。欧米での栽培が主流であった***E. sativa***（ルッコラ、ロケット）は、サラダ用の野菜として、***S. alba***（シロガラシ）は、***B. juncea***などの種子と一緒に潰すことでカラシとして利用されている。それ以外としては、Eutremeae連のワサビ（*Eutrema japonicum*）がある。以前は、***Wasabia japonica***と称されていたこともあるが、現在ではこの分類名は使われていない。茎の部分をすりおろして、寿司・刺身などの辛味として利用されている。同じくワサビの名を持つ野菜でCardamineae連に属するセイヨウワサビ（*Armoracia rusticana*）は、明治以降に導入・栽培され食用に供されている。野菜を果菜類・葉菜類・根菜類と分類した場合、アブラナ科野菜の多くは葉菜類、カブ・ダイコンなどが根菜類にあたる。アブラナ科野菜を果菜類として食すことは稀であるが、近年、ダイコンを結実させ、その鞘と未熟果を食する「サヤ（鞘）ダイコン」という品種が出回っている。この食し方に合わせて、通常のダイコンよりも鞘の肥大が大きく、柔らかいものが選抜されて、食用に供されている。

*B. rapa*と*B. oleracea*の形態を比較した場合、ハクサイとキャベツのように結球性のもの、カブとコールラビのように茎や根の部分が肥大するもの、紅菜苔とカイランのように早期に抽苔《ちゅうだい》した茎・花蕾《からい》を食するものというように、種を超えて形態的類似性が見られる場合があり、平行進化の結果であるとも考えられる（図1—2—2 口絵④）。日本には、カブやダイコン類において、特定地域に古くから栽培されていた

在来種が存在する。[13]〜[16]それらの在来種が有している遺伝的多様性は、今後の育種などに利用できる可能性があることから〝地域の遺伝資源〟として見直され、種子の保存などの取り組みが行われている。

上述の様に、アブラナ科植物にはカラシ油配糖体（グルコシノレート）と呼ばれる二次代謝産物が種子・植物体に含有されている。この配糖体は、細胞内の酵素活性によりイソチオシアネートが生成される。[17]〜[19]このイソチオシアネートは構造的に多様な分子種が存在し、植物体の部位・栽培時期・栽培条件などの違いによって、存在比などが変化していることが知られている。[18]植物側から見たとき、イソチオシアネートは、抗菌性物質・耐虫性物質であり、植物を病害虫から守る内在性の農薬のようなもの（ファイトアレキシン）の一種であると考えられている。[20]アブラナ科植物のモデル植物であるシロイヌナズナではグルコシノレートの生合成・代謝に関わる経路、それらに関わる遺伝子が同定されつつあり、生合成・代謝に着目した辛味成分の育種を分子レベルで展開できることが将来的に考えられる。[19]

四、染色体・雑種形成から見たアブラナ科野菜とその近縁野生種

遺伝子・ゲノムという言葉は、現在でこそ、一般的に使われる単語となってきたが、ゲノムの語源をたどると、遺伝子を意味する**“gene”**とその総体を表す**“-ome”**という言葉が重なってできた**“genome”**という造語であり、その単語の提唱者である**Winkler**によって、「生物体の半数体細胞が有している染色体の総体」と定義された。後に、木原均によってコムギ類のゲノム研究が行われ、一粒系コムギの半数染色体数は、*n*=7であり、このセットが一つのユニットとしてゲノムを形成している。一方、二粒系コムギの場合には、*n*=14であり、一粒系コムギの半数染色体数の二倍である。この二つのことをあわせて考えることで、二粒系コムギは、七本の染色体セットが二ユニットからできていると考えることができる。こうした研究から、ゲノムという概念は、木原によって「生物体がその生活機能の調和を保つために不可欠な染色体セット」と再定義され、現在に至っている。[21]

こうした木原によるゲノムの概念が構築された背景には、植物種間での交雑時における染色体対合パターンの解析結果に基づく植物種間の類縁関係・倍数性などを解明する「ゲノ

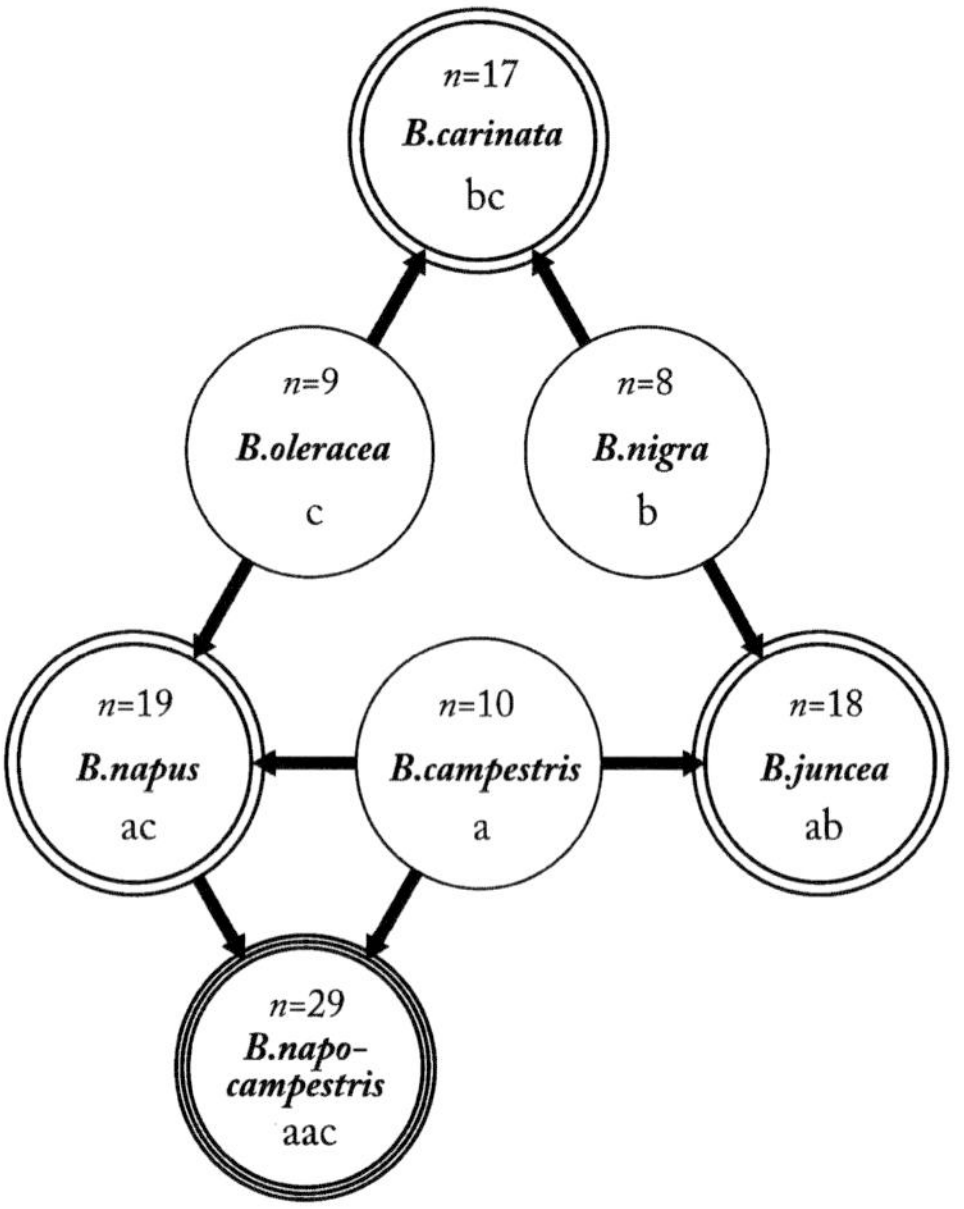

図1-2-3 禹の三角形

U（1935）(24)に掲載されている模式図に従った。そのため、現在では、*B. rapa*と呼ばれている種名は、それまでの種名の*B. campestris*を使用している。また、現在では、ゲノムの識別のために、大文字で「Aゲノム」というように表記するのが一般的であるが、当時は、小文字で記していた。また、親植物である二倍体種が正三角形の各辺の中央に位置し、それぞれから形成される複二倍体種が各頂点に位置している。また、a, b, cゲノムを持つ植物種の配置もこの位置になっているものが、原著に従っているといえる。さらに、原著では、*B. napus*と*B. campestris*の雑種形成の実験も行われていて、小さな正三角形が左下に出っ張りとして形作っている。

ム分析」という実験がある。形態的に異なっている近縁種間で交雑した時、姉妹染色体で対合した二価染色体がほとんど観察される場合、両者のゲノムは部分的な分化・進化はあるかも知れないが同一ゲノムであると考えられた。一方、対合した二価染色体がほとんど観察されず一価染色体がほとんどである場合、両者のゲノムは大きく分化・進化しており、異なるゲノム種であると考えることが妥当だとされた。つまり、交雑を行った両ゲノム間での分化・進化程度により、対合できない一価染色体が増えるということになる。こうした実験をコムギ近縁種・野生種などについて行い、栽培コムギがAゲノム・Bゲノム・Dゲノムを併せ持つ異質六倍体（AABBDD）であることを解明したことが木原の成果であり「ゲノム分析」という染色体レベルでの実験手法がもたらした要諦ともいえる。[22]

　コムギ近縁種・野生種で研究が行われていた頃、他の植物種でも同様の解析が行われ、栽培イネとその近縁種との類縁関係がゲノム分析で明らかになっている。[23] アブラナ属植物の類縁関係も同様にゲノム分析がなされ、現存する二倍体種や異質四倍体（複二倍体）種との関係を明確に示したものが「禹《う》（U）の三角形」と呼ばれるものである（図1―2―3）[24]。三つの基本種である*B. oleracea*（Cゲノム, n=9）、*B. nigra*（Bゲノム, n=8）、*B. rapa*（Aゲノム, n=10）とそれらのゲノムのうち、二つ有している異質四倍体（複二倍体）種である*B. carinata*（BCゲノム, n=17）、*B. napus*（ACゲノム, n=19）、*B. juncea*（ABゲノム, n=18）の類縁関係を示したものである。[24]

「禹の三角形」は、植物育種学、植物遺伝学などの教科書にも登場するコムギの例と並ぶ、有名なゲノム分析である(図1―2―3)。[23][24] 実際の原著では、*B. rapa* と *B. napus* でも交雑が行われ、小さな三角形が飛び出している模式図となっている。さらに、論文や教科書などに引用された場合、原図に習った植物種の配置関係になっていないようなものもあり、図版を取り扱う時、「原図」の扱いを考慮する上での重要な示唆ともいえる。この *B. rapa* と *B. napus* で交雑実験を行った時代背景、また、この「禹の三角形」ができあがるまでに関わった人間模様についての書物も出版されており、サイエンスの奥にある歴史を考える上では興味深い一冊である。[25] その後、「禹の三角形」の実験をさらに発展させ、*Brassica* 属野生種・近縁種を用いて「ゲノム分析」実験を展開し、十種の植物種間のゲノム関係が解明されている。[26]〜[29] 繰り返しての記述となるが、禹によって示された実験は、植物が進化の過程において、異なるゲノムを二つ以上内包した植物種が誕生していることを実験的に示し、それらの関係が図1―2―3に示すようなものであることを解明した画期的な実験である。

五、植物のゲノムの全塩基配列解析とその技術進歩

上述の「ゲノム分析」の後、それぞれの染色体に特定遺伝的形質をマッピングした連鎖地図が作られたが、ゲノム全体の遺伝情報である塩基配列を決めることは二〇世紀中には困難であろうとされていた。一方で、「ゲノム分析」の実験手法を確立した木原の言葉に「The History of the Earth is recorded in the Layers of its Crust. The History of all Organisms is inscribed in the Chromosomes.(地球の歴史は地層に、生物の歴史は染色体に記されてある。)」というものがあった。[30] 染色体を形作っている塩基配列や、ゲノム全体の構成を理解することは生命体の根本理解につながることであり、全塩基配列解析が期待されていた。[23]

最初にゲノム全体の全塩基配列解析が完了したのは、一九九五年のインフルエンザ菌である。このゲノムサイズは一・八Mb、つまり、一八〇万塩基というものであった。一九九七年には大腸菌で決定され、そのゲノムサイズは四・七Mbであった。通常、一つの遺伝子が数百〜数千塩基から構成されていることを考えれば、ゲノム全体の塩基配列を決定するという作業がどれほど大変なことであるか、理解できるで

あろう。[23] 微生物で決定されたあと、藻類などのゲノムの全構造が解明され、より進化した複雑で、塩基数が多い生物種でも全塩基配列決定が可能になってきた。現在では、後述の通り、より大きなゲノムサイズの生物種の全塩基配列が決定されており、ショウジョウバエ、ヒトでは、それぞれ、一八〇Mb、三二〇〇Mbとされている。[23]

二〇〇〇年に高等植物で最初にゲノムの全塩基配列が決定（一二五Mb）されたのが、アブラナ科Camelineae連に属するシロイヌナズナである。一九九〇年代から始まったゲノムの全塩基配列を決定するためのプロジェクトでは、染色体ごとに担当する参加国を割り振った多国籍コンソーシアムでの解析が一般的であった。この背景には、当時の技術では一度に決定できる配列が非常に限られており、一つの生物種の全ゲノム配列決定に莫大な時間と経費が必要だったからである。[31][32] シロイヌナズナのゲノムの全塩基配列決定から見えた大きな特徴として、異なる染色体あるいは同一染色体に、ゲノム配列がMb単位で二ヶ所ずつ見いだされたということが言える。これは、シロイヌナズナ祖先種が現在の半分のゲノムサイズであり、それが進化の過程でMb単位のセグメントとして倍数化を起こし現在に至っていることを意味する。このようなゲノムレベルの進化の過程を証明できたことは、ゲノムの全塩基配列決定が植物科学の多方面に大きな意義をもたらすことの一端を示したといえる。[31] ゲノムサイズは植物種で大きく異なり、現在、ゲノムの全塩基配列が決定されている植物種で、ゲノムサイズが小さい植物では、トマト（一〇一〇Mb）、ダイズ（一一〇〇Mb）などがあり、大きなものでは、ヒトのゲノムサイズ（三二〇〇Mb）を超えるタバコ（五七〇〇Mb）のような例もある。[23] しかしながら、さらに大きなゲノムサイズの植物種も存在し、それらのゲノムの全塩基配列が決定されるためには、後述のような解析技術などの進歩も不可欠である。

シロイヌナズナのゲノムの全塩基配列の順番を決定するための機械をシークエンサーと呼ぶ。初期は放射性同位元素を用いるなど、限られた実験室でのみ利用できたが、現在は異なる塩基を異なる蛍光として検出することにより、一般の実験室でも利用可能なものがほとんどである。しかしながら、その決定手法では、一度の反応で解読できる長さは一〇〇〇塩基程度であり、それらを多数並べて、また、短時間でできるようなシステムを構築することで、ゲノムの全塩基配列が可能となっていた。しかしながら、この手法でのゲノムの全塩基配列に限界があることから、上述の決定手法とは異なる発想・原理で、短時間にゲノム配列を決定できる「次世代シークエンサー（NGS: Next Generation Sequencer）」が開発された。

さらに、そのNGS解析スピードも年々高速化され、現在ではコムギなどのように極端に大きなゲノムを有する植物種でない限り、一〇〇〇ドル程度でゲノムの全塩基配列を決定することができる。ひとつの生物のゲノムの全塩基配列を決定する時間が一日、コストが一〇〇ドルを切る、という時代がそう遠くないうちに到来することは間違いない。[32] ただし、NGSで得られた大量ゲノム塩基配列データを解析するためには、大型コンピューターをもちいた情報解析技術が必須である。今後、ゲノムの全塩基配列構造の総合的な理解のためには、数理統計・情報科学分野など異分野との領域横断的研究が不可欠となる。従来の遺伝学・生物学にこれらの分野を包括した新学術分野の創設が急がれている（本書第I部矢野コラム）。

前述のNGSを利用したゲノムの全塩基配列決定は、アブラナ科植物でも二〇一一年以降、急速に展開した。その理由の一つは、ゲノムサイズが比較的小さいことに起因している。[33] 最初にゲノムの全塩基配列が決定されたシロイヌナズナは一五〇Mb（1.5×10^8）程度とされており、アブラナ科内における新種誕生の折に、ゲノムの倍数化などがその多様性に寄与していることが知られている。[34] アブラナ科植物で今まで調べられている二〇種程度の中では、ゲノムサイズは七〇〇Mb（7.0×10^8）程度が上限である。[33] アブラナ科植物の多様な種でゲノム解析がなされた要因として、そのゲノムサイズがNGSでの解析に適切であったことがあげられる。一方、単子葉植物のモデル植物ともいえるイネのゲノムサイズが四二〇Mb（4.2×10^8）程度であり、初期の解析は上述のシロイヌナズナと同様な手法であったが、[35] 一〇〇個体を超える網羅的なゲノム解析ではNGSでの解析が行われた。[36]

六、アブラナ科植物のゲノムの全塩基配列解析とその育種への応用

現在までに、ゲノムの全塩基配列決定がなされているのは、七連（Aethionemeae,[37] Camelineae,[31][37]~[43] Cardamineae,[44][45] Sisymbrieae,[37] Brassiceae,[34][46]~[49] Eutremeae,[50]~[52] Arabideae[53]）に属する三十三種（亜種、変種を異なるゲノムと考えると五十種類、系統（accession）はゲノム構成が異なるが、亜種、変種ではないとここでは判断する）の植物になる（表1—2—2）。その中でも、Camelineae連では二十植物種のゲノムが解析された。シロイヌナズナの場合には一〇〇〇を超える系統（accession）が材料に用いられており、種内での系統分化・遺伝的多様性が全ゲノムレベルで解明されつつある。[38]~[40] シロイヌナズナ近縁種においても数多くのゲノムの全塩基配列決定がなされ、種分化・複二倍体によるゲノム構成の変化など、ゲノム全体の理解が不可欠な問題に対しても解が得ら

れるレベルになってきた。[40] それ以外の連では、一ないし数種のゲノムが解析されている程度であるが、Brassiceae連の場合、*B. oleracea*の形態的に異なる変種でゲノム解析が行われ、その野生種の一つと考えられる*B. macrocarpa*のゲノム解析も行われている。[48] *B. oleracea*（キャベツ、ブロッコリー、カリフラワー、芽キャベツ、ケール、コールラビ、カイラン）の起原種が、どの様な栽培過程を経て形態的多様性を持つに至ったのか。その間に、ゲノムに対してどの様な選抜がかかったのか。*B. oleracea*の他の野生種・近縁野生種ゲノムと比較も含めて解析すれば、多様性の原因遺伝子に至る可能性がある。同様の研究は、栽培種を多数包含している*B. rapa*、*R. sativus*においても可能であり、形態だけではなく、グルコシノレートなどの含有成分の多様性[45]なども解明されることが期待される。

シロイヌナズナが高等植物ではじめて、ゲノムの全塩基配列解析が完了したこと、つまり、シロイヌナズナがアブラナ科植物であったことは、シロイヌナズナのゲノム配列を利用して、アブラナ科植物、作物のゲノム解析のヒントを得ることができたことは、アドバンテージであったと考えられる。今後、解析コストが低下することから、アブラナ科植物に限らず、多様な植物種でゲノムの全塩基配列解析が行われるであろう。その結果、植物種が有している健康成分、有用成分を現在よりもより多く生産するような植物に改変することを可能にするであろう。

アブラナ科植物には自家不和合性種と自家和合性種の二種が存在するが、その分化の仕組みもゲノムの全塩基配列解析で明らかになってきている。アブラナ科植物は元々、胞子体的に働く自家不和合性を持っている（本書第I部渡辺論文（植物の生殖の仕組みとアブラナ科植物の自家不和合性）、第Ⅲ部鳥山論文（最新の育種学研究から見たアブラナ科植物の諸相）[54]）。この現象は、自己花粉を排除し他家受粉をするという種内の遺伝的多様性を維持する仕組みであり、その制御因子である*S*遺伝子座上の雌雄*S*因子は既に決定されている。[54] 近年、ゲノムレベルでの解析から、自家和合性種が自家不和合性を失った原因が明らかになった。さらには、失われた*S*因子を復帰させ自家不和合性に戻す試みも行われており、ゲノム解析の結果を利活用した研究に発展している。[40][55] アブラナ科全体では、半数程度の種で自家不和合性があるとされているが、Brassiceae連をみた時、同質四倍体・異質四倍体（複二倍体）種に自家和合性が多いという特徴がある。倍数性と自家不和合性との関係の解明は今後の課題でもある。[56]

アブラナ科植物全体を見た場合、様々なストレスに対して強い耐性を有している植物種が存在している。その中でも、

*Thellungiella*属植物は特に強く、極限環境生物と位置づけられており、シロイヌナズナなどよりも遥かに過酷な環境ストレスに耐える。この植物種においても全ゲノム解析がなされており、今後、様々なストレス耐性の分子メカニズム解明も期待されている。(50)〜(52)

おわりに

ここではアブラナ科植物が有する特徴を生物学・農学的側面から可能な限り書き進めてみた。それぞれの詳細は後述の各論を読んで頂きたい。我々は、アブラナ科植物を生食用の野菜として目にすることが多い。しかしながら「菜種油《なたねあぶら》」ともいわれるように、江戸時代から現在に至るまでアブラナ科植物は重要な油料作物でもある。その証拠というわけではないが、江戸時代の俳人である与謝蕪村の有名な俳句「菜の花や月は東に日は西に」というのがある。(57) ただ、彼が詠んだ俳句には「菜の花や」で始まるものが他にも数多くあることはあまり知られていない。(57) 与謝蕪村が「菜の花」を愛していたというだけでなく、江戸時代には各地に春になれば菜の花畑が存在しており、生食用・油料用として利活用されていたことが容易に想像できる。

また、現在の季節のイベントとして行われている「春の七草」。お正月の疲れた胃腸にやさしい野菜とされる七種類の野菜を「七草粥」として頂くものであり、そのことが記された書物として、室町時代に記された源氏物語の注釈書である「河海抄」が初見とされている。その七草は「芹（セリ）」、「薺（ナズナ）」、「御形（ゴギョウ）」、「繁縷（ハコベラ）」、「仏の座（ホトケノザ）」、「菘（スズナ）」、「蘿蔔（スズシロ）」から構成されている。このうち、ナズナ、スズナ、スズシロはアブラナ科植物である。ナズナはいわゆる、ぺんぺん草（*Capsella bursa-pastoris*）である。スズナ、スズシロは、それぞれ、カブ（*B. rapa*）、ダイコン（*R. sativus*）のことである。古くから、アブラナ科植物が野菜として食されていたことを示す記述の一端であろう。

植物において雌しべを形作る構成単位を「心皮《しんぴ》」と呼ぶ。この心皮の中に胚珠があり、種子が形成される。アブラナ科植物の場合、二つの心皮から構成されており、植物種にもよるが一つの心皮の中に数個から数十個の種子が形成される。実際、ぺんぺん草にせよ、菜の花にせよ、結実した種子が薄茶色に色づいた頃に二つにはじけて、種子が飛散する様子を見たことがあるのではないだろうか。このようにして、種子、つまり、子孫を拡散するための工夫がなされている。一般的に種子がはじける頃の雌しべは「鞘《さや》」と呼ばれている。鞘を

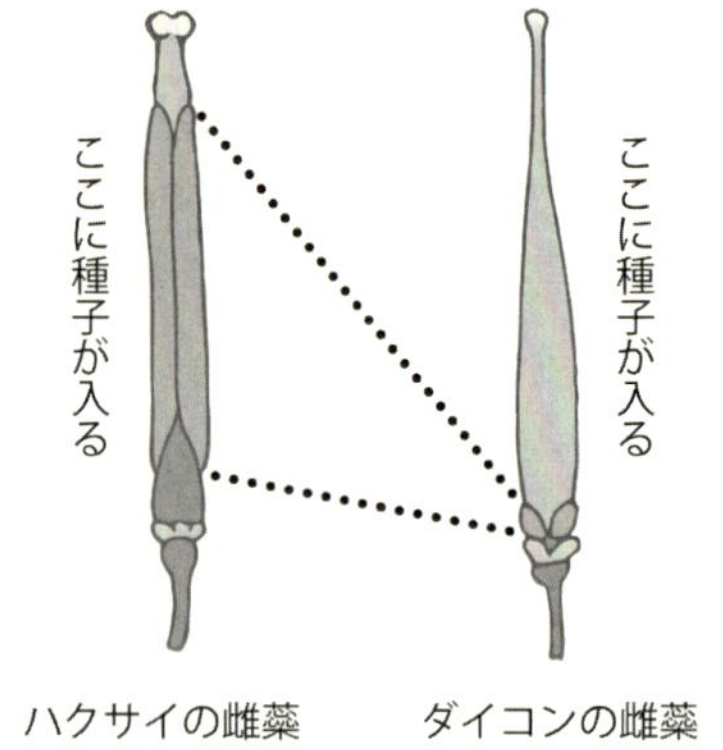

図1-2-4 ハクサイとダイコンの鞘の比較模式図
ハクサイをはじめとする多くのアブラナ科植物の場合、種子は子房内に形成され、2つの心皮内で成熟し、はじけることで種子が飛散する。一方、ダイコンの場合は、花柱に相当する部分（ビークと呼ばれる）に種子ができることにより、はじけることはなく、鞘は水などに浮くことができる。原図は日向（1998）[58]より引用。

開花はじめの雌しべと比較すると、はじける心皮の部分は「子房」、子房の上には花柱があり、二つの心皮を留めるような構造をしている。すべからく、種子は子房の部分に形成され花柱の部分にはできないと思われがちである。しかしながら、一般的な菜の花である*B. rapa*の近縁種であり、*B. rapa*と雑種形成も可能なダイコン（*R. sativus*）の鞘はまったく違う形態をしている。不思議なことに、花柱部分に胎座が形成され、数粒の種子が結実する。このダイコンの場合、先のぺんぺん草のように鞘がはじけないため、種子を取り出すことが容易ではない（図1―2―4）[58]。形態的には異なるが、簡易形態観察に用いられるニワトコの髄に類似した構造を持つ[59]。なぜ、近縁の*B. rapa*と*R. sativus*の二種が種子形成の空間的場所において、このように異なった場所を利用しているのかは、解明されていない。

我々にとって身近なアブラナ科植物、彼らの生き様を観察することで、ちょっとした植物種間の違いを発見する心・不思議に思う心が醸成されるのではないだろうか。この本が、読者の新しい視点を刺激するきっかけになってくれることを祈念して、本書のアブラナ科植物の植物科学的な側面からの序論とする。

注

（1） 日本植物生理学会編（二〇一七）『植物学の百科事典』（丸善出版、東京）八〇二頁。
（2） Toriyama, K. et al. (1978) Production of somatic hybrid plants, "Brassicomoricandia", through protoplast fusion between *Moricandia arvensis* and *Brassica oleracea*. Plant Sci. 48: 123-128.
（3） 山岸高旺編（一九七四）『植物系統分類の基礎』（北隆館、東京）三八九頁。
（4） 邑田仁・米倉浩司（二〇〇九）『高等植物分類表』（北隆館、東京）一八九頁。
（5） The Angiosperm Phylogeny Group (2016) An update of the Angiosperm Phylogeny Group classification for the orders and families of flowering plants: APG IV. Bot. J. Linn. Soc. 181: 1-20.
（6） Saitou, N. and Nei, M. (1987) The neighbor-joining method: an new method for reconstructing phylogenetic tree. Mol. Biol. Evol. 4: 406-425.

(7) Felsenstein, J. (1981) Evolutionary trees from DNA sequences: a maximum likelihood approach. J. Mol. Evol. 17: 368-176.
(8) Felsenstein, J. (1985) Confidence limits phylogenies: an approach using the bootstrap. Evolution 39: 783-791.
(9) Al-Shehbaz, I. A. et al. (2006) Systematics and phylogeny of the Brassicaceae (Cruciferae): an overview. Plant Syst. Evol. 259: 89-120.
(10) Beilstein, M. A. et al. (2006) Brassicaceae phylogeny and trichome evolution. Amer. J. Bot. 93: 607-619.
(11) Bailey, C. D. et al. (2006) Toward a global phylogeny of the Brassicaceae. Mol. Biol. Evol. 23: 2142-2160.
(12) Franzke, A. et al. (2010) Cabbage family affairs: the evolutionary history of Brassicaceae. Trends Plant Sci. 16: 108-116.
(13) 山形在来作物研究会編（二〇〇七）『どこかの畑の片すみで――在来作物はやまがたの文化財』（山形大学出版会、山形）一六七頁。
(14) 青葉高（二〇〇〇）『日本の野菜――青葉高著作選Ⅰ』（八坂書房、東京）三一一頁。
(15) 農山漁村文化協会編（二〇一〇）『地域食材大百科 第2巻』（農山漁村文化協会、東京）五四九頁。
(16) ひょうごの在来種保存会編（二〇一六）『ひょうごの在来作物――つながっていく種と人』（神戸新聞総合出版センター、神戸）一五一頁。
(17) 前田安彦ほか（一九七九）『アブラナ科植物の生鮮物および塩漬の揮発性イソチオシアナートについて』（日本農芸化学会誌53）二六一―二六八頁。
(18) 長田早苗・青柳康夫（二〇一四）『秋から冬に市販される日本産アブラナ科野菜のグルコシノレート組成および含有量』（日本食生活学会誌25）一二一―一三〇頁。
(19) Halkier, B. A. and Gershenzon, J. (2006) Biology and biosynthesis of glucosinolates. Annu. Rev. Plant Biol. 57: 303-333.
(20) 門出健次・高杉光雄（一九九五）『アブラナ科植物のファイトアレキシン』（日本農薬学会誌29）三三九―三四三頁。
(21) 米澤勝衛ほか（一九九七）『植物の遺伝と育種』（朝倉書店、東京）一八〇頁。
(22) 西山市三編（一九六一）『新編 細胞遺伝学実験法』（養賢堂、東京）五四七頁。
(23) 福井希一・辻本壽（二〇一〇）『改訂版 育種における細胞遺伝学（渡辺監修）』（養賢堂、東京）二四三頁。
(24) U, N. (1935) Genome analysis in *Brassica* with special reference to the experimental formation of *B. napus* and peculiar mode of fertilization. Jpn. J. Bot. 7: 389-452.
(25) 角田房子（一九九〇）『わが祖国――禹博士の運命の種』（新潮社、東京）三二九頁。
(26) U, N. et al. (1937) A report of meiosis in the two hybrids, *Brassica alba* Rabh. x *B. oleracea* L. and *Eruca sativa* Lam. x *B. oleracea*. Cytologia Fujii Jub.: 437-441.
(27) Mizushima, U. (1950) Karyogenetic studies of species and genus hybrids in the tribe Brassiceae of Cruciferae. Tohoku J. Agri. Res. 1: 1-14.
(28) Mizushima, U. (1950) On several artificial allopolyploids obtained in the tribe Brassiceae of Cruciferae. Tohoku J. Agri. Res. 1: 15-27.
(29) Mizushima, U. (1968) Phylogenetic studies on some wild *Brassica* species. Tohoku J. Agri. Res. 19: 83-99.
(30) 木原財団ホームページ http://kihara.or.jp/kihara/dr_kihara.html.

(31) The Arabidopsis Genome Initiative (2000) Analysis of the genome sequence of the flowering plant *Arabidopsis thaliana.* Nature 408: 796-815.

(32) illumina 次世代シークエンサー：次世代シークエンステクノロジーのご紹介（二〇一七）https://jp.illumina.com/technology/next-generation-sequencing.html

(33) Johnston, J. S. et al. (2005) Evolution of genome size in Brassicaceae. Ann. Bot. 95: 229-235.

(34) The *Brassica rapa* Genome Sequencing Project Consortium (2011) The genome of the mesopolyploid crop species *Brassica rapa.* Nature Genet. 43: 1035-1039.

(35) Goff, S. A. et al. (2002) A draft sequence of the rice genome (*Oryza sativa* L. ssp. *japonica*). Science 296: 92-100.

(36) Huang, X. et al. (2012) A map of rice genome variation reveals the origin of cultivated rice. Nature 490: 497-501.

(37) Haudry, A. et al. (2013) An atlas of over 90,000 conserved noncoding sequences provides insight into crucifer regulatory regions. Nature Genet. 45: 891-898.

(38) Cao, J. et al. (2011) Whole-genome sequencing of multiple *Arabidopsis thaliana* population. Nature Genet. 43: 956-963.

(39) The 1001 Genomes Consortium (2016) 1,135 genomes reveal the global pattern of polymorphism in *Arabidopsis thaliana.* Cell 166: 481-491.

(40) Novikova, P. Y. et al. (2016) Sequencing of the genus *Arabidopsis* identifies a complex history of nonbifurcating speciation and abundant *trans*—specific polymorphism. Nature Genet. 48: 1077-1082.

(41) Hu, T. T. et al. (2011) The *Arabidopsis lyrata* genome sequence and the basis of rapid genome size change. Nature Genet. 43: 476-481.

(42) Kagale, S. et al. (2014) The emerging biofuel crop *Camelina sativa* retains a highly undifferentiated hexaploid genome structure. Nature Commun. 5: 3076.

(43) Slotte, T. et al. (2013) The *Capsella rubella* genome and the genomic consequences of rapid mating system evolution. Nature Genet. 45: 831-835.

(44) Gan, X. et al. (2016) The *Cardamine hirsuta* genome offers insight into the evolution of morphological diversity. Nature Plants 2: 16167.

(45) Byrne, S. L. et al. (2017) The genome sequence of *Barbarea vulgaris* facilitates the study of ecological biochemistry. Sci. Rep. 7: 40728.

(46) Chalhoub, B. et al. (2014) Early allopolyploid evolution in the post—Neolithic *Brassica napus* oilseed genome. Science 345: 950-953.

(47) Liu,S. et al. (2014) The *Brassica oleracea* genome reveals the asymmetrical evolution of polyploidy genomes. Nature Commun. 5: 3930.

(48) Golicz, A. A. et al. (2016) The pangenome of an agronomically important crop plant *Brassica oleracea.* Nature Commun. 7: 13390.

(49) Mitsui, Y. et al. (2015) The radish genome and comprehensive gene expression profile of tuberous root formation and development. Sci. Rep. 5: 10835.

(50) Dassanayake, M. et al. (2011) The genome of the extremophile crucifer *Thellungiella parvula.* Nature Genet. 43: 913-918.

(51) Wu, H. J. et al. (2012) Insights into tolerance from the genome of *Thellungiella salsuginea.* Proc. Natl. Acad. Sci. USA 109: 12219-12224.

(52) Yang, R. et al. (2013) The reference genome of the halophytic plant *Eutrema salsugineum.* Front. Plant Sci. 4: 46.

(53) Willing, E.-M. et al. (2015) Genome expansion of *Arabis alpine*

linked with retrotransposition and reduced symmetric DNA methylation. Nature Plants 1: 14023.
（54） Watanabe, M. et al.（2012）Molecular genetics, physiology and biology of self-incompatibility in Brassicaceae. Proc. Jpn. Acad. Ser. B. 88: 519-535.
（55） Tsuchimatsu, T. et al.（2010）Evolution of self-compatibility in *Arabidopsis* by a mutation in the male specificity gene. Nature 464: 1342-1346.
（56） Hinata K. et al.（1994）Manipulation of sporophytic self-incompatibility in plant breeding. *In "Genetic control of self-incompatibility and reproductive development in Flowering plants"* Eds. By Williams, E. G. et al., Kluwer Acad. Pub., Dordrecht, p 102-115.
（57） 「菜の花や月は東に日は西に」。この俳句が詠まれた日はいつなのか？（日本気象協会ホームページ）http://www.tenki.jp/suppl/romisan/2015/04/03/2481.html
（58） 日向康吉（一九九八）『菜の花からのたより――農業と品種改良と分子生物学と』（裳華房、東京）一八四頁。
（59） 日向康吉・羽柴輝良編（一九九五）『植物生産農学実験マニュアル』（ソフトサイエンス社、東京）四五五頁。

謝辞　本章をまとめるに当たり、図版作成、査読頂いた東北大学大学院生命科学研究科・増子（鈴木）潤美修士、伊藤加奈修士にお礼申し上げます。また、図版作成に関して写真を提供頂きました（株）タキイ種苗・大北克久修士、遠藤誠博士、石川県教育委員会・寺岸俊哉氏、盛岡大学文学部・吉植庄栄修士にこの場を借りて、お礼申し上げます。

【I　アブラナ科植物とはなにか】

植物の生殖の仕組みとアブラナ科植物の自家不和合性

渡辺正夫

植物は動物とは異なる生殖システムで地球上に繁栄してきた。しかしながら、植物の生殖システムが遺伝子レベルで理解されているのは、一部の種に限られている。本章では、植物の生殖システムの中でも最も進化したシステムと言われている自家不和合性の分子メカニズムについて、アブラナ科植物を例にして、その遺伝的背景、分子機構、今後の研究の展望などについて、論述する。

はじめに

ロシアの植物学者バビロフによると、キャベツ類（*Brassica oleracea*）・カブ類（*Brassica rapa*）の起源は地中海地域とされている。[1] 人類の移動とともに、西欧でケール・キャベツ・コールラビ・ブロッコリー・カリフラワー・ロマネスコ等に分化し、品種改良がなされたと言われている。一方、*B. rapa* はシルクロードを通り、アジア・インドに運ばれ、カブ・ハクサイ・ナタネ・雑菜などに品種改良がなされたと考えられる（図1―3―1（口絵④））。

中近東・地中海地域から西欧への道筋は大きな障壁となるような山脈はさほどない一方、アジアへの道筋（シルクロード）は四〇〇〇メートル近い高地をいくつも超えなければならず、安定した交通路が形成されないと交易もままならない。近年、その道筋の形成過程を「累積流量モデリング」という手法でシミュレーションしたところ、遊牧民の牧草地を利用しながら進む古来の移動パターンが出現した。これが、徐々に現在の高地シルクロードネットワークになったのではないかと想定されている。(2) つまり、こうした交通路の整備とともに、アブラナ科植物が起源地からアジアに運ばれたことが想定される。

ただ、古代から現在に至る栽培作物の起源・品種改良についての書物は、イネやムギなどの穀類が中心であり、副食であるアブラナ科作物についての記述はほとんどないと言ってもよい。(3) しかし、他作物との比較から、人類が世代を重ねる度ごとに目的に合った植物系統・品種を選抜し、その結果、現在の品種に至っているであろうことは想像に難くない。つまり、農産物は動物・植物を問わず、世代を重ねる度に異なる遺伝形質をもつ雌雄間の交雑と選抜を繰り返すことで、現在の形に進化してきたと言い換えることもできる。(4)

一、植物の生殖の仕組み

動物の多くは雌雄異個体であるが、植物の場合は両性花の方が一般的である。一つの花の中に雌雄の生殖器官である雌ずい・雄ずいが混在しているため、同一の遺伝形質を持った雌雄間での受精の可能性が高くなり、劣悪な形質をホモ接合体に有する個体が発生しやすくなる。こうした問題を回避するために、植物は様々な仕組みを発達させてきた。(5)(6)

その仕組みの一つが雌雄《しゅう》異株《いしゅ》である。哺乳類のヒトなどと同様に、雄株はXY型染色体を有し、雌株はXX型を示す植物種が稀に存在する。このような植物種には、パパイア（パパイア科）・キウイフルーツ（マタタビ科）・アスパラガス（キジカクシ科）・スイバ（タデ科）・ヒロハノマンテマ（ナデシコ科）・アサ（アサ科）・マメガキ（カキノキ科）などが知られている（図1―3―2（口絵④））。ヒトの場合は、Y染色体由来の遺伝子が機能することで雄化する機構が働く。それに対して、多くの植物の場合、雌雄の両生殖器官とも初期発生は正常に起こり、ある段階で雌雄どちらかの器官発達が抑制されることにより雄花と雌花が生じる。このように、生殖器官の発生と発達という点で、動物と植物は大きく異なる。少し話がそれたが、カキ近縁野生種であるマメガキの場合には、雄株のY染色体に由来する低分子RNA（*OGI*遺伝子）が性染色体とは異なる常染色体の*MeGI*遺伝子の転写産物を分解することにより、雌ずいの発達を抑制することで雄花が形成される。一方、雌株ではY染色体がないため、*MeGI*転写産物が正常に機能し、雄ずい発達を抑制する結果、雌花が形成される。(7) アスパラガスでは、Y染色体上にある*MSE1*遺伝子が雄ずいの発達に機能している。一方、X染色体上の雌ずいの発達に機能する遺伝子は解明されていない。(8) こうした性染色体を有した雌雄異株の植物種は被子植物の中で一〇パーセントにも満たない(9)。様々な科に、性染色体を持った植物種が存在すると言うことは、性染色体を介した雄株・雌株形成が独立に何度も起きた、と言うことを意味している。一方、雌雄異株であるが、性染色体が同定されていない植物種もあり、性染色体による制御の有無を含めて、これからの検討課題として残されている。

先述のような雌雄異株というシステム以外で、遺伝的背景の異なる他個体との交雑である他殖をすすめる仕組みとして、雌雄異花がある。これは、一つの株の中に雄花・雌花をつけることにより、同株の花粉でなく異株の花粉で受粉しやすくしたものであり、スイカ・メロン・キュウリ（ウリ科）、トウモロコシ（イネ科）などにみられる。雌雄異株のアスパラガスの場合、Y染色体を有する雄株の方が収量などで優れているため、雄株《おかぶ》を選抜して栽培することが試みられている。一方、雌雄異花のキュウリなどウリ科の場合、雌花の数が収量に直接影響することから、雌花の着果節位《ちゃっか》・着花数などが栽培条件に適した品種が育成されてきた(10)。キュウリでは、植物ホルモンと性表現との関係が調査され、エチレン処理により雌花化が促進されることが明らかとなっている。その後の遺伝学的実験から性表現制御は、エチレン前駆体である1―アミノシクロプロパン―1―カルボン酸合成酵素をコードしている遺伝子（CS-ACS）によってなされていることが明らかとなり、同様の制御がウリ科メロンでもなされていることが示されている(10)。

これまで紹介したような雌雄異株・雌雄異花のような場合を除き、両方の生殖器官を有する両性花を着生する植物が大半を占める。両性花における自殖（自己花粉で受精する）を避ける仕組みのひとつに、雌雄の生殖器官が熟するタイミングをずらすという方法がある。雄性先熟と雌性先熟である。雄性先熟には、トウモロコシ・ネギなどが含まれる。この場合、雄しべの中にある花粉の方が先に成熟し、花粉が飛び散る時期に雌しべは熟さないため、自殖を避けることができる。ネギはネギ坊主と呼ばれるように、小さな花が先端に集合している。この小花の集合体の中の開花順序が異なることで、雄しべ・雌しべの適期を長く保ち、さらに他殖性を高めている。こうしたことから、トウモロコシでは十本程度を畑に栽植しないと花粉と雌しべの熟期が合うものがなく、満足に収穫できないと言うことが経験的に知られている。雌性先熟の植物には、レンコンを収穫するハスの花などが知られている（図1―3―3（口絵⑷））。

このように、植物には遺伝的多様性を維持するような仕組みがあるが、植物は一度生えた場所から基本的には移動することができないため、花粉が雌しべの先端の柱頭に運ばれる受粉は受動的に行われる。つまり、花粉の媒介者が必要である。風で運ばれる風媒花は被子植物ではトウモロコシ・イネなどのイネ科が主体であり、それ以外のほとんどの植物は昆虫・小動物によって運ばれる。ミツバチなどに代表される訪花昆虫は、特定の植物種に偏ることなく、その周辺に咲いている蜜・花粉を収集する。春先であれば、収穫のタイミングを逸したり、十分な生長をしなかったり、病虫害がひどいような作物は畑に放置されることがある。その場合、作物は開花し訪花昆虫によって花粉が運ばれる。実際、コマツナのような雑菜と、ダイコンが近接して開花している畑を見かけたことがある（図1―3―4（口絵⑤））。こうした畑ではダイコンの花粉が雑菜の雌しべに運ばれたり、その逆のケースも起き得る。しかしながら、ダイコン（*Raphanus sativus*）とコマツナ（*B. rapa*）は別種であることから、容易に雑種は形成されない。一方、家庭菜園などでキャベツ類（キャベツ・ブロッコリー・コールラビ・芽キャベツなど）、あるいは、ダイコンの異なる品種を同じ畑で栽培すると、これらが抽苔・開花した場合に種内の亜種間・品種間で雑種ができ、夏・秋と休眠していた種子が秋から初冬にかけて発芽し、翌春には雑種植物を見かけることがある（図1―3―4（口絵⑤））。

受粉の仕組みに話を戻すと、雌雄異熟と言う仕組みをさらに進化させたものが、自家不和合性であると言われている。自家不和合性とは、雌雄の両生殖器官が正常であるにもかかわらず、花粉管の伸長が受粉から受精にいたる過程のいずれかで阻害され、自家受精できない現象のことを呼ぶ。[11] 自家不和合性の一般性・普遍性を見いだしたのは進化論を唱えたダーウィンとも言われ、植物の中では興味深い現象の一つである。[12] 自家不和合性は英語表記として現在では、**self-incompatibility**という表現が使われるが、研究がなされ始めた一九九〇年代初頭には、**self-sterility**という表記も混在している。自己花粉をつけたときに、不和合性であるということと不稔性であるということは、言葉の上では一致してない。しかしながら、その当時、花粉管の伸長などを詳細に観察することができず、受粉後に結実《けつじつ》するか・結実しないかということをメルクマールとして評価していたことから、両者をある種同一視して使っていたと考えられている。その後、**sterility**が雌雄の生殖器官のいずれかに機能的な問題がある場合の不稔性という言葉として使われるようになり、両者が区別されたのであろう。ただ、自家不和合性を制御する遺伝子座を表記するとき、*S*遺伝子と表記することが一般的であるが、これは先の"sterility"に由来するとされている。[13]

二、被子植物における自家不和合性

実験に基づく記述として、①被子植物の半数程度の植物種、②四十四目に属する八〇〇の植物種、③七十一科に属する二五〇属の植物種に自家不和合性が見られる、という三つの異なる結果がある。[11] 植物種全体を調べることは困難であることから、被子植物に広く分布していることが想定できる。自家不和合性は、花の形態によって大きく二つに分類される。異《い》形花型《けいかがた》自家不和合性と同形花型《どうけいかがた》自家不和合性である。

異形花型自家不和合性は、雄ずいと雌ずいの物理的位置が異なることによって、異なった形態を有する花の間での受粉が効率的に起きることを促進する形態となっている（図1—3—5（口絵⑤））。雌ずいの位置が高く、雄ずいの位置が低い花を長花柱花《ちょうかちゅうか》（ピン）と呼び、その逆のパターンになった花を短花柱花《たんかちゅうか》（スラム）と呼ぶ。相互に交雑したとき、その分離比が一対一になることなどから、短花柱花の遺伝子型が*Ss*というヘテロ接合体であり、長花柱花の遺伝子型が*ss*ホモ接合体ということで、遺伝学的に説明できる。[14] この異形花型自家不和合性には、サクラソウ（サクラソウ科）、ソバ（タデ科）、スターフルーツ（カタバミ科）などが含まれている。そのうち、プリムローズ（イチゲサクラソウ；*Primula vulgaris*）の*S*対立遺伝子、*s*対立遺伝子のゲノム構造が解明され、異形花型自家不和合性の候補遺伝子も近い将来、明らかにされることが期待される。[15]

上述のような花の形態が異なる植物個体間での自家不和合性とは異なり、花の形態は全く同一であるにもかかわらず自家不和合性を示す同形花型自家不和合性がある。この同形花型自家不和合性は、花粉での*S*遺伝子の発現において、花粉が有する配偶子に依存する配偶体型自家不和合性と、花粉を産生する親植物の*S*対立遺伝子間での優劣性によって花粉の*S*表現型が決定される胞子体型自家不和合性に分類される（図1—3—6（口絵⑤））。[11] 一般的に、自家不和合性形質は、一遺伝子座*S*複対立遺伝子系によって制御されている。[11] 花粉側*S*因子と雌ずい側*S*因子が*S*遺伝子座上において*S*対立遺伝子間で組換えが抑制され、両者が一つのユニットのように行動することから、*S*ハプロタイプと呼ばれることもある[13]（図1—3—7（口絵⑥））。配偶体型自家不和合性を示す植物としては、ナス科ペチュニア（*Petunia hybrida, P. inflata*）、観賞用タバコ（*Nicotiana alata*）、トマト野生種（*Solanum pennellii*）、バラ科リンゴ（*Malus pumila*）、ニホンナシ（*Pyrus pyrifolia*）、ウメ（*Prunus mume*）、アーモンド（*Amygdalus dulcis*）、ケシ科ヒナゲシ（*Papaver rhoeas*）、オオバコ科キンギョソウ（*Antirrhinum majus*）、イネ科ライムギ（*Secale cereale*）、オオムギ野生種（*Hordeum bulbosum*）、マメ科シロツメクサ（*Trifolium repens*）、アカバナ科マツヨイグサの一種（*Oenothera organensis*）などが研究材料として扱われてきた。一方、胞子体型自家不和合性を示す植物には、アブラナ科ハクサイ・カブ（*Brassica rapa*）キャベツ・ブロッコリー（*B. oleracea*）、ダイコン（*Raphanus sativus*）、マガリバナ（*Iberis amara*）、ヒルガオ科サツマイモ野生種（*Ipmoea trifida*）、キク科（*Senecio squalidus*）などが含まれ、実験材料として研究されてきた。[11][14] 完全な一致ではないが、配偶体型自家不和合性を示す植物では、自己花粉は雌ずいの花柱内で花粉管の先端が破裂するような表現型を示し、花粉管が停止することで不和合性となることが多い。一方、胞子体型自家不和合性を示す植物の場合、自己花粉は雌ずいの乳頭細胞上で吸水・発芽することはできるが、乳頭細胞の細胞壁には侵入できず不和合性を示すとされている（図1—3—8（口絵⑥））。

　これまでの分子遺伝学的解析から、原則、同じ科に分類される植物種の自家不和合性は、機能的に同じ遺伝子が雌雄*S*因子になっていることが解明されつつある。[11][16] 不思議なことに、ナス科・バラ科・オオバコ科は分類群として離れているにもかかわらず、雌ずい側*S*因子がS-RNaseであり、花粉側*S*因子はタンパク質のリサイクルに関連する26*S*プロテアソームの構成因子であるF-boxタンパク質・SLFであるという共通性がある（図1—3—9（口絵⑥））。これまでの研究から、バラ科のウメ・アーモンドを除き、*S*遺伝子座上には一つの*S-RNase*遺伝子と二十弱の*SLF*相同遺伝子が座乗している。雌雄で*S*対立遺伝子が異なる場合、二十弱のSLFが協調的にS-RNaseを認識できるが、*S*対立遺伝子が一致する場合にはS-RNaseとSLFが相互作用できず、結果として、S-RNaseを無毒化できないため不和合性となる。ケシ科ヒナゲシの自家不和合性には、プログラム細胞死が関連しているとされている。[16] ヒルガオ科サツマイモ野生種では、数多くの*S*対立遺伝子のゲノム構造が解明され、雌雄*S*因子の候補遺伝子は絞り込まれているが、最終的な結論は得られていない。アブラナ科植物の場合には、詳細は後述するが、自己花粉が受粉した（自殖）場合、低分子タンパク質*SP11*と受容体型キナーゼ*SRK*とが雌ずい先端の乳頭細胞上で相互作用することによって、自己花粉シグナルが自己の乳頭細胞内に伝達されるとされている。[16] これらの植物種を被子植物の系統樹上に配置すると、分類上は近い科であるにもかかわらず、制御系・制御に関わる分子種が異なることが理解できる[16]（図1—3—

9（口絵⑥）。つまり、自家不和合性という形質は植物種が「科」という分類群に分化したあたりで、それぞれ独立に獲得した形質であると考えられる。[16]

三、アブラナ科植物に見られる自家不和合性現象とその利用

アブラナ科植物における自家不和合性の遺伝学的モデルは一九〇〇年代初頭から多くの研究者がその構築に取り組んできた。その中で、**Bateman**（1954）はマガリバナ（*Iberis amara*）を材料として遺伝学的交配実験を行い、少ない遺伝子座で無理なく説明できるモデルとして、胞子体的に機能する一遺伝子座*S*複対立遺伝子系を示した。さらに、**Bateman**（1955）によってアブラナ科植物の自家不和合性が、遺伝学的モデルで広範に説明できることが実証された。[14] 自家受粉ではもちろん不和合性を示すが、他個体であっても*S*対立遺伝子の表現型が同一であれば不和合性となる。前述の通り、*S*遺伝子が胞子体的に機能することから、*S*対立遺伝子間には優劣性が生じる（図1―3―10（口絵⑦））。一般に、花粉側は優劣性が現れることが多いが、雌ずい側（柱頭側）では共優性であることが多く、雌雄の優劣性関係が必ずしも一致するわけではない。[11] 一九六〇～一九九〇年代にかけてのキャベツ・ブロッコリー類（*B. oleracea*）、ハクサイ・カブ類（*B. rapa*）の栽培種・自生種を実験材料に用いた実験から、種内の*S*対立遺伝子の多様性（対立遺伝子数）が一〇〇～二〇〇くらいあることが推定されている。[11] 遺伝学における対立遺伝子の表記は、遺伝子名に対立遺伝子番号を上付け文字で記すのが一般的であるが、自家不和合性の場合、対立遺伝子番号を下付け文字で記してきたという歴史がある。ただし、本章では遺伝学のルールに則り、対立遺伝子番号は上付け文字として表記する。

ここまでの記述から、自家不和合性現象が雌雄で*S*対立遺伝子の表現型が一致すれば不和合性を示し、そうでないときは和合性を示すという、一見デジタルの一―〇の世界のようなものだと読者は思われるかも知れない。しかし、そこは植物が生き物であることに起因すると考えられる「植物体自身の生理状況・環境からの影響」などによって、その表現型にふれが生じることがある。[11][14] 春先の気温が安定しない開花初期の頃には、不和合性表現型も安定しない。また、植物体が開花のピークを過ぎ、初夏のような天候の時には、不和合性の表現型を示す組合せの場合においても、和合性の表現型を示すことがある。この自家不和合性表現型の不安定さは、環境要因や生理的要因が複雑に絡まったものとして理解されており、その原因は不明のままである。一方、未熟な蕾の雌ずい

に成熟した花粉を受粉する「蕾受粉」、開花後数日たった花の雌ずいに成熟した花粉を受粉する「老花受粉」という交配が行われ、多くの場合これらを行うと自殖種子を得ることができる。後述の自家不和合性の分子機構のところで詳細を述べることにするが、蕾受粉の場合には、雌ずい側S因子が自他認識を行う雌ずいの乳頭細胞で発現していないため和合性の表現型を示すと考えられている。

別項（本書第Ⅲ部鳥山論文）にも記されたとおり、この自家不和合性形質は、アブラナ科野菜の経済的F_1雑種育種において不可欠である。両親系統（二系統）に異なるS対立遺伝子（例えばS^aホモ系統とS^bホモ系統）を持たせるよう選抜し、これらを隔離圃場に栽植することで、いずれの個体からも均一なF_1雑種種子（$S^a S^b$ヘテロ系統）を収穫することができる。この採種方法によって、雄性不稔性を利用した育種法の二倍の採種量を得ることができる（図1―3―11（口絵⑦）・本書第Ⅲ部鳥山論文）。しかしながら、上述のような自家不和合性形質のふれは育種現場では大きな問題であり、アブラナ科野菜に求められる様々な形質に加えて、自家不和合性形質の安定性選抜も重要な問題である。経済的F_1雑種育種を行うためのもう一つの問題点は、最終的に選抜された両親の種子（上述のS^aホモ系統とS^bホモ系統）を大量に確保することである。別項（本書第Ⅰ部渡辺論文（アブラナ科植物について））で記したように、ダイコンは例外的であるが、キャベツ・ブロッコリー、ハクサイ・カブなどは、一花の交雑から二十粒程度の種子を得ることができる。この種子数は、ウリ科・ナス科野菜などの、一花から得られる種子数と比較すると極端に少ない。先述の蕾受粉を行えば自殖種子を得ることができ、結果としてS^aホモ系統とS^bホモ系統を得ることはできる。しかし、手交配で行わなければならず経済的に無理がある。そこで、自家不和合性の人工的手法による打破が求められてきた。一九六〇年代以降、高温処理（摂氏四十度 十五分）、炭酸ガス処理（三～五パーセント）、塩化ナトリウム溶液処理（数パーセント）、シクロヘキシミド処理などが見いだされた。その中で実用に供することができたのは、花粉と雌しべの相互作用である受粉反応が起きている時間帯に炭酸ガス処理（三～五パーセント）をすることであった。現在も、大量に必要とされる両親ホモ系統の生産現場において、この手法が利用されている[14]。このように、自家不和合性形質を経済的F_1雑種育種に応用することには大きな意義がある。しかしながら、最終的な両親系統となるS^aホモ系統とS^bホモ系統は、安定した自家不和合性形質とともに、炭酸ガス処理により自殖種子を大量に得ることができる形質が求められる。この「二律背反」に近い系統の選抜・育成過程を経て、アブラナ科野菜の品種改良が行われている。

四、アブラナ科植物における自家不和合性の分子機構

これまでアブラナ科野菜の品種改良において自家不和合性は不可欠な形質であり、実用に供するための技術開発も多くなされてきたことを述べてきた。一方、歴史的側面を紐解くと、自家不和合性を現象として初めて記したのは、進化論を唱えたチャールズ・ダーウィンであったとされている。[12] 自己と非自己の識別という「哲学」にも通ずる一面を有していることから、どの様な分子機構で自家不和合性が制御されているのかということは、植物科学の側面からも多くの研究者の興味を集めた。一九八〇年代以降、遺伝子レベルで自家不和合性を制御している雌雄S因子が解析されてきた。[11][13][16] 先述のように、雌雄S因子は自家組合せ（自殖だけでなく、S対立遺伝子が雌雄で同じ場合を含む）の時に不和合性となり、花粉は雌しべの先端である柱頭にある乳頭細胞の細胞壁内には侵入できない。この現象を制御している雄ずい側S因子・SP11は、雄ずい先端にある葯の最内層であるタペート細胞で転写され、翻訳産物が花粉表面に付与される。この花粉が自家組合せの乳頭細胞上に付着した場合、SP11はSRKと結合する。乳頭細胞の細胞壁内にSP11が侵入・移動し、SRKのSドメインまでたどり着くためには、何らかの因子が必要だと考えられているが、その因子はまだ解明されていない。自己のSP11がSRKに結合することによりSRKが自己リン酸化され、SRKの下流因子と考えられるMLPKと結合する（図1―3―12（口絵⑦））。MLPK以外にもARC1などの下流因子が見いだされているが、MLPKなどとの関係は不明である。一方、他家受粉の場合には、SP11とSRKは結合しない。結果として、花粉管が乳頭細胞の細胞壁内へ侵入し、花柱内を伸長した後に受精に至る。[11][13][16] 柱頭上に接着した花粉がなぜ発芽するかは明確ではなく、SRK下流因子とは独立して、何らかの情報が乳頭細胞から花粉へ伝達されることも想定されている。

前述の通り、アブラナ科植物の自家不和合性は胞子体的に機能する一遺伝子座S複対立遺伝子系で説明される。つまり、S対立遺伝子間には優劣性が生じる。特定のS対立遺伝子の組合せで優劣性が生じることから、優劣性を制御する因子はS遺伝子座上にあると想定された。[11][13] また、遺伝学的な実験から雌雄での優劣性は独立であるため、雌雄の優劣性は異なる機構で制御されていると考えられた。[11][13] まず、柱頭側補助因子と考えられるSLGの相同性に基づき、多数のS対立遺

伝子（class I（S^{8}、S^{9}、S^{12}、S^{52}など）とclass II（S^{29}、S^{40}、S^{44}、S^{60}））が分類された。遺伝学的な実験から、class Iとclass IIの*S*対立遺伝子からなる*S*ヘテロ接合体ではclass Iに分類された*S*対立遺伝子が優性を示し、class IIに分類された*S*対立遺伝子は劣性を示した（図1―3―10（口絵⑦））。class IIを示す*S*対立遺伝子が*S*ヘテロ接合体で劣性を示す原因はclass IIの*S*対立遺伝子に由来する*SP11*の発現抑制であった。この*S*ヘテロ接合体で劣性であるclass IIの*S*対立遺伝子は、class IIだけの*S*ホモ接合体になると*SP11*の発現が回復した。つまり、class Iとclass IIの*S*対立遺伝子からなる*S*ヘテロ接合体での優劣性は、エピジェネティックな制御によってなされていると推測された。*SP11*の遺伝子発現を調節するプロモーター領域のシトシン塩基のメチル化程度を調査したところ、*S*ヘテロ接合体ではclass IIの*S*対立遺伝子に由来する*SP11*のプロモーターが特異的にメチル化されていた。そのメチル化部位は*SP11*がタペート細胞で発現するために重要な領域でもあった[17]（図1―3―13（口絵⑦））。この劣性*S*対立遺伝子由来の*SP11*遺伝子のメチル化には、優性*S*対立遺伝子の低分子RNAをコードする*Smi*が機能しており、*SP11*遺伝子のメチル化領域と相補的な塩基配列を有していた[18]。さらに、class IIに分類される四つの対立遺伝子間には、直線的優劣性関係（$S^{44} > S^{60} > S^{40} > S^{29}$）が見られた[13]。この直線的優劣性関係では、$S^{60}$対立遺伝子と$S^{40}$対立遺伝子はヘテロ接合体における組合せ相手がどの対立遺伝子になるかによって、優性にも劣性にも変化できるという不思議な現象であった[13]。このclass II内での直線的優劣性関係もclass Iとclass IIでの優劣性に見られた分子メカニズムである低分子RNAと*SP11*遺伝子のメチル化によるものであったが、低分子RNAをコードするのは*Smi2*領域であった。この*Smi2*に由来する低分子RNAはその*S*対立遺伝子より下位に位置する*S*対立遺伝子の*SP11*の発現を抑制することができるが、上位に対しては機能しないものであった[19]。

それに対して、柱頭側優劣性は雌ずい側*S*因子*SRK*の遺伝子導入実験から*SRK*自身が優劣性を決定するということは示されているが、花粉側優劣性のような分子機構は不明であり、その解明は今後の課題である[13]。

おわりに

これまで、植物の生殖や自家不和合性について概説を述べてきた。これらの研究は今に始まったものではなく、一〇〇年以上の歴史があり、その上に現在の研究が成立していると言っても過言ではない[12][20]。この中のひとつには、進化論を唱えたチャールズ・ダーウィンが晩年、自殖と他殖による後代への影響について調査した膨大なデータがある。自家不和合性を有するキャベツのような植物では、他殖を行った個体の方が自殖を続けた個体よりも大きく生長し、数世代自殖を繰返した個体には形態的に小さくなるなどの異常が生じる「自殖弱勢」が現れることを記述している。一方で、自家不和合性を有するマルバアサガオを材料としたとき、第六自家受精世代において他花受精の植物よりも大きく育つ植物が出現した。ダーウィンは、これを「ヒーロー」と名付け、第七世代でも同じような現象を観察した。植物が自殖を続けると自殖弱勢が現れるが、それを克服して自殖に適応するケースもある、ということを捉えたデータであると考えられている[12]。この現象を正確に再現したとはいえないかも知れないが、アブラナ科植物のモデル植物であるシロイヌナズナについて例を挙げる。シロイヌナズナは自家和合性であるが、その原因は花粉側*S*因子*SP11*遺伝子の逆位であり、それを元に戻した系統を分子遺伝学的手法で作出すると自家不和合性に回復した[21]。つまり、シロイヌナズナの祖先形はもともと自家不和合性であり、どこかの時点で*SP11*遺伝子の逆位《ぎゃくい》によって自家和合性となった。その時点で、シロイヌナズナは自殖形質に適応した、とも考えられる。

今回の本章の中では、種間交雑・種間不和合性についての記述は紙面の関係上省いた。種間交雑は、同属で異なる種が有する優良形質を取り込むという点において、育種学では重要な問題である。この種間交雑を行うとき、SI x SCルールという現象がある。これは、自家不和合性（SI）系統を母親とし、自家和合性（SC）系統を花粉親にした場合に不和合性となり、その正逆交雑であるSC x SIの場合には和合性を示すというものであり、一側性不和合性（unilateral incompatibility）と呼ばれている[11]。こうした現象にも自家不和合性制御因子が関与していることなどが現在示されつつあり[16][22]、育種現場で問題になっている事柄を分子レベルで理解することにより、解決できる日が来るのかも知れない。

なお、植物の生殖・自家不和合性、アブラナ科植物の自家不和合性については、いくつかの日本語書籍が出版されている[23]〜[27]。本章とあわせて参考にして頂ければ、幸甚である。

注

（1）田中正武（一九七五）『栽培植物の起源』（NHKブックス、東京）二四一頁。

（2）Frachetti, M. D. et al. (2017) Nomadic ecology shaped the highland geography of Asia's Silk Roads. Nature 543: 193-198.

（3）Evans, L. T.（日向康吉訳）（二〇〇六）『100億人の食糧 人口増加と食糧生産の知恵』（学会出版センター、東京）二七五頁。

（4）日本人が作りだした動植物企画委員会（一九九六）『日本人が作り出した動植物』（裳華房、東京）二六〇頁。
（5）生井兵治（一九九二）『植物の性の営みを探る』（養賢堂、東京）二四〇頁。
（6）鳥山國士（一九九〇）『♂♀の話 植物』（技報堂出版、東京）二〇〇頁。
（7）Akagi, T. et al.（2014）A Y-chromosome–encoded small RNA acts as a sex determinant in persimmons. Science 346: 646-650.
（8）Murase, K. et al.（2017）MYB transcription factor gene involved in sex determination in *Asparagus officinalis.* Genes Cells, 22: 115-123.
（9）Ming, R.（2011）Sex chromosome in land plants. Annu. Rev. Plant Biol., 62: 485-514.
（10）山崎聖司ら（二〇一二）『ウリ科植物の花の性分化のエチレン制御と遺伝モデル』（『植物の成長調節』47）二四—三三頁。
（11）de Nettancourt, D.（2001）Incompatibility and incongruity in wild and cultivated plants, 2nd edn., Springer, Berlin, Heidelberg, New York, pp 322.
（12）チャールズ・ダーウィン（矢原徹一訳）（二〇〇〇）『植物の受精』（文一総合出版、東京）四四六頁。
（13）Watanabe, M. et al.（2012）Molecular genetics, physiology and biology of self-incompatibility in Brassicaceae. Proc. Jpn. Acad. Ser. B. 88: 519-535.
（14）日向康吉（木原均監修）（一九七六）『不和合性（In 植物遺伝学 III. 生理形質と量的形質）』（裳華房、東京）三〇—六五頁。
（15）Li, J. et al.（2016）Genetic architecture and evolution of the S locus supergene in *Primula vulgaris.* Nature Plants 2: 2016188.
（16）Fujii, S. et al.（2016）Non-self- and self-recognition models in plant self-incompatibility. Nature Plants, 2: 2016130.
（17）Shiba, H. et al.（2006）Dominance relationships between self-incompatibility alleles controlled by DNA methylation. Nature Genet. 38: 297-299.
（18）Tarutani, Y. et al.（2010）*Trans*—acting small RNA determines dominance relationships in *Brassica* self-incompatibility. Nature 466: 983-986.
（19）Yasuda, S. et al.（2016）Complex dominance hierarchy controlled by polymorphism of small RNAs and their targets. Nature Plants 3: 16206.
（20）安田貞夫（一九四四）『高等植物生殖生理学（開花及び結実の理論と実験）』（養賢堂、東京）五七三頁。
（21）Tsuchimatsu, T. et al.（2010）Evolution of self-compatibility in *Arabidopsis* by a mutation in the male specificity gene. Nature 464: 1342-1346.
（22）Takada, Y. et al.（2017）Duplicated pollen-pistil recognition loci control intraspecific unilateral incompatibility in *Brassica rapa.* Nature Plants 3: 17096.
（23）矢原徹一（一九九五）『花の性 その進化を探る』（東京大学出版会、東京）三一六頁。
（24）日向康吉（二〇〇一）『花 性と生殖の分子生物学』（学会出版センター、東京）二五八頁。
（25）日向康吉（一九九八）『菜の花からのたより——農業と品種改良と分子生物学と』（裳華房、東京）一八四頁。
（26）西村尚子（二〇〇八）『花はなぜ咲くの？』（化学同人、京都）一四九頁。
（27）土松隆志（二〇一七）『植物はなぜ自家受精をするのか』（慶應義塾大学出版会、東京）一五一頁。

謝辞　本章をまとめるに当たり、図版作成、査読頂いた東北大学大学院生命科学研究科・増子（鈴木）潤美修士、伊藤加奈修士にお礼申し上げます。また、図版作成に関して写真を提供頂きました（株）タキイ種苗・大北克久修士、遠藤誠博士、石川県教育委員会・寺岸俊哉氏、盛岡大学文学部・吉植庄栄修士にこの場を借りて、お礼申し上げます。

◎コラム1◎

バイオインフォマティクスとはなにか

矢野健太郎

やの・けんたろう——明治大学農学部教授。専門は植物遺伝育種・バイオインフォマティクス。主な論文に「Repeated inversions within a pannier intron drive diversification of intraspecific colour patterns of ladybird beetles.」（共著、『Nature Communications』九―一、二〇一八年）、「Heap : a highly sensitive and accurate SNP detection tool for low-coverage high-throughput sequencing data.」（共著、『DNA Research』二四―四、二〇一七年）、「The Tomato Genome Sequence Provides Insights into Fleshy Fruit Evolution.」（共著、『Nature』四八五、二〇一二年）などがある。

バイオインフォマティクスは生物学の研究領域の一つであり、実験データをコンピューターや数理モデルを駆使して解析する。従来、生物学分野の研究では、計測や観測を通した実験データの取得から結果を解釈するための統計処理に至るすべてのプロセスを、個人または少人数の研究グループで行うアプローチが主流であった。しかし、ヒトやシロイヌナズナ、イネなどの高等動植物のゲノム配列解読プロジェクトの展開により[(1)〜(5)]、網羅的解析を伴うプロジェクト型研究では大量の生物学的データの解析処理が不可欠となった。また、一般的な規模の研究においても、取得した実験データを大規模なゲノム配列情報と比較するなどの解析が求められることが多い。これらの大規模な解析処理は、一般的な計算機環境では処理できないため、生物学と情報学の両方の知識とスキルを有する人材（バイオインフォマティシャン）がワークステーションや計算機サーバーを用いて実施する。その処理では、通常、Linuxと呼ばれるオペレーティング・システムを搭載したコンピューターが用いられる。Linuxは、大規模演算に適したシステムであり、バイオインフォマティシャンはPerlやPython、Java、Rといったプログラミング言語を活用し、解析を実行する。バイオインフォマティクスは、ゲノム配列解読だけではなく、多様な場面で活用される。それらには、たとえば、遺伝子の発現解析や機能解析、進化解析、また、大規模な情報を提供するためのWebデータベース構築などが含まれる。

高等生物のゲノムは数万個以上の遺

伝子（遺伝子座）から構成される。個々の遺伝子の機能を解明することによって、医療や農業、工業に有用な遺伝子を同定・活用できる。この遺伝子の網羅的な探索では、やはり、ゲノム配列情報の利用が極めて効果的となる。近年、多くの生物種のゲノム配列解読が終了または進展している。この背景には、大量のDNA配列を高速かつ低価格で解読できる装置（高速シーケンサー）の普及がある。様々な生物種のゲノム配列解読プロジェクトの概要は、データベースGenome Online Database（GOLD）より閲覧できる。[6] 二〇一八年四月の時点で、緑色植物に限ると、七十九種のゲノム解読が終了しており、二万件以上のゲノム配列解読プロジェクトが進行中（一時停止中のプロジェクトも含む）である。アブラナ科の植物では、*Brassica napus*、*Brassica rapa*や*Brassica oleracea*、*Brassica nigra*、*Brassica juncea*のゲノム配列解読がすでに報告されており、[7]~[10] 他に一〇四件の解読プロジェクトが存在する。先の五種のアブラナ科ゲノム配列情報は、オンラインで閲覧できる（例、http://brassica.info/genome/genomes.html）。

ゲノム配列解読とは、DNAの塩基配列の並び（塩基配列パターン）を決定する作業である。DNAは、ヌクレオチドと呼ばれる物質が連結した構造をとる。一つのヌクレオチドには一つの塩基が含まれる。DNAの材料となる塩基は四種類ある（文字A、T、C、Gで表す）。DNAシーケンサーは、DNA上で並んでいる塩基を順番に読み進む装置であり、DNAシーケンサーから出力されるデータは塩基を表す文字が並ぶ（文字列データ、塩基配列データ）。遺伝子がもつ塩基配列の並び（塩基配列パターン）は、遺伝子の生物学的な機能や特徴を意味する。塩基配列パターンが同一である遺伝子は同じ機能をもつ可能性が高く、塩基配列パターンが異なる遺伝子ほど違う働きをもつことを示唆する。ここで、DNAの長さは、並んでいるヌクレオチドの個数、すなわち、塩基の個数として表わすことができ、配列長の単位として塩基の英単語であるbase（bと略される）が用いられる。例えば、二〇bの塩基配列（DNA配列）とは塩基の文字が二〇個並んでいることを表す。ここで、DNA配列が取り得る塩基配列パターンは、二bなら四x四＝一六通り、三bなら四の三乗＝六四通り、二〇bなら一兆通り以上となる。遺伝子によってDNAの長さは異なるが、一〇〇〇～二〇〇〇bの長さとすると、取り得る塩基配列パターンは膨大な個数となる。高等植物の一本の染色体の全長は非常に長く、たとえば、*Brassica rapa*のゲノム解読より推定されたA01と呼ばれる染色体は二六七九万一〇二八bにも達する（http://brassicadb.org/cgi-bin/gbrowse/Brassica_v1.5/）。ゲノム解読では、後述するように、元の染色体全体の塩基配列をできる限り長く推定した後に、その中に含まれる多数の遺伝子とその塩基配列を見出し、それらの遺伝子の機能を予測する。

ゲノム配列解読には、多くの時間と労力を要する（図1−4−1）。DNAシーケンサー（高速シーケンサーなど）から出力されるデータは、多数の短い塩基配列から構成される。一つの塩基配列長（文字数）は一〇〇〜三〇〇〇個程度である（用いるDNAシーケンサーや解読手法によって異なる）。ゲノム解読の場合、DNAシーケンサーから得られる個々の塩基配列が元のゲノム（染色体）のいずれの場所から得られた配列であるかは不明である。そこで、ゲノム解読プロジェクトでは、DNAシーケンサーから得られた短い配列データをコンピューターで解

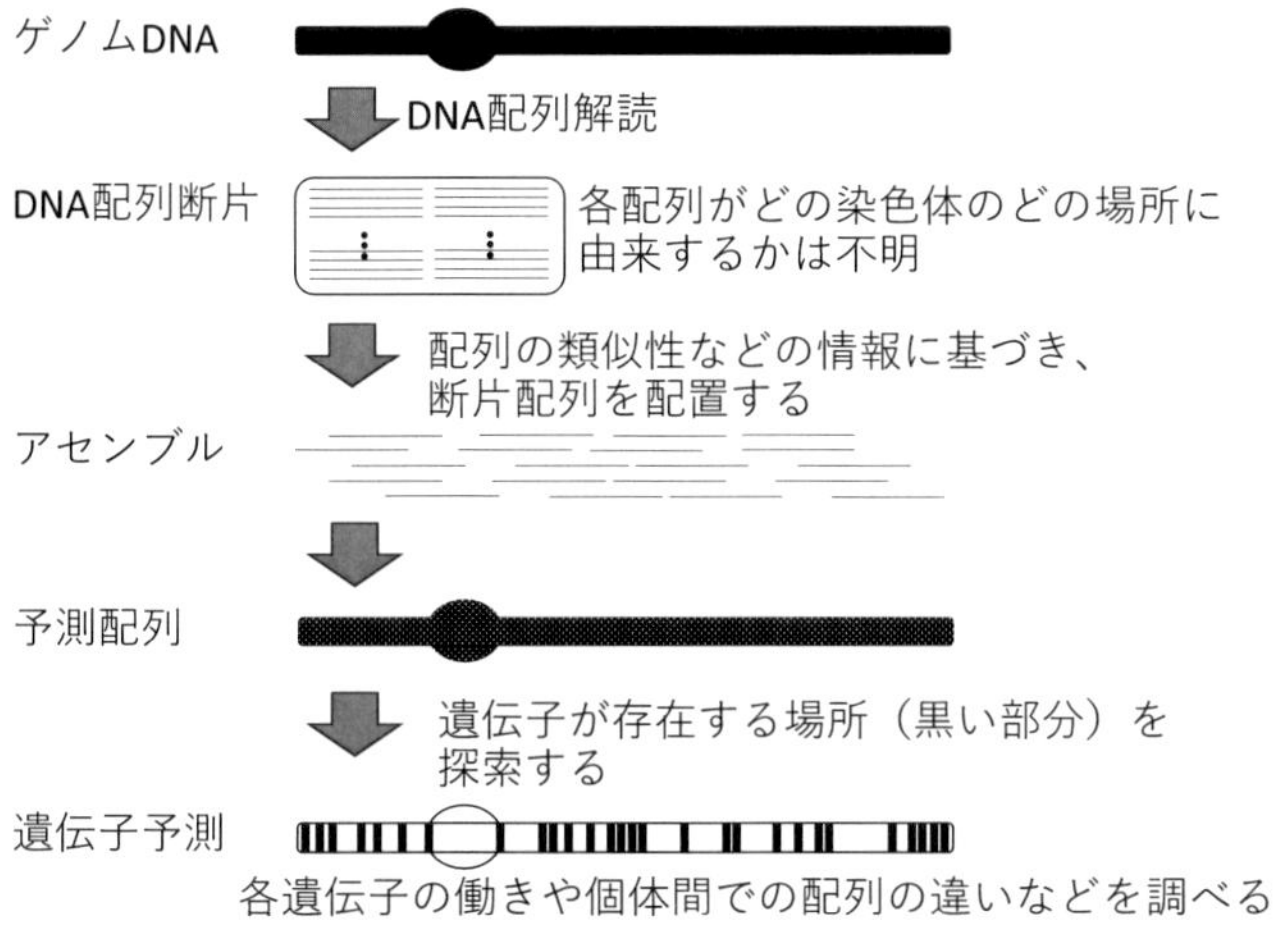

図1-4-1 ゲノム配列解読の概要

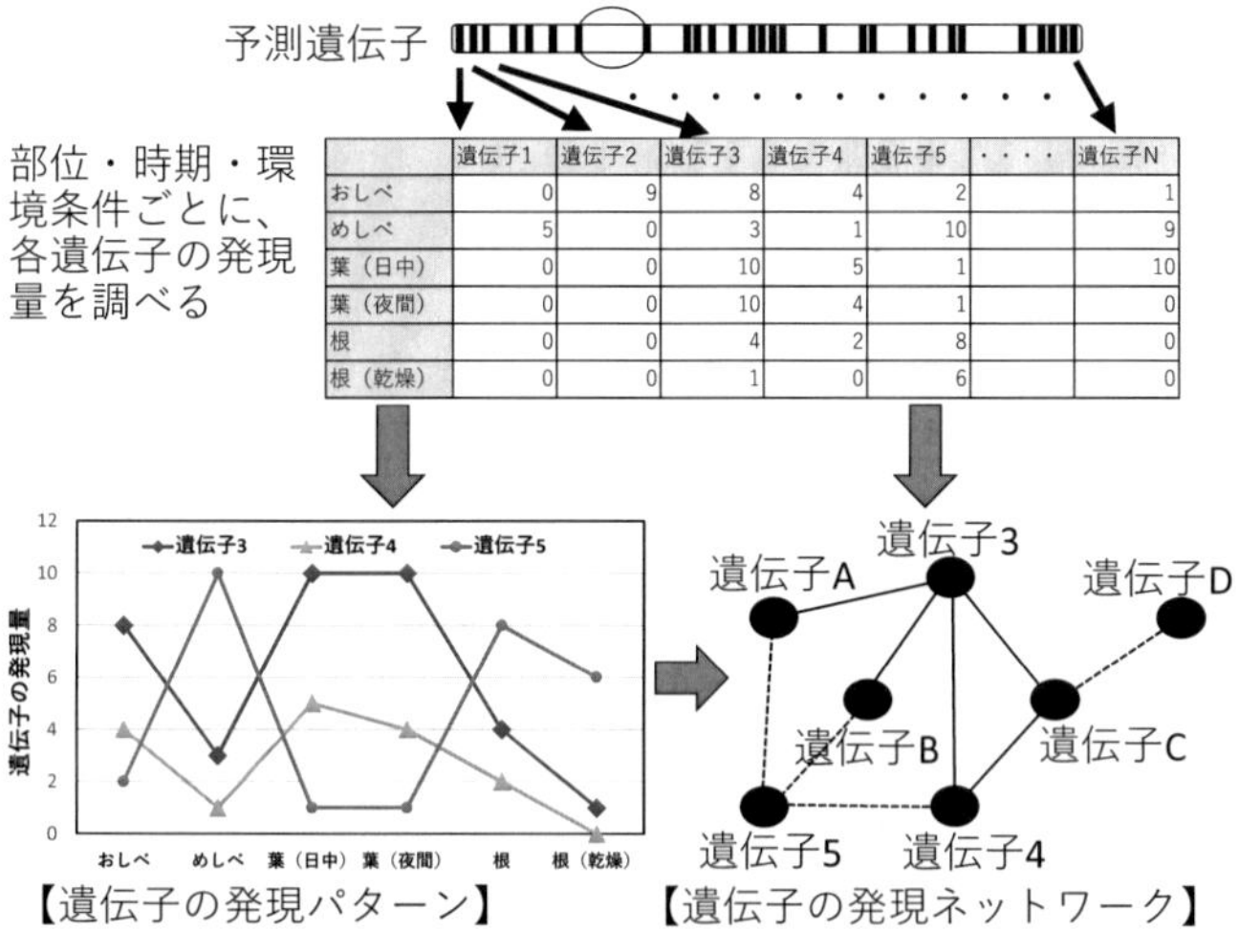

	遺伝子1	遺伝子2	遺伝子3	遺伝子4	遺伝子5	・・・・	遺伝子N
おしべ	0	9	8	4	2		1
めしべ	5	0	3	1	10		9
葉（日中）	0	0	10	5	1		10
葉（夜間）	0	0	10	4	1		0
根	0	0	4	2	8		0
根（乾燥）	0	0	1	0	6		0

図1-4-2 トランスクリプトーム解析による遺伝子機能予測

析し、元の染色体を復元することが目標となる。そこで、膨大な数の短い配列データを互いに比較し、同じ配列をもつ配列同士をつなぎ合わせる処理（アセンブル）を実施する。この処理は、大規模な文字列データの比較解析であり、コンピューターの高い処理能力を必要とする。またアセンブルの信頼度は、ＤＮＡシーケンサーがもつ配列解読精度に強く依存する。そこで、多くの解読プロジェクトでは、アセンブルの精度を十分に保つために、ＤＮＡシーケンサーから取得するデータ量を多く確保する。このデータ量としては、ＤＮＡシーケンサーから得られる塩基配列長の合計がゲノム配列長の十〜三十倍ほどを目安とすることが多い。

　アセンブルによってゲノムＤＮＡ配列（染色体の塩基配列）を推定した後は、どこにどの遺伝子が存在するかを調べる。ゲノムＤＮＡは、遺伝子が順番に並んでおり、遺伝子領域（遺伝子が存在する場所）と遺伝子間領域（遺伝子が存在しない場所）が繰り返される。遺伝子ごとに、遺伝子領域と遺伝子間領域の塩基配列長は異なっている。遺伝子予測では、専用の解析プログラムを実行し、ゲノムＤＮＡ配列内から遺伝子領域を探索し、遺伝子領域内の遺伝子配列（遺伝子の塩基配列）を見出す。遺伝子領域の探索では、既に明らかにされている他の植物種の遺伝子配列情報が極めて有用となる。たとえば、進化的に近い関係にある生物種（近縁種）では、ゲノム内に同じ塩基配列をもつ遺伝子が共有されている可能性が高い。近縁の植物種の遺伝子配列情報が利用可能であるほど、高い信頼度で遺伝子領域を探索できる。遺伝子領域の探索では、このような配列比較以外に、多くの予測手法やプログラムが提案されている。遺伝子領域を高い精度で予測できたゲノムＤＮＡ配列は、参照配列（リファレンス配列）と呼ばれ、多くの研究に活用される。

　ゲノム内のほとんどの遺伝子は、発現することによってｍＲＮＡ（メッセンジャーＲＮＡ）と呼ばれる分子を合成し（転写）、次いで、ｍＲＮＡからタンパク質の材料となるアミノ酸を生成する（翻訳）。ゲノム内の多くの遺伝子は、特定の場所と時期に発現する（選択的発現と呼ぶ）。たとえば、光合成を行う葉では、日光を受けている間は光合成を行うための遺伝子が発現するが、光を受けない夜間では光合成に関わる遺伝子は発現しない。ここで、ＤＮＡは、ネアンデルタール人の化石からゲノム配列が解読されている事例[11]から分かるように、比較的長期間の保存が可能である。一方、ｍＲＮＡはＤＮＡと比較して、早期に壊れる物質である。細胞内では、転写によってｍＲＮＡを必要な量だけ生成し、必要な量のアミノ酸合成（翻訳）が終了した時点で、転写も終了し、ｍＲＮＡも消失するシステムとなっており、極めて効率的である。ゲノム内の遺伝子は、選択的発現の下で効率的に個々の役割を果たしており、その結果として、身体全体の生命活動が適切に保たれている。

ゲノム配列内で見出された個々の遺伝子がどのような働きをしているかは、その選択的な発現様式（発現パターン）から推定できる（図1－4－2）。この遺伝子の発現パターンを調べる上でも、DNAシーケンサーが広く用いられている。DNAと同様に、mRNA分子も塩基配列の並びとして配列解読できる。遺伝子は転写によって、遺伝子と同じ（相補的な）配列パターンをもつmRNAを生成する。細胞には、多数（一〇〇〇個以上となることが多い）の発現遺伝子から合成されたmRNAが含まれている。これらのmRNA分子を集めて、それぞれのmRNAの塩基配列をDNAシーケンサーを用いて調べ、得られた塩基配列をリファレンス配列と比較する。mRNAの塩基配列と一致する塩基配列をもつ遺伝子が見出されれば、そのmRNAを生成した遺伝子として判断できる。ここで、強く発現している遺伝子は、細胞内に多数のmRNAを生成する。このことから、DNAシーケンサーから同じmRNAの配列パターンが繰り返し得られる場合、その遺伝子は強く発現していると推定できる。mRNAの配列解読による発現遺伝子の同定と発現量の推定は、トランスクリプトーム解析と呼ばれる。トランスクリプトーム解析によって、ゲノム内の個々の遺伝子が発現する部位や時間、環境条件を明らかにでき、各遺伝子の選択的な発現パターンから遺伝子の機能を推定できる。たとえば、図1－4－2の表において、「遺伝子1」と「遺伝子2」は、それぞれ、おしべとめしべのみで発現していることから、受精などの生殖プロセスに関わる遺伝子であると推測できる。また、「遺伝子3」はすべての条件で発現が認められることから、基本的な生命活動（呼吸や水輸送など）に関わる遺伝子（ハウスキーピング遺伝子と呼ばれる）の候補となる。

遺伝子の発現パターンの比較によって、ゲノム内の遺伝子の網羅的な機能予測ができる。図1－4－2の左下に示す折れ線グラフは、「遺伝子3」、「遺伝子4」、および、「遺伝子5」、の発現パターンを示している。これらの遺伝子の発現量は異なるが、遺伝子間の発現パターンが関連していることが分かる。「遺伝子3」と「遺伝子4」の折れ線の上昇・下降のパターンが類似していることから、これらの遺伝子の発現量が同じ条件で上昇・下降することを表す。このことは、発現が求められる場面（条件）が同一であること、すなわち、これら二つの遺伝子の働きが同一であるか、または、類似していることを示唆する。また、「遺伝子5」の発現量では上昇・下降のパターンが先の二つの遺伝子の発現パターンと逆（相反）となっていることから、一方の遺伝子の発現が、もう片方の遺伝子の発現を抑制する機能をもつ可能性が示唆される。ゲノム内の遺伝子間の発現パターンを網羅的に比較し、発現パターンが類似する遺伝子ペア、または、相反の発現パターンを示す遺伝子ペアを抽出し、それらをネットワーク図に描画することで、ゲノム内の全遺伝子の関連性を俯瞰できる。図1―4―2の右下のネットワーク図において、個々の丸（ノードと呼ぶ）は遺伝子を表し、遺伝子間の関係性はエッジと呼ばれる線で示される。この例では、実線のエッジは発現パターンの類似性を示し、点線のエッジは発現パターンの相反性を表す。このネットワークから、「遺伝子3」は、「遺伝子4」、「遺伝子A」、「遺伝子B」、「遺伝子C」と発現パターンが類似していることが分かる。ただし、「遺伝子A」と「遺伝子B」はエッジで結ばれていないことから、これら二つの遺伝子では発現パターンの類似性がないことも分かる。「遺伝子3」、「遺伝子4」、および、「遺伝子C」は相互にエッジで結ばれていることから、これらの三つの遺伝子は同一の機能を有する遺伝子の候補となる。遺伝子の発現ネットワークは、多くの植物種で構築・公開されており、たとえば、データベースPlant Omics Data Center（PODC）では異なる植物種のネットワークの比較解析ができる。[12]

ある条件でのみ発現する遺伝子は、生物学的に重要な機能をもつことを示唆する。たとえば、ナタネの種子でのみ発現する遺伝子は、種子成分の生成に関わる可能性がある。このように、発現する部位・時間が極めて限定されている遺伝子は、時空間特異的発現遺伝子と呼ばれる。遺伝子の発現パターンの情報解析から、時空間特異的な発現を示す遺伝子を選抜することにより、たとえば、農業上有用な候補遺伝子を探索できる。Webデータベース**CATchUP**は、時空間特異的発現を示す候補遺伝子の情報を提供しており、現時点で、八つの植物種における約一・五万個の候補遺伝子の情報をもつ。[13] 今後、アブラナ科植物においてもトランスクリプトーム情報の蓄積に伴い、同様のアプローチに基づく解析が進展すると期待される。

ゲノムやトランスクリプトームの情報解析では、詳細な遺伝子機能の予測ができない。遺伝子機能の情報の多くは、学術論文などを通して報告されており、これらの知識情報をゲノム配列（リファレンス配列）や遺伝子の発現ネットワークと統合することにより、ゲノムと遺伝子の機能に関わる包括的な知識データベースが得られる。ここで、出版される学術論文は膨大な数に及ぶ。たとえば、論文のタイトルまたは要約に単語**plant**（植物）を含み、かつ、論文のタイトルに単語**genome**（ゲノム）を含む論文は、二〇一七年の出版論文に限っても七六四報に及ぶ。論文の本数の多さに加えて、個々の論文の専門分野も異なることから、一人の研究者がこれらすべての論文を読み、内容を理解し、知識情報を収集することはできない。この大規模な学術論文情報から知識情報を抽出する作業においても、バイオインフォマティクスは大きな能力を発揮する。自然言語処理と呼ばれる解析手法を用いることで、計算機が文章を解析し、記述内容を要約できる。この処理を実現するためには、まず、着目すべき専門用語をリスト化し、計算機に記憶させる。次に、計算機に調査対象とする学術論文を投入し、事前に記憶させた専門用語を含む文が見出されたときに、文に記載されている意味を出力させる。先に紹介したデータベースPODCでは、自然言語処理から集積した知識情報を遺伝子発現ネットワーク情報と統合し、提供している。ここで、自然言語処理技術は、研究者が論文を読む場合と比較して短時間で多数の論文を処理できる一方で、解析精度が低いため、文に記載されている内容を誤った解釈で出力する場合が多い。そこで、PODCの開発・運営プロジェクトでは、まず、自然言語処理により短時間で大量の学術論文を解析し、知識情報の元となる網羅的情報を取得した後に、キュレーターと呼ばれる専門家が網羅的情報を精査・編集し、信頼度の高い知識情報に仕上げている。PODCが提供する遺伝子の知識情報は、毎月、更新されており、今後も多くの有用植物種における遺伝子機能情報が提供されると期待される。

注

（1） J・クレイグ・ベンター（著）、野中香方子（翻訳）（二〇〇八）『ヒトゲノムを解読した男』（『クレイグ・ベンター自伝』化学同人、京都）。

（2） Venter et al.（2001）The sequence of the human genome. Science, 291:1304-1351.

（3） International Human Genome Sequencing Consortium（2001）Initial sequencing and analysis of the human genome. Nature, 409: 860-921.

（4） The Arabidopsis Genome Initiative（2000）Analysis of the genome sequence of the flowering plant Arabidopsis thaliana. Nature, 408: 796–815.

（5） International Rice Genome Sequencing Project（2005）The map-based sequence of the rice genome. Nature, 436: 793-800.

（6） Mukherjee S, et al.（2017）Genomes OnLine Database（GOLD）v.6: data updates and feature enhancements. Nucleic Acids Research, 45:D446-D456.

（7） The Brassica rapa Genome Sequencing Project Consortium（2011）The genome of the mesopolyploid crop species Brassica rapa. Nature Genetics, 43:1035-1039

（8） Liu S, et al.（2014）The Brassica oleracea genome reveals the asymmetrical evolution of polyploid genomes. Nature Communications, 5:3930.

（9） Chalhoub B, et al.（2014）Plant genetics. Early allopolyploid evolution in the post—Neolithic Brassica napus oilseed genome. Science, 345:950-953.

（10） Yang J, et al.（2016）The genome sequence of allopolyploid Brassica juncea and analysis of differential homoeolog gene expression influencing selection. Nature Genetics, 48:1225-1232.

（11） Prufer K, et al.（2014）The complete

genome sequence of a Neanderthal from the Altai Mountains. Nature, 505:43-49.

（12） Ohyanagi H, et al.（2015）Plant Omics Data Center: an integrated web repository for interspecies gene expression networks with NLP-based curation. Plant & Cell Physiology, 56:e9.

（13） Nakamura Y, et al.(2017) CATchUP: A Web Database for Spatiotemporally Regulated Genes. Plant & Cell Physiology, 58:e3.

謝辞　本コラムをまとめるにあたって、協力をいただいた中村幸乃修士、寺島伸修士、菅野真麻修士、齋藤美沙修士、工藤徹博士、小林正明博士、大柳一博士にお礼申し上げます。また、明治大学農学部・バイオインフォマティクス研究室の多くの研究員、技術員、学生にお礼申し上げます。

アブラナ科栽培植物の伝播と呼称

等々力政彦

とどりき・まさひこ――横須賀市自然人文博物館学芸員、博士（工学）。専門分野は共生進化・シベリア史・テュルク諸語研究。著書に『Old maps of Tuva』（単著、東京大学東洋文化研究所、二〇〇八・二〇〇九年）、『世界民族百科事典』（国立民族学博物館編、共著、丸善出版、二〇一四年）、論文に「Induced symbiosis: Distinctive Escherichia coli-Dictyostelium discoideum transferable co-cultures on agar」（共著、Symbiosis 42、二〇〇六年）などがある。

栽培植物の伝播過程は、しばしばあいまいなことが多い。このような伝播過程を、植物呼称の比較から再構築することを検討してみた。アブラナ科栽培植物の起源地である地中海周辺域を中心に、古典文章語であるギリシャ語・ラテン語・サンスクリット語・ペルシャ語などを選んでおこなった。その結果、数百年ほどの時間間隙であれば、伝播過程を再構築できる可能性が示唆された。

はじめに

栽培植物とは、基本的にヒトが介在して伝播するものである。ヒトは言語をはなす。したがって、栽培植物の伝播は、植物体の伝播だけでなく、呼称の変容もともなうと考えられる。植物体そのものの伝播は、第一には考古学的調査によってあきらかにされうるが、それがない場合、言語情報から伝播経路を推定することが可能な場合が想定されうる。本章では、アブラナ科栽培植物の起源地である地中海周辺地域を中心に、さまざまな言語における呼称の比較から、どの程度アブラナ科栽培植物の伝播経路が推察可能なのかについて検討する。

まず、植物がある地域に伝播／侵入した場合、その呼称の定着を考えてみたい。すると、以下のような三つのケースが想定しうるであろう。日本語の例でみてみる。

（一）名称とともに伝播する場合：グラジオラス（*Gladiolus* sp. の属名に由来）、ポインセチア（*Euphorbia pulcherrima*：英語

名の*poinsettia*より)、

(二) もともとあった名称を拡張して呼称とする場合:ダンドボロギク (*Nemosenecio nikoensis*:北アメリカ原産。愛知県段戸山で初見の帰化植物のため、「段戸・襤褸《ぼろ》菊」)、トルコギキョウ (*Eustoma* sp.:南北アメリカ産のリンドウ科の植物だが、なぜかトルコの名を冠し、色と見かけから桔梗《ききょう》とされた)、

(三) 新しい名称があたえられる場合:ヒマワリ (*Helianthus annuus*:北アメリカ原産。幼若期の花の向きが、太陽を追うように動くことから「日回り」)、マツヨイグサ (*Oenothera stricta*:南アメリカ原産。「待宵草」)。

このうち(一)のケースでは、言語接触があったことが理解されると同時に、名称の伝播の方向性を推察することが可能である。

もちろん、これらの情報は時代とともに変化していったり、接触した元の言語が失われたりすることから、伝播の時期が古くなるほど、情報の不確実性が高くなってゆくことは考えやすい。しかし文字を持った民族同士の接触であると、文献が情報の「正統性」を担保するために、変化の流れを遅くすることができるであろう。

栽培植物の伝播の考察に言語学的な情報を盛り込んだ研究には、ドゥ・カンドルの『栽培植物の起源』(De Candolle 1883) や、ラウファーの『中国・イラン』(Laufer 1919) などがある。それらは、アブラナ科のデータを含んでおり、呼称の伝播に関しても触れられている。とくにドゥ・カンドルは、現在の視点からみると玉石混淆ながら、ひじょうに詳細かつ広範囲に言語データを収集していて、こういった研究のメルクマールといってよい大きな仕事である。しかしこれ以降、栽培植物の名称研究は、それぞれの言語の語源研究の中で別々にとりあげられる傾向にあり、知る範囲において栽培植物の語源研究としてまとめられることはあまりないようである。そのため、言語学の専門書にアクセスしない栽培植物の専門家は、更新されない古いデータを無批判に再引用する傾向にあるのは残念なことである。

ここでは、できるだけ最新で詳細な言語研究の結果をもとに、アブラナ科栽培植物の呼称について再考したい。

以下、単語の頭に「*」があるものは、言語学的に推定された語である。正書法がラテン文字表記ではない単語は、それぞれの正書法での文字表記とラテン文字表記(イタリック)を併記した。A<Bは、AはBに由来することを表している。植物名は、あいまいさをさけるために、学名をイタリックで併記した。

一、古典ギリシャ語、古典ラテン語での アブラナ科栽培植物

アブラナ科栽培植物のおおくは、地中海沿岸やヨーロッパ西部に自生する野生種から分化したか、少なくともその地域が分化の中心地の一つであることが報告されている（De Candolle 1883 訳書 上: 75-96, 189-199）。そこでまず、地中海地域の古典文章語の代表として、古典ギリシャ語と古典ラテン語をみてみたい。

古典ギリシャ語から確実にアブラナ科栽培植物として名称がみつかるのは、ラーファノス／ラファーニ ῥάφανος *ráfanos* / ῥαφάνη *rafáni* “1. キャベツ *B. oleracea*、2. ハツカダイコン *Raphanus sativus*” と、その誤記由来と考えられているラーピュス／ラーフュス ῥάπυς *rápys* / ῥάφυς *ráfys* “カブラ *Brassica rapa*” (Hofmann 1949: 295-296; de Vaan 2008: 514; Beekes, van Beek 2010 2: 1276-1277) である。前者はダイコン属の属名ラファヌス *Raphanus* として、後者はアブラナ属の種名ラーパ *B. rapa* として現代にひきつがれている。これらの語は、さまざまな古典ギリシャ語の文字記録の断片に基づいていて、つづりは資料によって揺らぎがある。時間軸としては、ラーファノスの語は紀元前二世紀以前にさかのぼることができる（Liddell, Scott 1996: 1566）。これらの文字記録をみると、ギリシャ世界ではかなりおおまかにアブラナ科植物全体をとらえていたことがわかる。

ラーファノス（ほか）の語源は、古典ギリシャ語の辞書類をみても、祖語として推定されうるべき語がみあたらず、最新のギリシャ語語源辞書（Beekes, van Beek 2010 2: 1277）では、古典ギリシャ語より以前にあった他言語からの借用で、インド・ヨーロッパ祖語にさかのぼらないことが考察されている。したがって、「ラファノスとは、〝容易に生える〟の意味である」（De Candolle 1883 訳書 上：七八―七九）とか、「〝早くわれる〟の意味である」（豊国 一九八八：一六九）などという記述がみられるが、いずれも出典が記されておらず、考察も加えられていないため、上記の理由から信頼に足る情報とはいいがたい。(1)

この語は、おそらく古典ギリシャ語から伝播して(2)、古典ラテン語のラファヌス raphanus〝ハツカダイコン〟、ラープム／ラーパ rāpum / rāpa〝カブラ〟（Liddell, Scott 1996: 1565-1566; 國原 二〇〇五：六三一、de Vaan 2008: 514）となり、さらにラーパは、おおくのヨーロッパ諸言語に伝播し、先述したようにアブラナ、カブラ、ハクサイなどが属する種名の *B. rapa* としてもひきつがれている。

興味深いことに、漢語によるダイコンの呼称「蘿蔔《らふく》」(3)も、ラーパと同一起源であるという見解がある（青葉二〇一三：三一八）。しかしながら、この語が外来語由来である可能性（城山一九八三：一四〇）は納得できても、すぐに古典ギリシャ語、あるいは古典ラテン語に直結させて良いものかどうか、慎重な検討を要するであろう(4)。残念ながら、青葉高による指摘も、出典と考察を欠いている。

カウロース καυλός *kavlós*〝植物の茎、キャベツの類〟（Liddell, Scott 1996: 931-932）はアブラナ科植物に固有の語ではないが、インド・ヨーロッパ祖語の **keh_2u-l-i-*〝茎、幹〟にさかのぼると考えられている由来の古い語で（de Vaan 2008: 100; Beekes, van Beek 2010 1: 658-659）、同源の古典ラテン語はカウリス caulis〝茎、柄、軸、陰茎、キャベツ〟（國原二〇〇五：九九）である。この語は、栽培キャベツ類の元となった品種(5)ケール *B. oleracea* var. *acephala* や、カリフラワー *B. oleracea* var. *botrytis* の「カリ」などの語源となったと考えられている（De Candolle 1883 訳書上：一九二）(6)。

一方の古典ラテン語には、まずブラッシカ brassica〝キャベツ〟という固有語がみえる（國原二〇〇五：六三〇）。後に、アブラナ属の属名ブラッシカ *Brassica* にとりあげられる語である。この語も、古典ラテン語辞書に語源として関係しそうな語がみえず、最新のラテン語語源辞書（de Vaan 2008）にもふれられていないため、他言語からの借用と思われる。

ラーディーク rādīx〝根、ハツカダイコン〟はアブラナ科植物だけの固有名称ではないが、他のヨーロッパ言語におけるハツカダイコンの呼称に強い影響を与えたと考えられる点で(7)あげておきたい（國原二〇〇五：六三〇、de Vaan 2008: 512）。この語のイタリア祖語（ラテン語を含む）として **wrād-ī-* が推定されている（de Vaan 2008: 512）ことを考えると、あるいは先述のブラッシカとの関連性も考えられるかもしれない。この語も、インド・ヨーロッパ祖語にさかのぼる可能性は疑問視されている（Beekes, van Beek 2010 2: 1271; Kroonen 2013: 601）。

同様に、カプット caput〝頭、首、根、株〟（國原二〇〇五：九五）もキャベツ（英語の cabbage）の語源とされることがある（De Candolle 1883 訳書上：一九二）が、最近のラテン語・イタリア諸語語源辞書では、そのことに触れられていない（de Vaan 2008: 91）。この語も、インド・ヨーロッパ祖語にさかのぼる可能性は疑問視されている。

香草のロケット（ルッコラ、キバナスズシロ）の属するキバナスズシロ属 *Eruca* は、古典ラテン語の固有語エールーカ ērūca〝ロケット〟に由来しており（國原二〇〇五：二四五、de Vaan 2008: 194）、語根はインド・ヨーロッパ祖語にさかのぼりうる

エール ēr〝ハリネズミ、鉄条網〟が推定されている（de Vaan 2008: 193）。

二、ウズベク語とペルシャ語でのアブラナ科栽培植物

次に時代をくだり、場所も地中海域から内陸の中央アジアにうつる。

ウズベク語はテュルク諸語の一言語で、話者は一八〇〇万人を超え、ウズベキスタンを中心に、周辺のカザフスタン、クルグズスタン、タジキスタン、テュルクメニスタン、そして中華人民共和国新疆ウイグル自治区東部やアフガニスタン北部にも分布している。標準ウズベク語はタシケント方言であり、文語もこれに基づいている（庄垣内 一九八八）。都市部では歴史的にペルシャ語の影響が強い。このことは、アブラナ科栽培植物の呼称にもあらわれている。

・ウズベク語：ショルゴム шолғом *šolγom* / シャルガム шалғам *šalγam*“カブラ *B. rapa*”（Krippes 1996: 199, 204; Abdurakhimov 2013: 241）＜ペルシャ語：シャルガム شلغم *šalġam*〝カブラ〟(Johnson 1852: 761)

・ウズベク語：キャラム карам *kjaram*“カンラン *B. oleracea*”(Krippes 1996: 74)＜ペルシャ語：カルム کرم *karm*〝カリフラワー、キャベツ〟(Johnson 1852: 1005)

・ウズベク語：トゥルプ турп *turp*“ハツカダイコン *Raphanus sativus*”(Krippes 1996: 173; Abdurakhimov 2013: 203)＜ペルシャ語：トゥルブ ترب *turb* (Johnson 1852: 327)

上記をみると、ペルシャ語由来の語はほとんどそのままウズベク語になっているようにみえる。

さらに、アラビア語由来の語もある。これは、ペルシャ語を経由した可能性が考えられる。

・ウズベク語：ハンタル хантал *xantal*“マスタード *B. juncea*”(Krippes 1996: 186)＜ペルシャ語：ハルダル خردل *khardal*＜アラビア語：ハルダル خردل *khardal*〝マスタード〟(Johnson 1852: 516)

一方、一九世紀以降強い接触のあるロシア語の影響が表れている語もみえる。

・ウズベク語：レディスカ редиска *rediska*〝ハツカダイコン〟(Krippes 1996: 135)＜ロシア語：レディスカ редиска *rediska*〝ハツカダイコン〟

ハツカダイコンは、もともと先述したペルシャ語由来のトゥルプが用いられていたが、現在では都市部を中心にレディスカも用いられるようになっている。

さらに、二〇一五年八月のウズベキスタンの青果市場の調

査で、以下のような新しい外来語も定着しはじめていることがわかった。

・ウズベク語：バサイ **basay* 〃ハクサイ〃 ＜漢語：バイツァイ 白菜 *bai-cai* / 朝鮮語 ペチュ 배추 *baechu* / 日本語 ハクサイ

・ウズベク語：ダイコン **dayqon* 〃ダイコン〃 ＜日本語ダイコン *R. sativus* var. *longipinnatus*（タシケントの地域限定的栽培）

上記の「バサイ」という呼称は、インタビューした人ごとにまだ揺らいでおり、今後定着するかどうかはわからない。これらは主に、ウズベキスタンにおおい朝鮮系の人々によって導入されたと考えられる。キムチは、ウズベキスタンでもロシアでも、日本と同様に日常的な食べ物となっている。

興味深いのは、朝鮮料理からの伝播にもかかわらず、朝鮮語以外の呼称が定着しはじめている点である。とくにダイコンは、室町時代以降の日本固有の呼称であり(8)（青葉 2013: 318）、朝鮮語ではム 무 *mu*（あるいはフインム 흰무 *huinmu* 〃白いム〃）、漢語は先述した蘿蔔 *luo-bo* である。

三、サンスクリット語でのアブラナ科栽培植物

古い時代にギリシャ世界と接触のあった東端、インドでのアブラナ科植物の呼称はどのようなものであったであろうか。次に、インド世界の雅語であるサンスクリット（語）と、俗語(9)の代表としてパーリ語をみてみる。

サンスクリット語辞書を代表する、モニエー・ウィリアムスの『サンスクリット・英語辞典』（Monier-Williams 1899）を調べたところ、アブラナ科植物に関連した語として、一〇〇弱の単語がみつかった。内訳は、ダイコン（ハツカダイコン）*Raphanus sativus*、クレソン *Nasturtium officinale*、コショウソウ（マメグンバイナズナ。薬用ハーブのマカも同属）*Lepidium sativum*、キャベツ（ケール、ブロッコリ、カリフラワーをふくむ）*Brassica oleracea*、マスタード *B. juncea*, *B. nigra*, *B. alba* など、カブラ *B. rapa* である。このうちマスタードに関する単語がおよそ七十で圧倒的におおく、次いでダイコン類がおよそ四で、この二つでほとんどのアブラナ科植物の単語を網羅している。

ここで注意しなくてはならないのは、形態から近縁種を探ってゆく近代的な植物分類学以前の植物の命名は、何語であるかによらず、ヒトにとっての機能を重視する傾向にある

ということである。例えば、根や地下茎が大きい、色が赤い、特徴的な薬効がある、などという形質を満たしているだけで、植物学的に異なっている植物に同じ名前がついていたりする。むしろ、形態的にきわだった特徴があったり、植物体そのものが宗教的に神聖なものでない限り、個別に名前がつく例は少ないとみるべきであろう。ものによっては、動物と植物に同じ名前がついている例もある（日本語では、ホトトギスが動物と植物両方にみえる）。これは、サンスクリット語に関しても例外ではない。

では、以下に個別にあげてゆく。

単語の数のおおさにもかかわらず、サンスクリット語には(10)アブラナ科植物そのものをさす固有語はみえない。ダイコンの呼称としては、まずムーラ मूल *mūla* 〝根〟（Monier-Williams 1899: 826）があげられる。しかしながら、この呼称はダイコン以外でも、根に特徴のあるサトイモ科の *Arum campanulatum*、ショウガ目オオホザキアヤメ科のフクジンソウ *Cheilocostus speciosus* などもさしている。そのためダイコンは、これの派生語、ムーラーバ *mūlābha*、ムーラーフヴァ *mūlāhva*、カンダムーラ *kandamūla*（〝膨らんだ根〟）などとして個別に分けて示されている（Monier-Williams 1899: 827, 249）。また〝黄色〜緑〟を意味するハリ हरि *hari* の派生語で〝緑の葉を持つ〟を意味するハリパルナ *hariparna*, ハリトパルナ *haritparna*（Monier-Williams 1899: 1289-1291）をはじめ、〝長い〟を意味するディールガ दीर्घ *dīrgha* の派生語（Monier-Williams 1899: 481-482）、〝濃い色、緑〟を意味するニール नील *nīl* の派生語（Monier-Williams 1899: 566）、〝荒れ地〟を意味するマル मरु *maru*（Monier-Williams 1899: 790）の派生語、さらにヒンドゥー教の重要な神格であるヴィシュヌ विष्णु *visnu*（Monier-Williams 1899: 999）の派生語としても登場する。これらの語は、サンスクリット語話者にとってのダイコンの特徴を、それぞれ表しているといえよう。

クレソンは、〝岸、水辺〟を意味するカッチャ कच्छ *kaccha* の派生語カッチャブーミルハフ *kacchabhūmiruhah* や、〝色のついた、赤〟を意味するラクタ *rakta* の派生語ラクタラージャー *raktarājā*（毒虫、コショウソウも意味する）（Monier-Williams 1899: 861-862）、庭の花という点からヴァーサ वास *vāsa* 〝居住地〟の派生語ヴァーサプシュパー *vāsapuspā*（Monier-Williams 1899: 947）として表されている。コショウソウは、チャンドラ *candra* 〝輝く〟の派生語チャンドラシューラ *candraśūra* という名前がある（Monier-Williams 1899: 386-387）。

キャベツ類は、利用の面からワサビノキ科のワサビノキ *Moringa pterygosperma* の呼称シグル शिग्रु *śigru*（Monier-

Williams 1899: 1071）でよばれたり、なぜか動物のカピ कपि kapi〝サル、象〟の派生語カピシャーカ kapiśāka（Monier-Williams 1976: 250）などと呼ばれている。カピシャーカの接尾、シャーカ शाक śāka は〝野菜、鍋野菜〟を意味している（Monier-Williams 1976: 1061）。

先述したように、マスタードに関係する呼称は、およそ七〇ある。その中で、かなり限定的にマスタードをさす語がある。それがサルシャパ सर्षप sarṣapa〝マスタードとその種子、重さとして使用するマスタードの種子〟である（Monier-Williams 1976: 1189）。インドでは、粒のそろっているマスタードの種子は重さの基準として使用されていたため、このような呼称があると考えられる。ただし、ここでのマスタードは、特定のアブラナ属の植物をさしている訳ではなく、同じ役目を果たすのであればキャベツ類の種子でも、他の植物の種子でもかまわなかったであろう。[11] 派生語をつくる語根としては、（1）種子の色に関係するもの：アナガ anagha〝罪のない、怪我のない、素敵な、シロガラシ（白辛子）*B. alba*〟、クリシュナ krisna〝黒、濃い青〟、ガウラ gaura〝白、黄色っぽい、赤味のある〟、スィタ sita〝白、白っぽい、輝きのある〟（Monier-Williams 1976: 24, 306, 369, 1214）、（2）味覚に関係するもの：カトゥ kaṭu〝刺激のある〟、ティクタ tikta〝苦い、刺激のある〟、ティークシュナ tīkṣṇa〝鋭い、辛い〟、アドゥ adhu〝甘い、おいしい〟、シャトゥ śath〝痛みを与える〟（Monier-Williams 1976: 244, 446, 448, 770, 1048）、（3）薬効やヒトへの影響：クシュ kṣu〝クシャミ、咳〟、（Monier-Williams 1976: 330, 359）などがある。また変わった命名として、シロガラシは、仏陀と同じくシッダールタ सिद्धार्थ siddhārtha〝完成した者〟（Monier-Williams 1976: 1215-1216）とよばれている。さらに、グル guru〝重い、偉大な、長い、高い、激しい、尊敬すべき、師〟の派生語で、グルグナ gurughna〝師匠殺し〟の異名もある。

カブラは、シカー शिखा sikhā〝王冠の上にのった髪の毛の房、羽飾り〟の派生語シカームーラ śikhāmūla〝葉の房をもった根、ニンジン、カブラ〟（Monier-Williams 1899: 1070）という形態からの呼称で美しく表現される反面、グルニジャナ गृञ्जन gṛñjana〝ネギ、ニンニク（儀礼として食を禁じられている食べ物）、カブラ、噛んで陶酔感をえる麻の頭部、毒矢で汚染された肉〟（Monier-Williams 1899: 361）という表現は、カブラがインド社会において、あまり好ましい食べ物としてとらえられていない側面も示している。

パーリ語にも、アブラナ科植物そのものをさす固有語はみえない。パーリ語は、先述したようにサンスクリット語に近い言語である。そのため、サンスクリット語とはよく対応している。

サンスクリット語でバリエーションがおおかったダイコンの呼称には、ムーラカ *mūlaka* とチュッチュ *cuccu* がある (Buddhadatta 1955: 426)。ムーラカの語根ムーラ *mūla* は、〝根、金銭、足、底、起源〟(Buddhadatta 1957: 227) であり、そのままサンスクリット語のムーラ *mūla*〝根、ダイコン〟に対応している。また、チュッチュもそのままサンスクリット語のチュッチュ चुच्चु *cuccu*〝ある種の野菜〟(Monier-Williams 1976: 400) に対応している。

クレソンはサーカジャーティ *sākajāti* (Buddhadatta 1957: 293) で、その語根のサーカ *sāka*〝野菜、鍋野菜〟(Buddhadatta 1957: 293) は、上記したようにサンスクリット語のシャーカ शाक *śāka*〝野菜、鍋野菜〟に対応している。

キャベツを意味するゴラパッティカー *golapattikā*、カリフラワーを意味するゴラカプッパ *golakapuppha* (Buddhadatta 1955: 64, 73) の語根ゴラ *gola* (およびゴラカ *golaka*) は〝球、ボール〟を意味しており (Buddhadatta 1957: 117)、そのままサンスクリット語のゴラ गोल *gola*〝球、ボール〟(Buddhadatta 1957: 368) と対応する。

マスタードは、サンスクリット語と同様に重さの基準となっており、固有語ではないがかなり限定的に〝マスタードの種子〟を意味するサーサパ *sāsapa* (Buddhadatta 1955: 345; Buddhadatta 1957: 296) がある。この語は、上記したサンスクリット語ではサルシャパ *sarṣapa*〝マスタードとその種子、重さとして使用するマスタードの種子〟であり、対応していると考えられる。マスタードのもう一つの呼称シッダッタ *siddhattha* (Buddhadatta 1955: 345) とシッダッタカ *siddhatthaka* (Buddhadatta 1957: 297) は、〝終了した、完了した〟を意味する動詞シッダ *siddha* (Buddhadatta 1957: 297) の派生語であり、〝完成した者〟(Buddhadatta 1957: 297) を意味している。これもそのまま、上記したサンスクリット語のシッダールタ *siddhārtha*〝完成した者〟に対応している。

サンスクリット語とパーリ語を俯瞰すると、両言語ともアブラナ科栽培植物に関して、古典ギリシャ語の影響はみえないようである。

おわりに

本章では資料として、アブラナ科栽培植物の中心的役割を果たしてきたと考えられている地中海周辺の古典語を手はじめに、その周辺域の言語までを概観してみた。それから結論すると、ウズベキスタンにおけるイラン諸語のペルシャ語

（あるいはセム諸語のアラビア語）とテュルク諸語のウズベク語に顕著に認められるように、あるいは古典ギリシャ語と古典ラテン語、インドにおけるサンスクリット語とパーリ語（ともにインド・ヨーロッパ語族インド諸語）のように、歴史的に接触が強い言語同士では呼称がそろう傾向にあることが理解される。一方、歴史的に接触が弱い場合、あるいは接触から千年以上の年代をさかのぼった場合、植物名称の伝播を証明するのはなかなか難しい面があることも示されている（古典ギリシャ語とサンスクリット語、古典ギリシャ語と漢語）。したがって、この方法が栽培植物の伝播について語り得るのは、せいぜい数百年単位まで、というのが妥当な数字といえよう。

栽培植物の伝播を言語情報から推定するという作業は、得られる情報が断片的であることと、情報の質が得られたサンプルにおおきく依存するという点で、化石を用いた古生物研究に比較しうる。したがって、単にある植物が似た言葉でよばれているという「言葉遊び」と一線を画するためには、考古学的資料や歴史資料、現生の栽培植物のさまざまな情報とあわせて考えるという、複合的な視野が重要であることを強調しておきたい。

注

（1）上記解釈は、古典ラテン語のラピドゥス rapidus 〝ひったくる、急流の、性急な〟/ラピオー rapiō 〝つかまえる、ひったくる〟（國原 2005: 631; de Vaan 2008: 513-514）、あるいはその派生語に誤って語源解釈しているのかもしれない。ちなみに最近の研究では、「ラピドゥス」はインド・ヨーロッパ祖語の *$h_1$rp-i- 〝つかまえる、ひったくる〟にさかのぼると考えられており、イタリア祖語では *rap-i- 〝つかまえる、ひったくる〟に対応されているが、古典ギリシャ語で対応する語は、エーレープトマイ ἐρέπτομαι *erḗptomai* 〝食べる、貪り食う〟である（de Vaan 2008: 513-514; Beekes, van Beek 2010 1: 453）。したがって、古典ギリシャ語のラーピュス ῥάπυς *rápys* とは、語源的な関係がない。

（2）参照した語源辞書では、より慎重に、ギリシャ諸語と他のヨーロッパ言語との共通の祖語から分岐したとされている点を述べておく。ラーピュスがラーファノスの誤記として古典ギリシャ語世界で成立したことを認めると、また紀元前後の地中海世界で文章語としての古典ギリシャ語の重要性を認めると、古典ギリシャ語が古典ラテン語に影響を与えたとみて良いのではないか、と筆者は考えている。

（3）しばしば紀元前一〇〇年頃の書とされるが、実際は紀元前四〇〇年からはじまり漢代以降にも改訂増補があったと考えられている『爾雅』の「釈草」に、「葖《とつ》蘆《ろ》葩《は》（在来の葖とは、蘆葩のことである）」という記述がみえる（城山 一九八三：一四〇、青葉 二〇一三：三一八）。後代の置換を想定しても、この記述は紀元前後ぐらいにはさかのぼると考えられる古い記述である。この語は、蘆菔―萊菔―蘿蔔と転訛して現在にいたる。藤堂明保による漢語の推定上古音では、蘆葩は *hlag-p'ăg* である（藤堂 一九七八：八八八、一一一八、一一二四）。

（4） たとえば、紀元前二世紀には、著名な張騫の西方使節が現在のウズベキスタンまで遠征したと考えられており（青木 二〇一三：八五―一五一）、中国世界が中央アジアのギリシャ世界との接触をもっていた可能性は肯定されうる。しかし、具体的にどの言語によってどのように漢語に「ラーパ」が受け入れられたかを実証するのはきわめてむずかしいといわざるをえない。知る範囲で、紀元前後の中央アジアでギリシャ語となんらかの接触のあったと考えられるイラン諸語のバクトリア語（Davary 1982）やパフラヴィー語（中期ペルシャ語：MacKenzie, 1986; Durkin-Meisterernst 2004）、およびソグド語（Gharib 1995）には、それらしい単語がみえない。あるいは、ソグド語のローゼック rwδ'k *rwδ'k* / rōδē *rōδē* / rōδāk *rōδāk* 〝植物、薬草〟（Gharib 1995: 344）が関連ありか？

（5） アブラナ科栽培植物は、幅広く交雑する複雑な分類群であるため、種、亜種、変種、品種の区別はかなり混乱している。したがって、以下に「品種」とあるものは、とくにことわらない限り、亜種、変種、雑種を含んでいる。

（6） 一方で、最新の語源辞書はそのことに触れていない（de Vaan 2008: 100; Beekes, van Beek 2010 1: 658-659）。

（7） 英語のラディッシュ radish 〝ハツカダイコン〟などのゲルマン祖語 **wurti-* 〝根、薬草〟（Kroonen 2013: 601）や、ロシア語のレディスカ редиска *rediska* 〝ハツカダイコン〟などのスラブ諸語（Fasmer 1986-1987 3: 458, 460）、ケルト祖語 **wridā* 〝根〟（Matasović 2009: 430）などに類縁がみえる。

（8） それ以前は固有語でオオネと訓じられており、『日本書紀』仁徳天皇の歌に「於朋泥《おほね》」、『倭名類聚抄』に「於保禰《おほね》」がみえる（青葉 二〇一三：三一八）。一方、一六〇三年から一六〇四年にかけて成立した『日葡辞書』では、ヲーネ *Vône* に加えて、音読みのダイコン *Daicon* がみえ、さらに女性語としてヲハガタ（お歯がた）*Vofagata* がみえるようになる（土井ほか 一九八〇：一七八、七〇三、七一四）。ダイコンヲロシ *Daicon voroxi* 〝大根をすりおろす卸金〟の語がみえるのも興味深い。

（9） インド・ヨーロッパ語族インド諸語のうち、「完成された」雅語であるサンスクリット（語）に対する概念で、俗語、自然言語はプラークリット（語）とよばれる（風間 一九八八―二〇〇一 a：一二六、風間 一九八八―二〇〇一 b：二九八、風間 一九八八―二〇〇一 c：二五六）。したがって、プラークリットは多数の言語の総称である。パーリ語はプラークリットを代表する言語で、上座部仏教の経典の言語として知られる。

（10） ダイコン *Raphanus sativus* は日本、朝鮮半島、中国では主根がまっすぐで白いものという印象であるが、ダイコンの起源地の地中海から西アジアでは主根が赤くて丸いハツカダイコンがある。しかしながら両品種は同じ種 *Raphanus sativus* であり、ランダムに交雑しており、遺伝子解析の結果からも世界中のダイコンの品種間にみられる差はかなり小さいことが報告されている（Wang et al 2008: 10）。

（11） プリヤング *priyangu* という語は、マスタードの種子以外に、イネ科エノコログサ属アワ *Setaria italic*、センダン科ジュラン属 *Aglaia odorata* なども意味しており（Monier-Williams 1976: 711）、それらが同様の用途に用いられていたであろうことがうかがわれる。

参考文献

Abdurakhimov, M. M. 2013 Узбекско-русский и русско-узбекский словарь / Ташкент : Академнашр.

青葉高（二〇一三）『日本の野菜文化史事典』（八坂書房）

青木五郎（二〇一三）『史記　十三（列伝六）』（明治書院）

Beekes, R. and van Beek, L. 2010 *Etymological dictionary of Greek.* vol 1-2, Leiden & Boston : Brill.

Buddhadatta, A. P. 1955 *English-Pali dictionary.* Oxford : Pali Text Society.

——— 1957 *Concise Pāli-English dictionary.* 2nd ed., Ahangama : U. Chandradasa de Silva.

Davary, G. D. 1982 *Baktrisch : ein Wörterbuch auf Grund der Inschriften, Handschriften, Münzen und Siegelsteine.* Heidelberg : J. Groos.

De Candolle, Alphonse 1883 *Origine des plantes cultivées.* Paris : Librairie Germer Baillière et Cie.（加茂儀一訳『栽培植物の起源』上・中・下、岩波書店、一九五三年）

Derksen, R. 2013 *Etymological dictionary of the Slavic inherited lexicon.* Leiden & Boston : Brill.

de Vaan, M. 2008 *Etymological dictionary of Latin and the other Italic languages.* Leiden & Boston : Brill.

土井忠生・森田武・長南実（一九八〇）『邦訳日葡辞書』（岩波書店）

Durkin-Meisterernst, D. 2004 *Dictionary of Manichaean Middle Persian and Parthian.* Turnhout, Brepols & Publishers.

Fasmer, M. 1986-1987 Этимологический Словарь Русского Языка (2-е изд). Том 1–4 / Москва : Прогресс.

Gharib, B. 1995 *Sogdian dictionary : Sogdian—Persian—English.* Tehran : Farhangan Publications.

Hofmann, J. B. 1949 *Etymologisches Wörterbuch des Griechischen.* München : R. Oldenbourg.

Johnson, F. 1852 *A dictionary, Persian, Arabic, and English.* London : W. H. Allen and Co.

風間喜代三（一九八八―二〇〇一a）「サンスクリット（語）」（『言語学大辞典』２巻、三省堂）一二六―一二九頁

風間喜代三（一九八八―二〇〇一b）「パーリ語」（『言語学大辞典』３巻、三省堂）二九八―三〇一頁

風間喜代三（一九八八―二〇〇一c）「プラークリット（語）」（『言語学大辞典』３巻、三省堂）七五六―七六八頁

Krippes, K. A. 1996 *Uzbek-English dictionary.* Kensington : Dunwoody Press.

Kroonen, G. 2013 *Etymological dictionary of Proto-Germanic.* Leiden & Boston : Brill.

國原吉之助（二〇〇五）『古典ラテン語辞典』（大学書林）

Laufer, B. 1919 “Sino-Iranica : Chinese contributions to the history of civilization in ancient Iran with special reference to the history of cultivated plants and products” *Publications of Field Museum of Natural History, publication 201 , Anthropological Series.* XV (3): 185-630.

Liddell, H. G. and Scott, R. 1996 *A Greek-English lexicon.* 9th ed. + new suppl., Oxford : Clarendon Press.

MacKenzie, D. N. 1986 *A concise Pahlavi Dictionary.* London, New York & Toronto : Oxford University Press.

Matasović, R. 2009 *Ethymological dictionary of Proto-Celtic.* Leiden & Boston : Brill.

Monier-Williams, M 1899 *A Sanskrit-English dictionary.* New ed., Oxford : The Clarendon press.

庄垣内正弘（一九八八）「ウズベク語」（『言語学大辞典』１巻、三省堂）八二九―八三三頁

城山桃夫（一九八三）『果物のシルクロード』（八坂書房）

Stearn, W. T. 1966 *Botanical Latin : History, grammar, syntax, terminology and vocabulary.* London & Edinburgh : Nelson.

藤堂明保（一九七八）『学研漢和大字典』学習研究社
Wang et al 2008 "Genetic diversity of radish (*Raphanus sativus*) germplasms and relationships among worldwide accessions analyzed with AFLP markers" *Breeding Science* 58: 107-112.

謝辞　デーヴァナーガリー文字については、大谷大学清水洋平博士のご教示をえた。記して御礼申し上げる。もちろん、文中に誤記があった場合、それは筆者の責任である。

中国におけるアブラナ科植物の栽培とその歴史

江川式部

えがわ・しきぶ――明治大学商学部兼任講師。専門は中国史。主な著書に『教養の中国史』（津田資久・井ノ口哲也編、共著、ミネルヴァ書房、二〇一八年）、『大唐元陵儀注』（金子修一編、共著、汲古書院、二〇一三年）、論文に「唐代の上墓儀礼――墓祭習俗の礼典編入とその意義について」（単著、『東方学』第一二〇輯、二〇一〇年）がある。

大根や白菜・チンゲン菜は、かつて中国から日本に伝わってきたアブラナ科（中国語では「十字花科」）の植物である。今日私たち日本人にもなじみ深いこれらの植物の祖先は、中国では紀元前五〇〇〇年頃には既に栽培が行われていた。その後歴代に各地で交配や改良を経ながら、食用・薬用・油用のほか、ときに祭祀の供物や飢饉の際の救荒作物として、人々の生活に寄り添ってきたのである。

はじめに

アブラナは中国語で「油菜」または「十字花」という。「油菜」は日本語のそれと同様、種子から油を採取することに由来する呼称である。また「十字花」は、文字通りその花を上から眺めると四枚の花弁が十字に見えることからつけられた名前である。中国のアブラナ科（十字花科）植物としては、ハクサイ（大白菜）、チンゲンサイ（青梗菜または小白菜）、ターサイ（塌菜）、サイタイ（菜苔）、ダイコン（夢卜）などが代表的だが、これらは今日、私たち日本の食卓でもおなじみの野菜である。ちなみに、中国語の「野菜」という詞はいわゆる〝山野草〟をいい、私たちが日常生活で口にする栽培品種の野菜は、中国語では「蔬菜」というが、以下本文中に用いる〝野菜〟は、栽培品種のものをさすこととする。

今をさかのぼること一千数百年前、中国唐代（六一八～九〇七年）に、歴代皇帝の御霊を祀る太廟に、旬の食材を供える「薦新」という儀礼があった。そこには蕨《わらび》や筍、胡瓜などと並んで「蔓菁」という名がみえる。今日でいうところの「カブ（カブナ）」である。古来中国では、カブは日常食の副菜として用いられたほか、祭祀の際の神霊への供物として、またときに薬草として利用されることもあった。

本章では、中国史料に記されたアブラナ科の植物について、それぞれの時代にどのようなものがあったのか、またどう利用されてきたのかについて、その梗概をまとめておきたい。

一、中国のアブラナ科栽培植物とその名称

『植物学大辞典』（商務印書館、一九一八年。一九三三年縮印初版）は二十世紀の初めに編集・刊行された中国の植物辞典である。一九三三年に出版された縮印本は、袖珍（ポケット）版植物辞典としても珍しく、また中国語名の下に英語名と日本語名、別名が併記されており、そこにはアブラナ科（*Brassica*）の植物として次のような名前がみえる。


「九英蔓菁 *Brassica rapa L,var.* アフミカブラ。スワリカブラ」

「大芥 *Brassica juncea,Czern.* オホガラシ。オホバガラシ」

「大青 *Isatis tinctoria,L.* タイセイ」

「水菜 *Brassica japonica,Thunb.* ミズナ」

「芥 *Brassica cernua,Thunb.* カラシナ。エドナ」

「甘藍 *Brassica oleracea,L.* ハボタン。ボタンナ。キャベツ」

「梵菜 *Brassica chinensis L,var.* スイグキナ」

「菘 *Brassica chinensis,L var.* ツケナ。ミカハシマナ。タウナ」

「萊菔 *Rhaphanus Sativus,L.* ダイコン。スズシロ」「蘆葩」「蘿蔔」「雹突」「紫花菘」「温菘」「楚菘」「秦菘」「蘆菔」「土酥」

「蓮花白 *Brassica rapa,L,var.* テンワウジカブラ」

「蕪菁 *Brassica campestris,L.* カブラ」「蔓菁」「九英菘」「諸葛菜」

「蕓薹 *Brassica campestris,L.* アブラナ。ナタネナ」「蕓薹菜」「寒菜」「胡菜」「薹菜」「薹芥」「油菜」


アブラナ科（十字花科）の野菜は、栽培地や時代によって呼称が異なるため多くの別名が存在するが、このうち比較的古い史書に散見する名称としては、「芥」「菘」「蔓菁」「蕓薹」「萊菔」などがある。これらは日本の古典文献にもみえる名称であるが、それぞれどのような種類を指していたものであり、またどのような栽培・食用の歴史をもつのであろうか。アブラナ科の植物は、そもそも交配しやすいという特徴があるため、漢字は同じでも、時代や場所によって別の種類を指していた可能性は否定できない。また形容と呼称とを特定できる時代ごとの絵画資料もほとんどなく、文献史料との突き合せは困難である。

アブラナ科植物の栽培は、中国では既に新石器時代から行われていたとみられている。陝西省西安市半坡にある紀元前四〇〇〇年以上前の仰韶文化の遺跡で出土した貯蔵用の陶罐からは、芥菜とみられる炭化した種子が見つかっており、また甘粛省秦安県大地湾の紀元前五八〇〇年頃の遺構からは、油菜の種子が発見されている。農耕生活の中で野生種が栽培化され、やがて文字（漢字）が使われるようになって名が記録され、その後、形容の多様化や地域また時代によって、先にみたようなさまざまな呼称や表記が生まれていったと考えられるのである。

中国におけるアブラナ科植物の記録は、古くは『詩経』に始まる。『詩経』は中国最古の詩集で、紀元前の殷王朝から春秋時代までの詩三一一篇が集められているが、その『詩経』邶《はい》風・谷風に「采葑采菲、無以下体」とあり、漢の鄭《じょう》玄《げん》は「此の二菜は、蔓菁《まんせい》と葍《ふく》の類なり、上も下も食べることができる」と説明している。「葑《ほう》」は蔓菁（カブまたはカブナ）、「菲《ひ》」は葍（ダイコン）で、「上も下も」とあるところから、葉と根の部分の両方を食用としていたことがうかがえる。邶は周（前一一〇〇頃〜前二五六）が殷を滅ぼしたのち、その故地を三つに分割したうちの一つで、現在の河南省淇県の北方をさす古い地名である。

また前漢の頃に編纂された『礼記《らいき》』という書物には「芥醤」という調味料がでてくる。この「芥」もアブラナ科の植物で、現在でいうカラシナである。

晋代になると「菘《しゅう》」「蔓菁」の名が多く見えてくる。郭璞《かくはく》（二七六〜三二四）は、先の『詩経』の「葑」を「今の菘菜なり」とする。唐・孔穎達《くようだつ》等撰『毛詩正義』に引く『草木疏』には「江南には菘があり、江北には蔓菁があり、似ているが異なる」といい、さらに次のように説明している。

> 『釈草』には「須は葑蓯《ほうそう》なり」とある。孫炎は「須は一名を葑蓯」という。『礼記』坊記の（後漢・鄭玄）注に「葑は蔓菁なり。陳・宋の間（現在の河南一帯）ではこれを葑という」とある。陸機は「葑は蕪菁。幽州のひとはこれを芥という」と述べる。『方言』には「蘴蕘《ほうじょう》は蕪菁なり。陳・楚ではこれを蘴といい、魯ではこれを蕘という。関西（函谷関の西側、現在の陝西一帯）ではこれを蕪菁、趙・魏（現在の山西・河北一帯）のあたりではこれを大芥という」と述べている。蘴と葑とは字は異なるが音は同じである。つまり、葑・須・蕪菁・蔓菁・葑蓯・蕘・芥の七つは同じものなのだ。

右の史料からは、周代に河南地域で「葑」と呼ばれていたものがあり、それと類似するアブラナ科の植物は各地にあって、それぞれ呼称が異なっていたことがうかがえる。「葑・須・蕪菁・蔓菁・葑蓯・蕘・芥の七つは同じもの」とするのは、後世からみれば肯首しかねる記述であるが、これらの植物が、その後、時代や地域によって、形容や特徴が文献史料に具体的に記されるようになっていった、と考えることもできるだろう。六世紀中ごろに書かれた北魏・賈《か》思《し》勰《きょう》撰『斉民要術』巻九には、「蕪菁・菘・葵・蜀芥鹹葅《かんしょ》法（カブ・ウキナ・フユアオイ・タカナの塩漬けの作り方）」が記されており、同じアブラナ科の植物である蕪菁・菘・蜀芥のそれぞれが、別の野菜として扱われている。

長い中国の歴史の中で、さまざまに呼称され、各地で栽培されるようになったアブラナ科植物について、以下にその系譜をたどってみよう。

二、中国におけるアブラナ科植物の栽培と歴史

(1) 芥《かい》（カラシナ）

「芥」には「小さい草」という意味もあり、野菜としての「芥」は「芥菜」ともいう。古くから葉や茎を食用にし、またその種子に辛味のあることから、調味料としても利用されていた。『礼記』内則には「芥醤（辛味のある発酵調味料）」や「芥子（芥菜の実を粉末にしたもの）」を肉や魚の料理に用いていたことが記されている。唐代には、都長安（現在の陝西省西安市）に近い彭城県で芥の一種と思われる「荊芥」が栽培されていた。その薬効もつとに知られており、唐・孟詵《もうしん》撰、唐・張鼎《ちょうてい》増補『食療本草』には、「咳や気逆（めまいなど）によい」とされ、葉の大きなものほど良く効くと述べられている。またその種は、軽く炒ったものを磨り潰して醤を作ると香味がよく、辛味があるので五臓を整える、という。いずれも野菜として食すほか、その種子を醤に加工して調理の辛味づけに利用していたことがわかる。

北宋時代に編纂された類書（百科事典）『太平御覧』には、「菜茹《さいじょ》部」という野菜の記事を集めた部分がある。ここに引用されている唐・劉恂撰『嶺表録異』は、唐代の嶺表（現在の広州一帯）の風俗・物産などが記された見聞記であるが、

図2-2-1 芥
（清・呉其濬『植物名実図考』巻三・蔬類より）

そこには「広州は暑いので、麦を植えても実らない。北から来た人々が蔓菁（カブ）の種を植えたところ、芥（カラシナ）に変化してしまった」という記事がみえる。中原から移住してきた人々が蕪菁の種を持ってきて現地に植えてみたものの、なんらかの交配が起こって、カラシナに変化してしまったことがうかがえる。

ところで、食せば薬にもなるとされた芥菜であるが、上に述べた『食療本草』にはまた、「芥の葉は食べ過ぎてはいけない。葉が細く絨毛のある芥菜は（人体に有害であるため）ときに死に至ることもある」との記事も残されている。具体的な内容は不明ながら、中には多食してはならない種類の芥菜も、当時は存在していたのであろう。

明・李時珍撰『本草綱目』巻二六・菜部は、芥について次のように説明している。

> 芥には数種類がある。青芥はまたの名を刺芥という。葉は白菘に似ており、柔らかい毛がある。大芥はまたの名を皺葉芥《しゅうようかい》ともいう。大きな葉に皺の紋があり、色は深い緑で、味はさらに辛い。この二種類は薬用となる。馬芥は葉が青芥のようである。花芥は葉がギザギザしていて、ダイコンのようである。紫芥は茎も葉も紫色でシソのようである。石芥は背が低くて小さい。いずれも（陰暦の）八月・九月に種をまき、冬（陰暦十月〜十二月）に食すものは俗に臘菜といい、春（陰暦正月〜三月）に食するものは俗に春菜、四月に食するものは夏芥という。芥心の若くて柔らかい薹の部分はこれを芥藍といい、ゆでて食べるととても美味しい。その花は三月に開き、黄色で花弁が四枚ある。一・二寸（三〜六cm）ほどの莢を結び、種の大きさはシソの実くらい、色は紫で味は辛い。すりつぶして水に漬け芥醤を作る。肉料理に合わせると、辛くて香りもよい。劉恂の『嶺南異物志』には「南の土芥は高さ五・六尺（約一二〇〜一四六cm）、種の大きさは雞子（鶏の卵？）ほど」とある。これもまた芥の異種だろう。

ここには秋撒きを行い、冬〜春にかけて収穫したものを食す様子が述べられている。明代には、青芥（刺芥）・大芥（皺葉芥）・馬芥・花芥・紫芥・石芥などの種類があったことが知られ、それぞれ薬用や食用、また調味料に用いられていた。

また同書には「白芥」という種類の芥菜について「その種類は胡戎より来たものであり、蜀（現在の四川省）において盛んに栽培されているため、そう呼ばれている」とあり、さらに、

> 白芥はどこでも栽培できるが、これを植えるものは少ない。八月・九月に種をまき、冬に食べることができる。

> 春深くなったころに二・三尺の茎が立ち、その花葉は二又で、花芥の葉のようで、青白い。茎は立ちやすく中空で太い。大風大雪に弱く、努めて護ってやり、折損を避けるようにする。三月に黄色い花が咲き、香りは馥郁としている。莢は芥菜の莢と同じで、種の大きさは粟粒くらい、黄白色である。

と述べている。「胡戎より来た」とあり、現在の四川で多く栽培されていたということから、西方由来の品種であったことがわかる。『斉民要術』巻九には、「蜀芥」という名が出てくる。これは現在の「タカナ」に比定されており、明代の「白芥」の源流となるものであろうと考えられる。

(2) 菘《しゅう》(ツケナ)

現在のチンゲンサイやハクサイの古名である。南朝梁・蕭子顕《しょうしけん》撰『南斉書』巻四一・周顒《しゅうぎょう》伝に、南朝・斉の文恵太子が「蔬菜は何が美味しいだろうか」と尋ねたところ、臣下の周顒が「春の初めは早韭《そうきゅう》、秋の終わりは晩菘《ばんしゅう》でしょう」と答えたエピソードが残されている。当時、斉の都は建康(現在の南京市)であり、五世紀末には長江下流で菘が栽培されていたことが知られる。

また『食療本草』には、「糖尿病によい。寒冷による病気に効く」「消化によく、やや放屁作用がある」とあるほか、菘の栽培地については次のように記されている。

> 九英菘は河西(現在の山西・陝西・甘粛一帯)で栽培されている。葉は大きく、根は太くて長い。羊肉と合わせて食べると美味しい。常にこれを食べていれば、病気知らずである。冬に塩漬けにし、これを煮てスープを作って食べると、胃の消化を助け、気を下げて咳が治る。……また北方には菘菜(ツケナ)がなく、南方には蕪菁(カブ)はない。蔓菁の種子はたいへん小さく、菘菜の種子はやや太くて大きい。

『食療本草』では「九英菘」を「菘(ツケナ)」の一種とみているが、後にみるように『本草綱目』では「蕪菁(カブ)」に類別している。『食療本草』にみえる「北方には菘菜がなく、南方には蕪菁はない」という文言と、先の『南斉書』の記事と合わせると、当時、菘の栽培が行われていたのはおおよそ黄河から長江流域の地域であったと考えられる。この黄

図2-2-2 菘
(『植物名実図考』巻三・蔬類より)

河～長江流域の栽培帯を超えた地域、現在の北京以北には菘菜は植えられず、また福建省・広東省などの南方では蔓菁（カブ）の栽培は行われていなかったことがうかがえる。

李家文はその著書『中国的白菜』において、現在の白菜（結球白菜）の起源を、唐・蘇敬等撰『新修本草』（六五七年成書）巻一八・菜部に「菘に三種あり、牛肚菘は葉が大きく厚く味甘し。紫菘は葉が薄く細く味やや苦し。白菘は蔓菁に似たり」とあるところの「牛肚菘《ぎゅうとしゅう》」に求めて、次のように述べている。

> 唐時代の牛肚菘の記述でははっきりしないが、宋時代の記述（宋・蘇頌『図経本草』一〇六一年成書）では「葉片は円く大きく扇のようで、葉面には牛の胃のような皺がある」と述べているので、大白菜と判断されるが、結球性の記述がないので散葉白菜に違いない。（李家文著『中国的白菜』、篠原捨喜・志村嗣生訳『中国の白菜』三七頁）

また『本草綱目』巻二六・菜部・菘には、次のように記されている。

> すなわち今の人々が白菜と呼んでいるものである。二種類あり、ひとつは茎が丸くて厚くやや青みがかったもの、ひとつは茎が平たくて薄く白いものである。葉はいずれも淡い薄緑色である。燕（現在の北京）・趙（現在の河北省）・遼陽（現在の遼寧省）・揚州（現在の江蘇省）で生産されているものでは、最も大きくて厚いものは、ひとつが重さ十余斤（六キロ以上）もある。南方の菘は畦で冬越しをし、北方では多く窖《あな》（地面に掘った穴）に入れる。燕京（現在の北京）の農家では、馬糞を窖に入れて風や日光に当てないように育てるので、柔らかく黄色をした細長い芽が伸びる。たいへん美味しくアクがない。これを黄芽菜という。上流階級の人々はこれを上等品としている。黄韭の栽培方法に倣ったものであろう。菘の種子は蕓薹《うんたい》のそれのようであり、色は灰黒である。八月以後に種を蒔き、二月に黄色い花が咲く。芥の花のようで、花弁は四枚。三月に莢を結ぶが、これも芥のようである。この菜は塩漬けにするのがよく、蒸し料理には向かない。

ここにみえる「白菜」は、いずれも結球の記述がなく、李家文の考察（上記『中国的白菜』三八頁）にあるように、唐～宋間に出現した「牛肚菘」に代表される散葉の白菜の一種であったと考えられる。冬に地表が凍結する地域では、地中で保存していたことが述べられており、また現在の黄韭やウドの栽培方法と同様に、日光を当てずに栽培されたものがあったことは興味深い。

なお、結球白菜の出現について、李家文は上記著書の中で、清・乾隆十七年（一七五二）に編纂された『膠州志《こうしゅうし》』や、清・光緒十二年（一八八六）成書の『順天府志』の記事から、清朝（一六一六〜一九一二）初期と考察している。順天府は現在の北京市、また膠州は現在の山東省に置かれた行政区であり、十七世紀以後にこれらの地域を含む河北一帯で結球型の白菜が出現したと考えてよいだろう。

（3）蔓菁（カブ）

「蕪菁《ぶせい》」「諸葛菜《しょかつさい》」ともいう。後漢時代の歴史書『東観漢記』桓帝紀に「災害のあった郡国には、みな蕪菁を植えさせて、民の食を助けよ」とあり、蔓菁は古くから救荒作物として重視されていた。唐・韋絢『劉賓客嘉話録』には、「諸葛菜」について次のような記事がある。

公（劉禹錫）が「諸葛亮は駐屯すると、兵士に蔓菁を植えさせたというが、どういうことか」と問われた。私（韋絢）が答えるには「そのカイワレは生でも食べられることが、その一です。成長した葉は煮て食べることができますのが、その二です。どのような場所でも栽培できることが、その三です。棄てても惜しくないことが、その四。棄ててもまたすぐに収穫できることがその五。冬にはその根を削って食べることができるのが、その六。ほかの蔬菜と比べましても、その利点はたいへん多いのです」と。（公は）「確かにそうだ」と。蜀（現在の四川）の人は、いま蔓菁を「諸葛菜」と呼んでいる。江陵（現在の湖北省一帯）もまた同様である。

また『食療本草』には、蔓菁について「食物の消化や下気に効能がある。黄疸を治療し、利尿作用がある。蔓菁の根は糖尿を治し、熱病や悪性の腫物を散らす働きがある」と述べ、さらに、その薬効について次のように説明している。

蔓菁の種子は、蒸したものを乾し、これを九回繰り返したものを搗いて粉にし、この粉を服用すると不老長生を得られる。絞った油を頭に塗ると、若白髪を治すことができる。また蔓菁の種子を磨ったものを麦油に混ぜたものは、しわ取りによい。……また女性の化膿性乳腺炎には、新鮮な蔓菁の根を搗いたものを柔らかく煮たのち、塩・酢・醤を加えて煮、その汁で乳房を洗えば、五・六回で治る。

図2-2-3 蕪菁
（『植物名実図考』巻三・蔬類より）

『本草綱目』には、南宋末の朱輔撰『渓蛮叢笑《けいばんそうしょう》』が引かれており、そこには「（渓蛮の地には）馬王菜を産出する。味は渋く棘も多い。諸葛菜のことである。馬殷が遺したものだというので、この名がある。モンゴル人はこの根を「沙吉木児（シャチムール）」と呼んでいる」と述べている。

蔓菁は、「蕪菁」のほかに「諸葛菜」「馬王菜」などすでに多くの別称があった。明代になると、この「蕪菁」が「蘆菔」と混同されるようになったとみられ、李時珍はこうした混乱を『本草綱目』巻二六・菜部・蕪菁にて次のように説明している。

> 『別録』は蕪菁を蘆菔と同じ条に述べている。そこで諸説が疑わしくなってしまった。あるひとは二つを一種とし、またあるひとは、二物は全く別であるとする。あるひとは南では菜菔といい、北では蔓菁というのだとする。定まった意見はない。いま考えるに、この二物は、根・葉・花・種がみな異なる。同一の種ではないのだ。蔓菁は芥の属であり、根は長くて白い。その味は辛くて苦く、短い。茎は太く葉は大きく、厚くて開いている。夏の初めに薹が伸び、黄色い花が咲き、四出することは芥のようである。莢《さや》を結べばまた芥のようであり、その種子は均しく丸い。芥の種子に似ており紫赤色をしている。蘆菔は菘の属である。根は丸い。また長いものもある。紅と白の二色がある。その味は辛くて甘く、永《ママ》である。葉はそれほど大きくはなくきめが粗い。花葉のあるものがある。夏の初めに薹が立ち、淡い紫色の花が開く。結んだ莢は虫のような形で、まん中が太くて端はとがっている。種子は胡盧巴（鍛工用の道具で「丸へし」）に似ている。（太さは）均等でなく丸くもない。黄赤色をしている。とまあこのように分けられることは明らかだ。蔓菁の六月に植えるものは根が大きく葉は虫が食う。八月に植えると、葉は大きく根は小さい。思うに、七月の初めに植えたならば、根・葉ともに良いだろう。売ることを考えている者は、九茨・九英だけを植える。根は大きく味は短く、削って洗い漬物にするとたいへん美味しい。いま燕（北京）の人は瓶の中に塩漬けにし、これを「閉甕菜《へいおうさい》」という。

蕪菁については古くから、栽培が容易であったことがその特徴としてあげられている。明代には「根は長くて白い」と表現されており、こんにち日本各地で見られるような、丸いカブを根にもつ形状ではなかったと考えてよいだろう。

（4）蕓薹《うんたい》（アブラナ・ナタネ）

古くは「寒菜」「胡菜」と呼ばれていた。「蕓薹」の呼称は唐代にはあったようで、北宋・賛寧撰『宋高僧伝』巻二九・唐洛陽罔陽寺《もうようじ》慧日伝には、五辛の一つ「興渠《こうきょ》」（現在ではセリ科の植物アギに比定されている）について、これが誤って蕓薹だとされていたことが述べられている。

また僧らの多くは五辛の中の「興渠」について迷っていた。「興渠」については多説あり同じではなかったのである。あるひとは蕓薹・胡荽《こい》だといい、あるひとは阿魏だといった。『浄土集』の別行にはこの問題を提示して次のように言う。「五辛はこの漢土には四種のみある。一つめは蒜《さん》、二つめは韮《きゅう》、三つ目は葱《そう》、四つ目は薤《かい》」としており、〈興渠〉を欠いている。〈興渠〉という梵語がやや訛っており、正しくは〈形具〉という。他の国々では見たことがなく、于闐に至ってようやく見ることができた」と。根は細くて蔓菁のように白く、においは蒜のようである。その国の人々は根を取って食べる。冬には枝葉が見えなくなる。薹荽《たいい》は五辛ではなく、食べても罪にはならない。

『本草綱目』巻二六・菜部・蕓薹には、

この菜は茎立ちしやすく、その茎を取って食べると、多く枝分かれする。よって蕓薹と名づけられた。淮（現在の安徽省一帯）の人はこれを薹芥という。すなわち今の油菜である。その種子からは油を搾る。羌《きょう》（現在のチベット自治区一帯）・隴《ろう》（現在の陝西省周辺）・氐《てい》（現在のチベット自治区一帯）・胡（現在の寧夏・甘粛・内蒙古自治区以北）は寒く、冬に多くこの菜を植える。よく霜雪に耐える。胡の地より来たものであり、（後漢末）服虔《ふくけん》の『通俗文』にはこの菜を「胡菜」という。胡洽《ここう》居士の『百病方』にはこれを「寒菜」という。みな（寒さに強いという）この意味を取ったものである。或いは、塞外に雲臺《うんたい》戍《じゅ》という名の地があり、初めてこの菜を植えたので、名づけられたともいう。……今の油菜である。九月十月に種を蒔き、葉が生えると形や色はやや白菜に似ている。冬・春には薹をとって茹でる。三月には成長してしまうので食べられなくなる。小さな黄色い花をつけ、花弁は四枚、芥の花のようである。結んだ莢から種を収穫する。これも芥の種子のようで、灰赤色である。炒ってから黄

図2-2-4 蕓薹菜
（『植物名実図考』巻四・蔬類より）

色い油を搾る。燈明に用いればとても明るいが、食べると麻油には及ばない。近ごろは油の利用があるために植える人が増えているのだとか。

宋代以後になると油燈の普及によって、人々の夜間における活動が活発になったことが知られている。油燈用の油には、桐・豆・麻に加えて油菜の種子が用いられることとなり、その明るさが人々に歓迎され、栽培がさらに進んでいったことがうかがえる。

（5）萊菔（ダイコン）

現代中国語では「夢卜（蘿卜《らぼく》）」といい、いわゆる「ダイコン」である。文献史料の中では、他のアブラナ科野菜に比べて、とくに多くの別名がみえており、「蘆葩」「蘿蔔」「雹突」「紫花菘」「温菘」「楚菘」「秦菘」「蘆菔」「土酥」などがある。こうした多くの別称があることについて、李時珍は『本草綱目』巻二六・菜部にて次のように述べている。

萊菔は根の名である。上古ではこれを蘆葩といい、中古ではこれが転じて萊菔となった。後世には訛って蘿蔔となったのである。南の人は蘿瓟《らほう》といい、瓟と雹とは同じである。晋灼《しんしゃく》の『漢書註』の中に見える。陸佃は「萊菔はよく麪毒を制す」と述べている。これは来麰《らいぼう》の服用をいう。菔の音は服である。考えるに、文字に従って意味ができたのだろう。王氏の『溥済方《ふさいほう》』によれば、乾蘿蔔を仙人骨というそうで、風土によって名が変わったのだろう。

また『食療本草』には、次のように述べられている。

夢卜の根は飲食を消化し、下気によい。関節をなめらかにするのに効用があり、五臓中の風気をよく除去する。五臓をきれいにし、その中にある不正な気を排出する。食せばその皮膚は白くきめこまやかとなる。

元・王禎撰『農書』には、

現在は俗に夢卜といい、どこにでもある。北方のものはとてもサクサクと歯ざわりがよく、食べたときにかすが出ない。中原には大きさが一秤ほど（約七・五kg）のものがあり、肉質は白く、味は辛くて甘い。とくに生食によく、小麦の熱性をよく散じる。種子は薬に入れると、下気、消化を助ける。夢卜は四季のいつでも栽培できるが、植えるのには末伏・初秋がよい。芽が出て、すぐに食べることができる。老菜農は「夢卜には四つの名称があり、春は破地錐、夏は夏生、秋は夢卜、冬は土酥」という。ゆえに黄山谷（黄庭堅一〇四五～一一〇五）の詩に「金城土酥浄如練（金城の土酥は浄なること錬の如し）」とあるのは、その白さが練《ねりぎぬ》のようであるからだ。栽培方法は蔓菁と同じである。……考えるに、蔬菜の中では蔓菁と夢トが最も多く植えられている。成長が早く、利益も高いからだ。ただ蔓菁は北方では利益が高いが、南方では栽培は少ない。夢トは南北ともに一般的な蔬菜で、生でも料理しても食べることができる。塩漬けにしたり干したりして副食に使うことができ、凶年であれば飢えを救い、効用は広く、すべてを述べることはできないほどだ。ぜひとも植えたいものである。

『農書』の著者、王禎は元朝時代の地方官僚で、農業技術に詳しく、その知見をまとめたのが本書である。ここには当時の夢トの栽培方法についても詳しく述べられているので、以下にその内容を紹介したい。

一升の種を二十畦《けい》に植える［毎畦は長さ一丈二尺、幅四尺］。まず生地（これまで夢トを植えたことがない土地）を選んで植え、地をよく耕す［生地は虫害に会わず、よく耕せば雑草が少ない］。種を蒔くときは、先に肥えを畦内に均等に撒き、さらに種に焦土灰を均等にまぜて、地面に撒いていく。芽が出て葉が出てきたら、様子をみながら間引いていく。間引いた苗も食べることができる。少々隙間が広いくらいがよい［隙間が広ければ、根がまっすぐで大きく太くやわらかくなり、密生させるとそうはならない］。一尺四方におよそ二・三株を残す。土に肥料を多めに加えれば、倍の収穫を得ることができる。もし菜種を採ろうとするのなら、九月・十月に抜いた夢トから、まずよい株を選び、根ひげを取って、葉をつけたまま露地に移して、適宜水やりをしておく。春二月に種を採り、次の種まきに備えるのである［宿根が地に残っているときは移植してはいけない。結んだ種が斜子（発育不良の種子）となり、植えても病害（葉に斑点が入る病気）を得やすく、夢トは大きくならない］。

（※［ ］内は原注。）

間引きや連作についての注意が述べられていることは注目しておきたい。

のち『本草綱目』巻二六・菜部には、ダイコンは「萊菔」の名で次のように述べられている。

萊菔は、いま天下に均しく栽培されている。……農家が萊菔を植えるときは、六月に種を蒔き、秋に苗を採り、

図2-2-5 萊菔
（『植物名実図考』巻四・蔬類より）

冬に根を掘り、春の末に高薹を摘む。小さい花が咲き、紫碧色である。夏の初めに莢を結ぶ。種子の大きさは麻の実くらい。丸さ長さは均等でなく、黄赤色である。五月にまた植えることができる。葉の大きなものは蕪菁のようであり、細いものは花芥のようである。みな細い柔毛がある。その根は紅と白の二色がある。形は長いものと短いものとの二種類がある。おおむね砂地に植えたものは太くて甘い。やせ地に植えたものは硬くて辛い。葉も根も食べることができ、生でも加熱してもよいし、塩漬けでも醤油漬けでも味噌漬けでも酢漬けでもよく、甘いものにも、干し肉にも、飯にも合う。蔬菜の中では最も使い勝手のよいものである。昔の人はあまり詳しくふれていないが、賎しいものだからといってこれをおろそかにしてよいものだろうか。その利点は言い尽くせないほどだ。

元代から明代にかけて、ダイコンがひろく普及していったことが推測できる史料であろう。李時珍が「昔の人はあまり詳しくふれていない」という言葉のとおり、唐以前の史料中にはあまり多くの記録はない。本章の初めに見た『詩経』に、すでに「葍」の名でダイコンが見えていることをふまえると奇妙なことではある。おそらく、ダイコンの根の太さに変化が生じ、注目されるようになってきたのが宋代以後ということなのではなかろうか。

おわりに

本章ではアブラナ科野菜について、主に明代以前の史料を手がかりに、名称や薬効・副食としての効用・栽培方法などについてみてきた。中国における野菜栽培の歴史については、種子等の出土例も少なく、絵画資料がほとんどないことから、文献史料のみではそれぞれの品種や系統の比定には限界がある。それでも『詩経』の「葑」「葍」に始まり、「芥」「菘」「蔓菁」「蕓薹」「萊菔」の名が次々に登場するようになり、元代以後の日用類書の普及と、詳細な農業書や本草書がつくられるようになったことで、当時の具体的な栽培のありかたや、食文化との関係についてうかがうことができるのである。現在、中国各地でさまざまなアブラナ科野菜がひろく栽培されているという事実は、そのままそれらが中国の歴史社会に果たした役割の大きさを示すものでもあるだろう。

参考文献

唐・孟詵 撰、唐・張鼎 増補、鄭金生・張同君 訳注『食療本草訳注』（上海古籍出版社、一九九二年）
北宋・賛寧 撰、范祥雍 点校『宋高僧伝』上下（中華書局、二〇

一五年）
元・司農司 編、石声漢 校注、西北農学院古農学研究室 整理『農桑輯要校注』（中華書局、二〇一四年）
元・王禎 撰、繆啓愉 訳注『東魯王氏農書校注』（上海古籍出版社、一九九四年）
元・魯明善 撰・王毓瑚 校注『農桑衣食撮要』（農業出版社、一九六二年）
元・撰者不詳『居家必用事類全集』（中文出版社、日本・江戸寛文一八年京都松栢堂刊本影印、一九八四年）
明・李時珍 撰『本草綱目』（中国書店、一九八八年）
清・呉其濬 撰・張瑞賢等 校注『植物名実図考校注』（中医古籍出版社、二〇〇八年）
王毓瑚 編著『中国農学書録』（農業出版社、一九六四年）
李家文『中国的白菜』（農業出版社、一九八四年。篠原捨喜・志村嗣生共訳『中国の白菜』、養賢堂、一九九三年）
中村喬『中国の食譜』（東洋文庫五九四、平凡社、一九九五年）
篠田統「近世食経考」（同著『中国食物史の研究』、八坂書房、一九七八年）

謝辞　本章所引の『宋高僧伝』の史料解釈については、東北大学大学院文学研究科の齋藤智寛先生よりご教示をいただきました。ここに謹んで感謝申し上げます。

パーリ仏典にみられるカラシナの諸相

清水洋平

しみず・ようへい——大谷大学真宗総合研究所特別研究員。専門は仏教学。主な著書に *Bodhi Tree Worship in Theravāda Buddhism*（単著、Nagoya University Association of Indian and Buddhist Studies、二〇一〇年）、『アユタヤー期後期作製ワット・ファクラブー寺院所蔵の絵付折本紙写本』（共編著、世界聖典刊行協会、二〇一六年）などがある。

アブラナ科植物の中で仏典に数多く登場する代表的なものとしては、カラシナが挙げられる。本章では、カラシナについて概説した上で、インドからスリランカ、東南アジア諸国へと伝わった仏教、いわゆる南伝仏教が継承するパーリ仏典に目を向け、そのなかに、カラシナがどのような意味合いで記述されているのかを探し、その特徴をクローズアップしてみたい。

はじめに

アブラナ科の植物には、アブラナ（油菜、菜の花、菜種）をはじめ、キャベツ（甘藍、玉菜）やハクサイ（白菜）、カブ（蕪、菘、豊菜）にダイコン（大根）、ワサビ（山葵）など、私たちが日常親しんでいる野菜が数多く存在する。

そのようなアブラナ科植物の中で仏典に数多く登場する代表的なものとしては、カラシナ（からし菜、芥子菜、英名：Mustard greensほか、学名：*Brassica juncea*）が挙げられよう。

カラシナの記述は、仏典を紐解くと様々にみることができる。ただし、カラシナの記述が、その仏典に説かれる思想や考え方に直接的に関わるということではない。仏典には、それを記した僧たちが、そこに説かれる難解な教えを、如何に表現すれば多くの人々にわかりやすく伝えられるのかという努力を見て取ることができるのであり、そのような僧たちの努力が、多様な比喩表現を生み出し、その比喩表現の中に多くのカラシナの記述がみられるのである。

では、カラシナがどのような比喩表現と共に仏典に登場してくるのかを見ていきたいが、先ずはカラシナそのものについて簡単にふれたい。

一、カラシナについて

カラシナは、草丈が一メートルほどになる耐寒性越年草であり、見た目は菜の花に似ている。葉や種に特有の辛味があるのが特徴で、それ故にこの名が起こったとされている。カリウム、葉酸、βカロテン、ビタミンC、カルシウムなどの成分を多く含んでおり、栄養素が豊富であることでも知られている。

カラシナの変種にはタカナ（高菜）やザーサイ（搾菜）、ワサビナ（わさび菜：選抜育成種）など多くの種類が存在する。現在では様々に品種改良がおこなわれており、それらは種々の名前で市場に出回っている。

カラシナとその変種は、中国を代表する漬け物であるザーサイ（搾菜の肥大した茎を漬け物にする）があるように、タイではこれらの葉を塩漬けにして発酵させたパクドン（パッカードーン）と呼ばれる漬け物がある。仏教国であるミャンマーやタイなど東南アジア大陸部の国々では漬け物、炒めもの、スープの具材として様々な料理に使用されており、インドではサーグと呼ばれるカレー料理（カラシナやホウレンソウなどの青菜、およびそのような葉菜を用いて調理したもの。日本のインド料理店では「サグ・カレー」の名で親しまれる緑色のカレーなど）として、庶民にとって馴染み深い野菜である。日本でも、カラシナ類の葉や茎は、漬け物やお浸し、炒め物などにして食され、沖縄では、これらの野菜がシマナー（島菜）と呼ばれ、それらを塩漬けにしたもの（チキナーと呼称）が、様々に調理され親しまれている。

カラシナの原産地は中央アジアと考えられている。日本へは中国を経て渡来したものとされ[1]、平安時代に編纂された『本草和名』（現存する日本で最も古い薬物についてまとめた書）にその名が見られる。

日本では、カラシナの種子は古来より「芥子」と呼ばれ[2]、香辛料や調味料、薬用（生薬としては「ガイシ」と呼称される）などとして使われてきた。ただし、「芥子」という表記は本来カラシナを指す言葉であったが、現在ではアヘン（阿片）を産出することで有名なケシ科のケシ（芥子、罌粟《おうぞく》、英名 **Opium poppy**、学名 *Papaver somniferum*）を指すと一般的に思われるなど、「芥子」という言葉の解釈に混乱が生じている[3]。

カラシナの種子に含まれる辛味成分は、カラシ（和がらし、オリエンタルマスタード）の原料となる。ちなみに、マスタード

（洋がらし）の原料となる植物は、カラシナの種子に比べて辛味成分がまろやかなアブラナ科の別種であるシロガラシ（白芥子、英名White mustsrd、学名*Sinapis alba L.*）の種子が原料である。

カラシナは、その種子が極めて小さいが、種子からは良質の油が四〇パーセント近く採れるので油料作物としても重要であり、古来より燈油を採取するのにも利用されてきた。カラシナの油（カラシ油）は、マスタードシードオイル（カラシナの他、クロガラシ、シロガラシなどから作られる）としてもよく知られている。辛味があるため和食には向いていないとされるが、インド（特に北インド）やネパール、東南アジアなどでは古くから家庭料理に使われてきた。

カラシナの栽培が盛んな国であるインドでは、カラシ用、油糧用として大規模に栽培され、世界有数の生産量を誇っている。ベンガル地方では、これらの油は食用とされるばかりでなく、整髪料として髪につけたり、身体に塗るために使われる。身体には毎日の沐浴前に塗るのであるが、それは、沐浴により余分な油が洗い流され適量の油分が皮膚に残り、ひび割れ予防になるからだとされている。その他、民間では、カラシナの種子には罪の根源を滅ぼす力があると信じられ、カラシナの種を憑物がついた人に向かって投げつけたり、火にくべてその煙をかけたりするなど、今日でもまじないや祈禱に使われたりしている。(4)

また、カラシナは、薬用として神経痛や肺炎の湿布薬に使われている。インドの伝統医学であるアーユル・ヴェーダ（Āyur-veda）がまとめられている二大古典医学書の内『スシュルタ・サンヒター』（*Suśruta Saṃhitā*）(5)には、カラシナは、粘液素の不調を治し、消化作用を促す等の効能をもつピッパリー（＝胡椒）族の薬物の一つとして挙げられている。(6)他方、『チャラカ・サンヒター』（*Caraka Saṃhitā*）(7)には、カラシナの種子は、他の複数の植物と共に発汗剤を作るのに用いられ、(8)種子をすりつぶして粉末にし、他のものと練りあわせてペースト状にして、重要な皮膚病の薬として用いられることが記されている。(9)そして、カラシナの葉は病の素を除去するとされ、(10)カラシ油は痒みと壊疽を取り除くとされている。(11)その他、〔バラモン教の神々に対する〕祈願文を誦える場合は、身を清めて他のものと共にカラシナの種子を用いて火神に焼供するという記述(12)なども見られるのである。(13)このようにインドでは、古来より現在に至るまで生活の様々な場面にカラシナが活用されている。

以上のように、カラシナは、日本や中国は言うに及ばず東南アジア大陸部やインドでもなじみ深い植物である。では、これらを踏まえた上で、インドからスリランカ、東南アジア諸国へと伝わった仏教が継承する仏典に目を向け、そのなかに、カラシナがどのような意味合いで記述されているのかを探し、その特徴をクローズアップしてみたい。

二、パーリ仏典に見られるカラシナの記述

仏教には、大きく分けて二つの伝承ルートがある。一つは、インドから北方方面に展開し、中国や朝鮮半島、日本へと伝わった「北伝仏教」と呼ばれるルートであり、もう一つは、インドからスリランカ、東南アジア諸国へと伝わった「南伝仏教」と呼ばれるルートである。「南伝仏教」は、「上座仏教」や「(南方)上座部仏教」、「テーラワーダ仏教」、「パーリ仏教」などとも呼称されている。

この「南伝仏教」の伝承(伝来)は、紀元前三世紀にインド亜大陸をほぼ統一したアショーカ王の息子マヒンダが、上座部と呼ばれる部派の系統の仏教をスリランカに伝えたのがはじまりとされる。その後、この系統の仏教がスリランカから東南アジア諸国にも伝わり受容されていくのである。この部派の系統が伝持した経典は、古代インド語の一つであるパーリ語(Pāli)で記されていたため、スリランカ・ミャンマー・タイ・カンボジア・ラオスなどの南伝仏教諸国では、古来より現在に至るまで、このパーリ語による仏教聖典を受け継いでいるのである。

では、そのような「南伝仏教」に受け継がれているパーリ仏典に記されるカラシナの記述に注目してみよう。

パーリ語では、「カラシナ、カラシナの種子(芥子粒《けしつぶ》)」を意味する言葉は、「サーサパ(sāsapa)」である。同じく古代インドの言語であり、他の有力部派も使用していたサンスクリット語では「サルシャパ(sarṣapa)」[14]と表記される。

「サーサパ」というパーリ語が使われている記述を概観してみると、日本語の中にも非常に小さいものの譬《たと》えに「芥子粒」という用語があるように、「極めて小さいもの」を譬える文脈にカラシナが記述されていることが見て取れる。[15]この最も多く見られる「極小物」としての譬えの記述を以下に紹介していく。

(1)「極めて大きいもの」との対比としての譬え

mā h' evaṃ avaca brāhmaṇa, Sakkassa yasaṃ paṭicca amhākaṃ yaso Sinerusantike sāsapo viya khāyati, (*Jātaka*. VI. (*Bhūridattajātaka*), p. 174)

バラモンよ、そのように言うな。サッカ(帝釈)[16]の栄華に比べれば、われわれの栄華などシネール山(須弥山)[17]前の芥子粒のように思える。[18]

ここでは「極大物」を譬えるときに表現される代表格であ

る「須弥山」と、「極小物」を譬えるときに表現される代表格である「芥子粒」を対比させることで、述べたい趣旨が読み手に伝わるようにする比喩表現が用いられている。

（2）極めて小さいことから、そこに留まることがない譬え

Vāri pokkharapatte va, āragge-r-iva sāsapo yo na lippati kāmesu, [taṃ ahaṃ brūmi brāhmaṇaṃ.]（*Suttanipāta.* v. 625（= *Dhammapada.* v. 401））

蓮の葉に水が付着しないように、錐の先に芥子粒がとどまらないように、人々の欲望の対象となるものに執着しない人、この人こそ真のバラモンとわたくしは呼ぶ。(19)

Yassa rāgo ca doso ca māno makkho ca pātito sāsapo-r-iva āraggā, [taṃ ahaṃ brūmi brāhmaṇaṃ.]（*Suttanipāta.* v. 631）

錐の先から芥子粒が落ちるように、熱望や憎悪や慢心や人を汚辱する心が抜け落ちた人、この人こそ真のバラモンとわたくしは呼ぶ。(20)

この「錐の先（にある）芥子粒」という譬えは他にも見られ、(21)極めて小さい（少ない）ものを譬えるのにパーリ仏典に好んで用いられているようである。

（3）極めて小さいものが次第に大きくなっていく様を表現する譬え

Acirapakkantassa ca Kokāliyassa bhikkhuno sāsapamattīhi piḷakāhi sabbo kāyo phuṭo ahosi, sāsapamattiyo hutvā muggamattiyo ahesuṃ, muggamattiyo hutvā kaḷāyamattiyo ahesuṃ, kaḷāyamattiyo hutvā kolaṭṭhimattiyo ahesuṃ, kolaṭṭhimattiyo hutvā kolamattiyo ahesuṃ, kolamattiyo hutvā āmalakamattiyo ahesuṃ, āmalakamattiyo hutvā beḷuvasalāṭukamattiyo ahesuṃ, beḷuvasalāṭukamattiyo hutvā billimattiyo ahesuṃ, billimattiyo hutvā pabhijjiṃsu, pubbañ ca lohitañ ca paggharimsu.（*Suttanipāta*, pp.124-125）

〔コーカーリヤ（という名の比丘《びく》：出家修行者）は〕立ち去るやいなや、コーカーリヤの身体全体に芥子粒ほどの腫物が吹き出てきた。その芥子粒ほどの腫物はどんどん大きくなり、まず小豆ほどの大きさになった。小豆ほどの大きさになると、ついで大豆ほどの大きさになった。大豆ほどの大きさになると、ついでナツメの核ほどの大きさになった。ナツメの核ほどの大きさになると、ついでナツメの実ほどの大きさになった。ナツメの実ほどの大きさになると、ついでアンマロクの実ほどの大きさになった。アンマロクの実ほどの大きさになると、ついでベルの未成熟な実ほどの大きさになった。ベルの未成熟な実ほどの大きさになると、ついでベルの完熟した実ほどの大きさになった。ベルの完熟した実ほどの大きさになると、ついにその腫物は、裂けて、膿や血を流し出した。[22]

この後、コーカーリヤ比丘はこの病のために亡くなるのであるが、当初は芥子粒のように極めて小さい腫物が、様々なものに譬えられながら次第に大きくなっていく様子がリアルに表現されているのである。[23]

(4)「極大物」と「極小物」の量を対比させた譬え

釈尊がある時、弟子たちに「たとえば人が、山の王であるヒマラヤ山に、七つの芥子［粒］ほどの大きさの小石を置くとしよう。あなたたちは、七つの芥子［粒］ほどの大きさの小石とヒマラヤ山とではどちらが多いと思うか」と質問する。弟子たちは次のように答える。

Etad eva bhante bahutaraṃ yad idam Himavā pabbatarājā. appamattakā sattasāsapamattiyo pāsāṇasakkharā upanikkhittā saṅkham pi na upenti upanidham pi na upenti kalabhāgam pi na upenti Himavantam pabbatarājānam upanidhāya sattasāsapamattiyo pāsānasakkharā upanikkhittā ti.（*Saṃyutta-Nikāya*, vol. V, p. 464）

「尊師よ、ヒマラヤ山の方が多く、七つの芥子［粒］ほどの大きさの小石は極少量です。ヒマラヤ山と比較して、七つの芥子［粒］ほどの大きさの小石は百分の一にも及ばず、千分の一にも及ばず、十万分の一にも及びません」。[24]

釈尊は弟子たちに、このように答えさせた上で、ヒマラヤ山の量として多さと、芥子粒の量としての少なさにイメージを抱かせながら、このことと同じように、「正しい見解をそなえ、明瞭に四聖諦《ししょうたい》を理解した貴い弟子である人に、滅し尽くし終息した苦は多く、残っている苦はごくわずかである」ということを譬えるのである。

(5)「芥《け》子《し》劫《こう》」の譬え

仏教が説く時間のうちで最も長いものは「劫：kappa」であり、それは最長の時間の単位である。これは譬えでしか示されえないような巨大な時間単位である。その一つに「芥子劫」という「長大な時間の一区切り」を呼ぶ譬えがあり、「極小物」の芥子粒と対比させることで、その長久さが表現されている。

Seyyathāpi bhikkhu āyasaṃ nagaraṃ yojanaṃ āyāmena yojanaṃ vitthārena yojanaṃ ubbedhena puṇṇaṃ sāsapānaṃ cuḷikābaddhaṃ. tato puriso vassasatassa vassasatassa accayena ekaṃ ekaṃ sāsapaṃ uddhāreyya. khippataraṃ kho so bhikkhu mahā sāsaparāsi iminā upakkamena parikkhayaṃ pariyādānaṃ gaccheyya na tveva kappo.（*Saṃyutta-Nikāya*, vol. II, p. 182）

「比丘よ、たとえば縦一ヨージャナ（由旬）[25]、横一ヨージャナ、高さ一ヨージャナの鉄の城があり、最上部まで芥子の種で満ちているとしよう。人がそこから百年たつごとに一粒ずつ芥子を取り出すとしよう。比丘よ、この方法によって芥子の集まりは劫よりも早くなくなり、尽きるであろう。〔比丘よ、劫はこのように長い。……〕(26)

そのほか、この譬えは他部派が伝えた多くの経論にも説かれおり、仏教ではよく知られた比喩表現だったと思われる。(27)

以上、このようにパーリ仏典では「極小物」を譬える文脈に様々に「芥子粒」が用いられているのである。

ちなみに、カラシナ類が「極小物」として譬えられる用例は、仏典のみならず、キリスト教の聖書などにも見て取ることができるのである。(28)

イエスは、また別のたとえを彼らに示して言われた。「天の国は、からし種に似ている。人がこれを取って畑に蒔けば、どんな種よりも小さいのに、成長するとどの野菜よりも大きくなり、空の鳥が来て枝に巣を作るほどの木になる」(マタイの福音書十三章三十一―三十二節)(29)

イエスは言われた。「信仰が薄いからだ。はっきり言っておく。もし、からし種一粒ほどの信仰があれば、この山に向かって、『ここから、あそこに移れ』と命じても、そのとおりになる。あなたがたにできないことは何もない」(マタイの福音書十七章二十節)(30)

では、カラシナとは、上記したような「極小物」を譬えるときにのみパーリ仏典に登場してくるのであろうか。パーリ仏典では確かに「極小物」の比喩としてその多くが見られるのであるが、戒律について記された経典には、比喩表現としてではなく、「芥子油」や「芥子粉」として、カラシナをどのように活用していたのかが窺い知れる記述がみられるのである。次にそれらの用例を見ることにしよう。

(6)「芥子油」の用例

仏教ではすべての食物を「薬」として受けとめている。健康な比丘は食物の貯蔵をしないで、食物はその日の乞食によって受けて午前中に食べる。これを「時薬《じやく》」という。次に砂糖水とかジュース等は午後も飲むことができる。これは「非時薬《ひじやく》」と呼ばれる。また、特に病人に許されているものに「七日薬《なのかやく》」(病の比丘は栄養のある五種薬を七日に限って午前でも午後でも食用することができる)と呼ばれるものがある。その他、常時所持していて、病気の時に飲むことが許される狭義の薬である「尽形寿薬《じんぎょうじゅやく》」と呼ばれるものがある。(31)

そのうち『パーリ律』には、「七日薬」として、熟酥(32)・生酥・油・蜜(33)・石蜜《しゃくみつ》(34)という美食である五種薬(pañca bhesajjāni)が説かれている。

かの病比丘の食すべき薬あり。すなわち熟酥・生酥・油・蜜・石蜜なり。これらを得て、七日を限度として保存し、食用すべし。それを過ぐれば、尼薩耆波逸提《にさつぎはいつだい》なり。[35][36]

(*Vinaya Piṭaka*, vol. III, p. 251)

この条文が制定される説明箇所で、以下のように記述されている。[37]

telaṃ nāma tilatelaṃ sāsapatelaṃ madhukatelaṃ eraṇḍatelaṃ vasātelaṃ. (*Vinaya Piṭaka*, vol. III, p. 251)

「油」とは胡麻油・芥子油・蜜樹油・蓖麻子《ひまし》油・獣油なり。[38]

このように「油」の説明の中に「芥子油」の記述が見られ、病の比丘が「七日薬」としてカラシナの油も食用していたことが窺えるのである。

(7)「芥子粉」の用例

vaṇo kaṇḍuvati. anujānāmi bhikkhave sāsapakuṭṭena phositun ti. (*Vinaya Piṭaka*, vol. I, p. 205)

瘡《そう》痒かりき。「比丘等よ、芥子粉を撒くことを許す」[と]。[39]

すなわち、皮膚のできもの（もしくは傷のかさぶた）に痒みがあるときは芥子の粉をそこに撒いてもよいと釈尊が比丘たちに告げているのである。芥子の粉には、このような効能があり、[40] そのように利用されていたことが窺い知れるのである。

また、「芥子粉」については、

gerukā anibandhanīyā hoti. bhagavato etaṃ atthaṃ ārocesuṃ. anujānāmi bhikkhave sāsapakuḍḍaṃ[41] sitthatelakan ti. (*Vinaya Piṭaka*, vol. II, p. 151)

〔その時（精舎の）、壁麤《そ》にして〕紅土子《こうどし》著かざりき。世尊に此義を告げたり。「比丘達よ、芥子粉、蜜蠟油を許す」[と]。[42]

という記述もみられ、精舎の壁が粗く紅土がつかない時は、芥子粉、蜜蠟油の使用が認められるのであるが、「芥子粉」等に、このような活用法があることが知られるのである。[43]

おわりに

以上、カラシナに関する事項を踏まえながら、パーリ仏典にみられるカラシナの記述を概観してきた。前記（1）〜（5）のようにパーリ仏典等のインド的文脈では、「極小物」を譬えるのに様々に「芥子粒」が用いられ表現されていた。それらが意味するところは、「カラシナの種子」が、古代インドの人々にとって「極めて小さいもの」として誰もがイメージする代表的な存在であったことが知られるのである。また、前記（6）、（7）の用例のようにカラシナが、「芥子油」や「芥子粉」という形で、薬用として、或いは生活文化の中で利用されていたことも窺えるのである。

このようにパーリ仏典を通じて、古代インドから現代に至るまでカラシナが、インド地域の人々にとっても身近な植物であり、生活の中で様々に活用されていたアブラナ科植物であったことが窺い知れるのである。

注

(1) 深津一九八三：二五二参照。

(2) 「けし」の名前は、芥子(カイシ)が訛ったものとされる。芥子をめぐる日本語の表現とその歴史との問題を、漢訳仏典ないし中国仏書または漢籍と日本文献を取り上げ、言語史的に分析した研究として、本田二〇一六がある。

(3) このような混乱は、「微小な粒」として、カラシナの種子とケシの種子がよく似ていることから生じたとされるなど様々な説が言われているが、中国ではカラシナを「芥子」と表記し、ポピーを「罌粟」と表記し、両者が混同された様子はない(定方二〇〇三：三八参照)。

(4) 西岡二〇〇三：二二五―二二六参照。

(5) インド中東部で成立したもの。最終的な成立は三〜四世紀頃と考えられている(矢野一九八八：xvii参照)。

(6) ……サルシャパ(芥子)……『是「ピッパリー」等族(pippalyādi-gaṇa)は粘液素の不調を治し、鼻加答児・体風素不調・食慾缺乏を除くべく、消化作用を促進せしめ、腹部腺腫及び疝痛を治し、不消化の状態を変じて消化の状態をなす。』(大地原一九七九：一二三―一二四)。

(7) インド西北部で成立したもの。チャラカという人物による改編は諸説あるが、一〜二世紀には終わっていたとみなされている。最終的な改編は五〇〇年頃と考えられている(矢野一九八八：xvi参照)。

(8) 〔第二の〕ナーディ発汗剤は、……芥子(サルシャパ)……を水に入れて煮沸して準備する(矢野一九八八：一〇〇)。

(9) ……サルシャパ……を等量粉末状にし、これらをタクラに混ぜたものを、あらかじめ油を塗っておいた身体にこすりつけるがよい。それによって、患者の掻痒・吹出物・発疹・皮膚病・腫瘍は鎮静に至る(矢野一九八八：二六)。

(10) サルシャパの葉は三病素〔を除去し〕、便と尿を閉止させると言われる(矢野一九八八：二〇一)。

(11) 芥子油は、辛味と熱性をもち、ピッタ性出血をおさえ、カパと精液とヴァータを減少させ、痒みと壊疽を除去する(矢野一九八八：二一四)。

(12) 祈願文によって自ら祈る人は、必ず身を浄めて、良質のギー・胡麻の全粒・クシャ草・芥子を火に投ずるがよい——(矢野一九八八：六三)。

(13) 密教でおこなわれるカラシナの種子を用いて護摩をたく「芥子焼」(芥子供)などは、これらに関係があるものと思われる。その他、定方二〇〇三：四〇は、「唐・不空訳『金剛頂経義訣』に「竜猛は白芥子七粒をもって南天竺の鉄塔を打ち、その門を開いた」とあり、『大唐西域記』駄那羯磔国の条に「清弁が芥子に呪文をかけて石の巌壁を撃つと、壁が開き、中へ入った。壁はまた閉じた」とあるとし、「芥子の種にこのような力があるとされるのは、その辛さによることもさることながら、その小ささにもよるのではないだろうか。小さいのに大きな力をもつところに神秘性がある」と評している。

(14) サルシャパの別名としてラクタショーグナ：raktasoghna

という表記も知られ、その他、アース（ー）リー：āsu（ū）rī という表記もカラシナを指す。また、サルシャパの変種を指すガウラサルシャパ：gaurasarśapa（別名シッダールタ（カ）：siddhārtha（ka））という表記なども知られる。

(15) カラシナが「極小物」の比喩表現に記述される用例は、仏典に限られることではなく、『チャーンドーギヤ・ウパニシャッド』などの古いヴェーダの関連文献にも見ることができる。定方二〇〇三：三九参照。

(16) サッカ（またはインドラ）(Sakka, Inda, Skt : Śakra, Indra) は、帝釈天と漢訳される。インド最古の聖典『リグ・ヴェーダ』における最大の神。

(17) シネール（またはスメール）(Sineru, Neru, Skt : Meru, Sumeru) は、須弥山と漢訳される。仏教の宇宙観で、宇宙の中心をなしている巨大な山のことである。

(18) 中村一九九一：一六三参照。

(19) 荒牧ほか二〇一五：一六一—一六二参照。

(20) 荒牧ほか二〇一五：一六二参照。

(21) 例えば 'āragge sāsapūpamā' (*Mahāniddesa*. p. 43, 118)、'āragge sāsapo viya' (*Visuddhimagga*. p. 633) など。

(22) 荒牧ほか二〇一五：一六八—一六九参照。

(23) その他、同様のストーリーは、*Saṃyutta-Nikāya* (vol. I, p. 150)、*Aṅguttara-Nikāya* (vol.V, p. 170)、*Takkāriyajātaka* (*Jātaka*, vol.IV, p. 244) などに記されている。

(24) 中村二〇一二：三〇〇—三〇一参照。

(25) ヨージャナは、古代インドにおける長さの単位であり、由旬と漢訳される。一ヨージャナは約七〜一四キロメートルとされ、様々な説がある。

(26) 中村二〇一二：三七八参照。

(27) 『雑阿含経』三四巻（『大正新修大蔵経』2、242b）や『増一阿含経』五十巻（『大正新修大蔵経』2、825b）など。

(28) 定方二〇〇三：三九は、さらにコーラン（21［預言者］、48）に、「復活の日のためには、特に正確な秤を設けようぞ。誰一人、不当な判定を受けることがないように。たといカラシナ一粒の重さであろうと、そのまま出して見せようぞ。勘定は我ら独りで全部引き受ける」とあると紹介し、カラシナの種は世界中で微小なものの例えにされ、カラシナが他のものに変えられることはなかったとしている。

(29) 共同訳一九九五：(新)二五参照。同様の内容は、マルコの福音書四章三十—三十二節、ルカの福音書十三章十八—一節にも記されている。

(30) 共同訳一九九五：(新)三三参照。

(31) 平川一九九三：四三二参照。

(32) 『パーリ律』では「熟酥とは牛乳酥、山羊乳酥、或いは水牛酥等、その肉が浄である動物の酥である」とされている (*Vinaya Piṭaka*, vol. III, p.251)。これらの動物の乳 (khīra) から酪 (dadhi) が精製され、酪から生酥 (navanīta) が精製され、生酥から熟酥 (sappi) が精製され、熟酥より醍醐 (maṇḍa) が精製される。これらはいわゆるバターやチーズの類のことである。

(33) 『パーリ律』では「蜜とは蜂蜜のこと」とされる (*Vinaya Piṭaka*, vol. III, p. 251)。

(34) 『パーリ律』では「石蜜とは甘蔗の茎より得られたもの」とされる (*Vinaya Piṭaka*, vol. III, p. 251)。

(35) nissaggiya-pācittiya（捨堕）のことであり、比丘が所有を禁止されている物を所有していた場合に、禁止された物を放棄して、清浄比丘の面前で犯した罪を発露して懺悔をするのである

（それにより罪は浄められるとされる）。

（36）平川一九九三：四三六―四三七参照。

（37）比丘尼であっても無病の時に「油」を乞い食してはいけないとする条文の説明箇所などにも、「油」について、これと同様の説明がなされている（cf. *Vinaya Piṭaka*, vol. IV, p. 348）。

（38）高楠一九三六：四二四。

（39）高楠一九三八：三六三。

（40）芥子粉のこの効能は、『チャラカ・サンヒター』の記述にも合致するものである。注（9）参照。

（41）-kuddaṃ の誤りだと考えられる。

（42）高楠一九三九：二三二。

（43）現代でも、木工等の表面保護や艶出し、撥水性の付加などに蜜蝋ワックス（蜜蝋に植物油を足すと精製できる）が利用されるが、これに近いものと考えられる。

参考文献

荒牧典俊、本庄良文、榎本文雄訳（二〇一五）『スッタニパータ［釈尊のことば］全現代語訳』（講談社）
大地原誠玄訳稿、矢野道雄解題（一九七九）『古典インド医学綱要書　スシュルタ本集』（臨川書店）
奥本裕昭編（二〇一四）『聖書の植物事典』（八坂書房）
共同訳聖書実行委員会（一九九五）『聖書』（新共同訳、日本聖書協会）
定方晟（二〇〇三）「芥子粒」（『文明研究』21）三五―四一頁
高楠順次郎、渡辺海旭編（一九六二）『大正新脩大藏經　阿含部下』第二巻（大正新脩大藏經刊行會）
高楠博士功績記念會纂譯（一九三六）『南傳大藏經　律藏一』第一巻（大藏出版）（一九三八）『南傳大藏經　律藏三』第三巻（大藏出版）（一九三九）『南傳大藏經　律藏四』第四巻（大藏出版）
T・C・マジュプリア〈西岡直樹訳〉（二〇一三）『ネパール・インドの聖なる植物事典』（八坂書房）
中村元監修〈矢島道彦、安藤嘉則、渡辺研二、羽矢辰夫、奥田清明、大西美保訳〉（一九九一）『ジャータカ全集』第九巻（春秋社）
中村元監修〈前田專學編集、浪花宣明訳〉（二〇一二）『原始仏典II　相応部経典』第二巻（春秋社）
中村元編（一九八六）『仏教植物散策』（東京書籍）
西岡直樹（一九九一）『続・インド花綴り　印度植物誌』（木犀社）
西岡直樹（二〇〇三）『サラソウジュの木の下で』（平凡社）
平川彰（一九九三）『平川彰著作集第一五巻　二百五十戒の研究II』（春秋社）
深津正（一九八三）『ものと人間の文化史50　燈用植物』（法政大学出版局）
本田義憲（二〇一六）「Sarṣapa・芥子・なたねに関する言語史的分析」（『今昔物語集仏伝の研究』勉誠出版）七五五―八一〇頁
満久崇麿（二〇一三）『仏典の植物事典』（八坂書房）
森雅英（一九九三）「インド密教における護摩儀礼の展開」（『印度学仏教学研究』四二―一）四一二―四二〇頁
矢野道雄編・訳（一九八八）『インド医学概論』（朝日出版社）
和久博隆編（一九七九）『仏教植物辞典』（国書刊行会）

附記　パーリ文献は全てPali Text Society Edition（PTS版）を用いた。

アブラナ科作物とイネとの出会い

佐藤雅志

さとう・ただし――東北大学大学院農学研究科学術研究員（元東北大学大学院生命科学研究科准教授）。専門は遺伝生態学・植物遺伝育種学。主な著書に『野生イネの自然史』（森島啓子編、共著、北海道大学図書刊行会、二〇〇三年）、『ユーラシア農耕史・5．農耕の変遷と環境問題』（倉田崇編、佐藤洋一郎監修、共著、臨川書店、二〇一〇年）、『イネの歴史を探る』（佐藤洋一郎・赤坂憲雄編、共著、玉川大学出版部、二〇一三年）などがある。

さまざまな栽培イネの起源地と言われた中国・雲南地域は、地中海・中近東を起源地とするアブラナ科作物の伝播経由地のひとつとも言われている。この報告では、アブラナ科作物と米の出会いについて、栽培様式、調理方法、食材、特に大根の酒粕漬けに注目して、文献および雲南地域での調査結果を踏まえ考察を試みた。

はじめに

私は、在来イネや野生イネなどイネ遺伝資源の分布・伝播・栽培などの海外学術調査に関わってきたものの、アブラナ科植物の調査は初めてである。アブラナ科植物は、地中海地域や西アジアを原産地として、シルクロードを通って中国に伝播したと言われている。池部誠氏は、菜の花すなわちアブラナ科植物は広く言われているシルクロードに加えて、トルコからイラン・アフガニスタン・インドからチベットを経由して中国・雲南に入ってきた経路とミャンマーを経由して雲南に入ってきた経路が考えられると記している（図2―4―1（口絵⑧））。雲南は、イネの多様性および民族的にも富んでいることに注目し、以前に在来イネの調査に出向いたことがあった。さらに、雲南省には、ナシ族、ミャオ族、タイ族、イ族など二十を超える数の少数民族が生活していると言われている。少数民族ごとに、居住地域を異にするだけでなく、作物の種類、栽培方法、食材、調理方法や食文化も多様性に富んでいる。そこで、雲南地域のアブラナ科作物と米との関わりに興味を持ち、雲南地域を調査地としてえらぶことにした。

一、雲南のイネ

栽培イネには、アジア、ヨーロッパ、アメリカ、オーストラリア、アフリカと広い地域で栽培されてきたオリザ・サティバ（*Oryza sativa*）と、アフリカの西海岸地域で栽培されてきたオリザ・グラベリマ（*Oryza glaberrima*）との二種がある。オリザ・サティバは、アジアイネとも呼ばれ、主に熱帯から亜熱帯地域で栽培されてきたインディカと、主に亜熱帯の高地から温帯地域で栽培されてきたジャポニカとの二つのタイプに分けられる。渡部忠世氏は一九七七年に出版された本で、アジアイネの起源地として「アッサム・雲南地域起源説」を提唱した。今日では、この「アッサム・雲南起源説」は新しい解析結果から疑問視されているが、四十年前に提唱に至った根拠には興味深いものがある。雲南の一七五〇メートル以下の地域ではインディカが栽培されおり、一七五〇～二〇〇〇メートルの地域ではインディカとジャポニカとが混在または中間型が栽培されている。二〇〇〇メートルをこえる地域ではジャポニカが栽培されているとの報告を根拠の一つとしてあげている。さらに、雲南地域の少数民族のうち、タイ族やミャオ族によりモチ米が好んで栽培されてきたことも取り上げている。それらに加え、複数の野生イネ種も雲南地域で確認されていることも取り上げている。渡部氏が、アッサムと同様に、雲南地域のイネが多様性に富んでいることを根拠として「アッサム・雲南起源説」を提唱したことは興味深い。

二〇〇九年の九月に、雲南省の省都である昆明から南へ三三〇キロメートルに位置する紅河ハニ族イ族自治州の元陽にある棚田で栽培されているイネを調査するために、雲南農業大学の李成雲教授の案内で訪ねている。ベトナムのトンキン湾に注ぐ紅河が流れている標高三〇〇メートルの谷間から、車で三十分ほど登ると山肌を延々と覆う棚田がみえてきて、その美しさに感激したことを覚えている。世界農業遺産に選ばれているこの棚田は、ハニ族によって一四〇〇年前から維持され、イネが栽培されてきたと聞いた。今日では、一五〇〇メートル以下では収量の良いハイブリット・ライスが、それ以上高く冷涼なところでは、古いイネ品種が栽培されていると聞いた。この地域に栽培されている古いイネ品種は、一九七〇年の調査では七六品種が確認されたが、三十品種まで減少したと李先生は話していた。

二、ダイコンとお米

二〇一五年六月二十六日から三十日まで、「アブラナ科植物の伝播・栽培・食文化」を調べるために、世界農業遺産にも選ばれたハニ族によって作られた棚田のある「元陽」に、再び訪れることにした（図2―4―1（口絵⑧））。日本には、食事の時に「米糠」や「酒粕」を用いたダイコンの漬け物を付け合わせとしてたべる食習慣がある。発展がめざましい中国においても、少数民族が生活している雲南地域には在来農業や食習慣がまだ残っていると考えた。そこで、大根の漬け物はお米と関係があると考え、日本から「酒粕」を使った「ダイコンのべったら漬」と、保存のきく「干しダイコン」を持参して、栽培イネの多様性に富む雲南で「ダイコンの漬け物への米糠や米麹の利用」について調査することにした。

昆明から元陽に向かう途中、昼食に立ち寄った食堂のおばさんからは、「干しダイコン」はみたことあるが、「ダイコンのべったら漬け」はみたことないねと、素っ気ない回答であった。標高三〇〇メートルほどを流れる紅河沿いに続く道路から、元陽に向けて山道を登りはじめ三十分ほどすると緑色に輝く棚田がみえてきた（図2―4―2（口絵⑧））。車を降りて棚田に向かってみると、きれいに維持管理された畦に囲まれた棚田の脇の狭いキッチンガーデンがあり、アブラナ科作物が植えられていた（図2―4―3（口絵⑧））。それは、キッチンガーデンの脇にある作業小屋での昼食にでも使われるのであろうか。棚田で作業をしていた農夫からは、「干しダイコン」は冬場の食材として作ること、「ダイコンのべったら漬」のようなダイコンの酒粕漬けは、実家で作っているとの回答をえた。別れ際に、彼は「ミャオ族は糯米《もちごめ》の発酵したものを用いてダイコンを漬ける。ミャオ族は日本人の祖先だからね」とも言っていた。一方、元陽の広場で会った農夫からは、大根を薄切りや細かく切ってから半乾燥状態にして、塩、砂糖、山椒、トウガラシをまぶして漬け物を作るとの回答をえた。

次の日、近隣の農家が食材を出店している朝市に出かけてみた。日本のダイコンに劣らない立派なダイコンが、さまざまな菜っ葉やダイコンの漬け物が露天に並んでいた。これらの漬け物が、日本向けに作られた場合があるので注意を要するが、もう少し時間があったら少数民族の村を訪ねて調査したいと思った。また、元陽から昆明への帰り道で立ち寄った「通海」近郊の土産物屋では、「甘酒」が特産品として売られてもいた（図2―4―1（口絵⑧））。しかし、調査旅行中では、「酒粕」を利用した漬け物を見つけることができなかった。「米糠」や「米麹」などの、発酵産物を利用したダイコンの漬け物が雲南の少数民族で食べられてきた可能性が考えられ、日本に伝来したダイコンなどのアブラナ科作物のルーツを考える上でも大変興味深い聞き取り調査であった。聞き取り調査の件数が少ないため、検証が充分ではない。検証も含み、雲南など稲作地域の少数民族により栽培・伝承されてきた米とアブラナ科作物についての調査は有意義であると考えられた。

三、羅平では夏季のイネ栽培がなくなりつつある

二〇一六年六月二十七日から二十八日まで、昆明から南へ二七〇キロメートルに位置する羅平のアブラナ栽培を調査した（図2―4―1（口絵⑧））。雲南地域のアブラナ科植物の調査について相談した雲南農業大学の李教授らから「アブラナ栽培を調査したかったら、中国有数のアブラナ栽培地である羅平に行ってみなさい」と薦められたからである。

羅平は、アブラナが栽培される冬季には霧が多く、土壌水分が十分に供給される。石灰岩地帯に位置するこの気候風土が、アブラナ栽培には適している。十数年前までは、夏季にはイネを冬季にアブラナを栽培していた棚田には、イネは栽培されていなかった（図2―4―4（口絵⑧））。今日では、冬季にアブラナを栽培した畑にタバコ、トウモロコシ、野菜などの換金作物が作られていた（図2―4―5（口絵⑧））。イネが栽培されなくなった要因としては、米の相対的価格の低下、中国北部の水田地帯で栽培される良食味米の流入、農民の老齢化や経済的に余裕ができてきたことによる米消費の減少に伴う需要の低迷などがあげられる。現地のマーケットには、中国北部から運ばれてきた「秋田小町」と書かれた一〇キログラム入りのお米が店頭に並んでいた。さらに、アブラナ栽培と観光だけで一年の十分な収入が得られることもイネ栽培がみられなくなった要因でもあるのだろう。黄色い花で畑が覆い尽くされる春には、中国各地だけでなく海外からも観光客が集まる。さらに、ナタネの花を求めて、養蜂家も中国各地から集まってくる。ドライバーが「車を走らせると、フロントガラスにハチがあたり、ミツが流れ落ち前がみえなくなるほどだよ」と話してくれた。

羅平でも「冬季にナタネを栽培し、夏季にイネを栽培する二毛作」はみられなくなった。エネルギー源となる穀物「米」から換金作物栽培への移行は、中国の羅平だけではなく、稲作が農業の基盤であったタイなど東南アジアの国々で

も、十年前頃から認められる動向である。羅平でのナタネとイネの二毛作体系がいつ頃から行われてきたのかを記した文献を見つけることはできなかった。また、昔栽培されていたナタネについても見ることはできなかった。

四、アブラナ科作物の伝播と茶馬古道

麗江に向かう途中、六月二十九日から三十日にかけて大理に立ち寄った（図2—4—1（口絵⑧））。大理は、北から運ばれてくる「馬」と、南から運ばれてくる「茶」が行き交う「茶馬古道」に位置し、交易の中心地であった（図2—4—6（口絵⑨））。北への道は、東に進むと中国四川省の成都、西に進むと香格里拉を経てチベットの拉薩にいたる。また南への道はシーサパンナを経てミャンマーにいたる。アブラナ科作物はシルクロードまたはチベットを経由して北から伝播してきたのか、南のミャンマーから入ってきたのか、あるいは両方なのか、興味深い。湿潤に強い春撒き型コムギの伝播は、ミャンマー経由を否定することはできないと加藤鎌司氏は述べていることから、コムギの雑草としてミャンマー経由でやってきた後、中国で野菜になった可能性も否定できない。中東地域では、ナタネはムギ畑に雑草として混じっていると言われている。ミャンマーからの南の道からか、チベット経由の西の道からか、「茶馬古道」を経由してコムギと一緒にイネの多様性に富んだ雲南に伝播してきたのではと推察してみた。さらに、北から運ばれてきた「馬」とともに、インドのラダック（標高三五〇〇メートル）、チベットを経由してきた寒さに強い「カブ」が運ばれてきたとも想像してみた。「茶馬古道」が通っている雲南地域のアブラナ科作物の栽培の歴史を探ってみたくなった。

五、斉民要術にみるアブラナ科作物と米

六世紀中頃に中国山東省の農務官が書いた最古の農書と言われている「斉民要術」には、三十七もの漬け物レシピが書かれている。農書「斉民要術」には作物や栽培方法だけでなく、調理方法についても詳しく書かれている。食材として取り上げられているアブラナ科作物には、「トウナ」、「カブ」、「タカナ」、「小松菜」、「カブラ菜」、「ダイコン」、「シロカラシ菜」などがある。太田らは「斉民要術には、発酵による食品加工方法が多く記載されていることに圧倒される」と述べている。コムギからの麹の作り方、その麹を用いた黍《きび》、餅粟、コメなどからの「酒」や「酢」の作り方などが詳しく書かれている。漬け物についても、アブラナ科作物とウリなどの塩漬けが主なレシピとして取り上げられているが、小松菜の酢

漬け、菜っ葉の糠漬け、ダイコンの酢漬けなどのレシピも書かれている。また、モチ米を材料にして作る麹についても、米を用いて発酵させた糠漬けを作る方法は詳しく書かれている。さらに、宋代に浙江の呉氏が書いたと言われている「中饋録」に、ナスとショウガと共にダイコンの酒粕漬けの作り方についての記載がある。中村の訳によると「ダイコンは水で洗うことはせず、こすってきれいにする。それからひげ根のついた方の半分を日に干して乾かす。酒粕に塩をまぜてからそこにダイコンを入れ、またまぜてから瓶に入れる。この方法はすぐに食べる物でない。」と書かれている。中国浙江省では、七〇〇〇年前の稲作遺跡が見つかっていることから、酒粕は米を原料としたと考えても無理はない。棚田で作業をしていた農夫から聞いた「ミャオ族は糯米の発酵したものを用いてダイコンを漬ける。ミャオ族は日本人の祖先だからね」の言葉が改めて思い出された。

おわりに

麗江の売店で見つけたトンパ文字のパンフレットにも、水稲（Paddy rice）とカブ（Turnip）の象形文字を見つけた（図2―4―7）。トンパ文字を紹介する本には、米の他に、ハクサイ、チンゲンサイ、野菜の象形文字が載っていた。チベット東部や中国・雲南省北部地域に住む少数民族ナシ族が使っていた象形文字「トンパ文字」である。雲南省地域には、ナシ族も含め約二十六の少数民族が暮らしている。それぞれの少数民族は、固有の作物、栽培様式、食文化を作ってきた。雲南地域で栽培がひろがったイネと、地中海・中近東から伝播してきたダイコンやカブなどのアブラナ科作物とが、出会い、新たな栽培様式や食文化が生まれたのではないだろうか。それらの栽培様式や食文化も、時代の流れには逆らえず消えていったものもあるだろうし、広まったものもあったであろう。

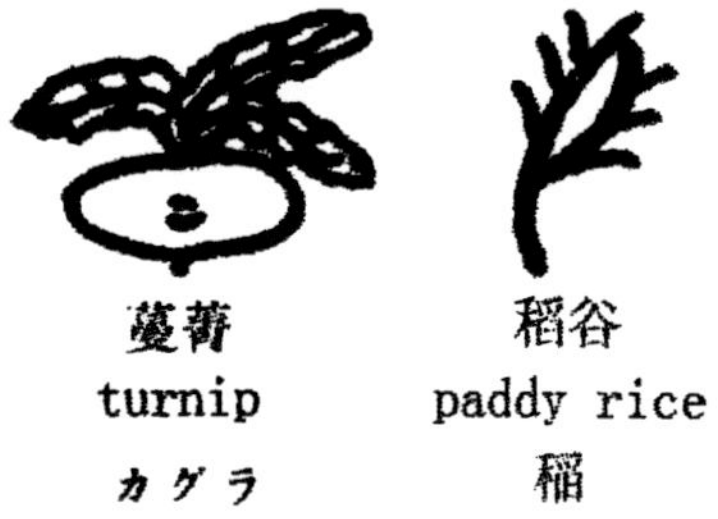

図2-4-7 ナシ族の象形文字
「トンパ文字」カブとイネ

同行していただいた雲南省農業科学院園芸作物研究所の副所長 和江明氏からは、雲南のナタネ栽培品種は、ハクサイ系のナタネ品種から、より油の収量が良いキャベツ系のナタネ品種に変わったと聞いた。雲南省地域で栽培されたナタネ品種は、約五年ごとに収集し、雲南省の農業科学院および中央政府の研究機関で保存していると聞いた。古い品種は、中央政府の研究機関に保存されているそうである。古い品種を調査対象にする場合には、中央政府の研究機関との共同研究をすすめるか、雲南省の農業科学院と少数民族が保有している古い品種を探索する機会があったらと思った。そして、「アブラナ科植物の伝播・栽培・食文化」をひもとくためには、「斉民要術」以前の中国の古文書を読み解くことも必要であると思った。

最後に、ダイコンの粕漬けとお茶漬けは相性がすこぶるよい。西の食材と東の食材との融合によってダイコンの粕漬けが雲南の地で生まれたと思うと、ポリポリしながらかけ込むお茶漬けが、これまでとは違った味がしてきた。

参考文献

星川清親（二〇〇三）『改訂増補 栽培植物の起源と伝播』（二宮書店）三一一頁

渡部忠世（一九七七）『稲の道』（日本放送出版会）二二六頁

佐藤雅志（二〇一三）「栽培イネと稲作文化」（佐藤洋一郎・赤坂憲雄編『フィールド科学の入口・イネの歴史を探る』玉川大学出版部）一二一―一六二頁

佐藤雅志（二〇一〇）「『農』の持続可能性」（佐藤洋一郎監修・鞍田崇編『ユーラシア農耕史、5．農耕の変遷と環境問題』臨川書店）二一七―二五二

王超鷹（一九九六）『トンパ文字　生きているもう一つの象形文字』（マール社）一七一頁

加藤鎌司（二〇一〇）「コムギが日本に来た道」（佐藤洋一郎・蒲田鎌司編著『麦の自然史』北海道大学出版会）一一三―一三六

池部誠（一九九〇）『野菜探検隊アジア大陸縦横無尽』（文藝春秋）二五四頁

太田泰弘・小島麗逸・田中静一編訳（二〇一七）『斉民要術――現像する最古の料理書』［新装版］（雄山閣）三三〇頁

浦江呉氏「中饋録」（中村喬編訳（一九九五）『中国の食譜』東洋文庫五九四、平凡社）三五一―三九七頁

◎コラム2◎

栽培と食文化がつなぐ東アジア

鳥山欽哉

とりやま・きんや――東北大学大学院農学研究科教授。専門は植物分子遺伝育種学。主な著書に、『農学生命科学を学ぶための入門生物学』（共編共著、東北大学出版会、二〇一一年）、「六浄豆腐と石屏豆腐」（単著、『農耕の技術』七巻、一九八四年）、「コメ産業の国際化を狙った新規ハイブリッドライス育種基盤の開発」（単著、『JATAFFジャーナル』六巻五号、二〇一八年）などがある。

一、雲南のわさび

海外学術調査「十字花科植物の伝播・栽培・食文化史に関する領域融合的研究」における二〇一六年の調査で、雲南省麗江の標高二六〇〇メートルの山間部でワサビの栽培地を見学した（図2―5―1（口絵⑨））。一九九〇年代に日本から導入した「島根三号」という品種が栽培されていた。ワサビといえば清流で栽培するイメージがあるが、清流はなく畑状態で栽培されていた。六月から九月は雨季で、雨が多いので畑状態で栽培できるそうだ。日よけのための寒冷紗で覆われて栽培されている。周りがフェンスで囲まれていたが、これは放牧しているヤギの食害を防止するためだそうだ。ワサビ栽培とソバ栽培の輪作を行っており、ソバは緑肥とするそうだ。

ワサビは日本固有種のアブラナ科植物であり、学名は*Wasabia japonica* =*Eutrema japonicum*である。麗江において近縁種シュンユサイ（*E. yunnanense*）が見つかっている。しかし、日本のワサビのように根茎をすりおろして薬味とする食文化はないという話であった。現地の人に日本から持参したチューブ入りのわさびをご馳走したところ、ツーンとしてお口に合わないような顔をしていた。アブラナ科作物の伝播・栽培・食文化史の観点から興味深い。

二、雲南のマカ

南米原産の生薬として有名なマカの根を乾燥したものが昆明市内で販売されていた（図2―5―2（口絵⑨））。五〇〇グラムあたり三六〇元であった。乾燥品の大きさは三センチメートルほどであるが、形は聖護院ダイコン（カブ型の根）にそっくりであった。

マカの学名を調べたところ*Lepidium meyenii*であり、アブラナ科の植物である。*Lepidium*属の野菜として、日本では芽生え（スプラウト）として利用されているランドクレス（ガーデンクレス、コショウソウ、*L. sativum*）は知っていたが、マカがランドクレスと同じ仲間と知らなかったので驚いた。

二〇一五年の調査の折、雲南農業科学院の副所長・和江明教授から、雲南地域では麗江や中甸など、標高が二四〇〇メートルから三三〇〇メートルの高地で栽培されており、雲南におけるマカの栽培面積は大根の約半分とかなりの広い面積で栽培されているという情報を得た。雲南には二〇一一年にペルーから導入されたそうだ。栽培開始時は高値で取引され、一気に栽培面積が広がったそうだ。そのため、一昨年価格が暴落し、昨年からジャガイモ栽培に切り替える農家が多くなったそうだ。この辺りの畑はもともとジャガイモとハダカムギ（オオムギ）が主流だったそうだ。一月には積雪があるという話であった。

二〇一六年に雲南省農業科学院高山経済植物研究所の案内で、麗江郊外の標高三〇〇〇メートル付近の丘陵地におけるマカの栽培地を見学した。私たちが見学した七月初めは、ちょうど定植の最中であった。トレイで栽培した一〇センチメートル弱の実生苗をビニールマルチの穴に定植していた。ちょうど田植えをするようなイメージであった。六月に播種し、十一月に収穫、一部は十二月に掘り上げて保存し、三月に移植して七月に開花・採種するそうだ。種子の一〇〇〇粒重は〇・八グラムでナタネの四グラムに対して極めて小粒であるという解説であった。そのために、トレイで苗を育てて移植するらしい。

販売されているマカの乾燥品は、直径三センチメートル弱のカブの形をしているが、形、大きさ、色などが様々である。形が悪いものが多いのは苗の移植のためかもしれないと思った。化成肥料も与えていた。薬効成分に与える影響は如何なものかと思った。品種の数を聞いたところ、一品種だけだということであった。今後の品種改良と栽培技術の改良が望まれる。

三、大根おろしの文化

二〇一五年に雲南地方を調査した時に、日本からステンレスの大根おろし器を持参し、それを見せながら「おろして食べる」文化が有るか聞き取り調査を行った。昆明から元陽に移動し、食堂のおばさんや市場のおじさん、ハニ族とイー族の農夫にインタビューを行った。その結果、ダイコンをおろして「生（なま）」で食べることはないということであった。ただし、陶器のおろし器があり、ジャガイモをすりおろして料理に使うことはあるという話もあった。また、大理の市場と麗江のナシ族の農家の台所で、見慣れた大根おろし器を見かけた。何に使うのか聞いてみると、やはり、ジャガイモのすりおろしに使うという話であった。日本のような大根おろしは食べないということであった。大根おろしは日本独特の食文化らしくなってきたが、他の国でも調査したい。

四、白菜の置物

二〇一六年に雲南地方を調査した時に、「通海」は野菜の産地と聞き、卸売市場を見学した。ネギ・スティックセロリ・キャベツ・白菜・コールラビーなどの選別作業と出荷を行っていた。市場の種子店・農薬店で白菜の置物が置いてあった（図2―5―3（口絵⑨））。空港や市内の売店でも、白菜の玉細工をよく見かけた。中国人はどうして白菜の玉細工を好んでつくるのか、学術交流した西北農林科技大学で質問したところ、「白菜」には「百財」「遇（玉）百財」という意味があり、また玉には長寿の意味がある。さらに「菜」には「才」の意味もあるため、たいへん縁起が良い。との答えであった。確かに写真の台座に「財」の字が見える。我々の研究も「白菜」にあやかりたい。

五、サヤダイコン

一九八四年二月に雲南の西双版納《シーサンパンナ》を訪問したことがある。その時、長い「実（「さや」とも呼ぶ）」をつけたダイコンが畑で栽培されていた。同行したアブラナ育種のエキスパート篠原捨喜先生の解説によると、実を食べる「サヤダイコン」（*Raphanus sativus var. caudatus*）ということである。帰国後、指導教官だった日向康吉教授に聞いたところ、インドなどでも栽培されているということであった。英語名は**Rat-tail radish**、長いサヤをネズミのしっぽに見立てたものである。二〇一四年にラオス国ルアンパバーンの市場を見学した時に「サヤダイコン」の若い実が売られており（図2―5―4（口絵⑨））、食べ方を聞いたところ、サラダやスープに入れて食べるということであった。近年日本にも導入され、ブランド化が進められているようだ。

六、食用ナズナ

一九八四年二月に昆明の朝市を見学したことがある。この時、食用ナズナ（薺）が売られていた（図2―5―5（口絵⑨））。畑にも栽培されていた（図2―5―6（口絵⑨））。ナズナはアブラナ科植物で学名を*Capsella bursa-pastoris*という。俗に言う「ぺんぺん草」のことであり、日本では「七草粥」で食べることはあるが、通常は雑草扱いだ。中国には、これを改良した栽培品種があるのに驚いた。

ところで、分子遺伝学的研究のモデル植物として「シロイヌナズナ」という植物が使われている。和名に「イヌ」が含まれているが、これは「似て非なるもの」を示している。すなわち、白い花を咲かせ、ナズナに似ているが違う植物という意味である。シロイヌナズナは食用にしないが、ナズナは食用にする。食用ナズナは、食べられる分子遺伝学研究のモデル植物になるのではないかと密かに思っている。

七、アブラナ科野菜の東西比較

英国で出版された食用作物図譜（一九六九年初版 The illustrated book of food plants（ISBN 1-85052-017-8））を見てみよう（表2—5—1）。*Brassica rapa* に含まれる種を見ると、カブのみの記載である。アジアの野菜としては、パクチョイと非結球性ハクサイが紹介されている。一方、*Brassica oleracea* に含まれる種を見ると、野生のキャベツ、ケール、キャベツ、赤キャベツ、サボイキャベツ（チリメンキャベツ）、芽キャベツ（コモチカンラン）、カリフラワー、ブロッコリー、紫ブロッコリー、コールラビーと多様な図が掲載されている。アジアでは *B. rapa* が改良され、ハクサイ、ミズナ、コマツナなど多様な葉菜が発達したのに対し、ヨーロッパでは *B. oleracea* が改良・発達したと言える。

アブラナ科の根菜としては、ハツカダイコン（*Raphanus sativus*）、カブ型の黒丸大根（*Raphanus sativus*）、カブ（*Brassica rapa*）、ルタバガ（*B. napus*）の図が掲載されている。いわゆる日本の八百屋に並ぶ大きな大根はない。なお、欧米のスーパーの表示を見ると Radish といえばハツカダイコンであり、日本のダイコンは Daikon である。

その他、サラダ用のアブラナ科野菜として、クレソン、ルッコラ、芽生え（スプラウト）を利用するシロガラシとガーデンクレスが掲載されている。後者

表2-5-1 1969年初版 The illustrated book of food plants に記載のアブラナ科野菜

アジアのアブラナ科野菜
Pak-Choi (*Brassica chinensis*＝*B. rapa*)　パクチョイ
Pe-Tsai (*Brassica pekinensis*＝*B. rapa*)　ハクサイ（非結球性）

ヨーロッパのキャベツの仲間
Wild Cabbage (*Brassica oleracea*) 野生のキャベツ
Kale (*Brassica oleracea*) ケール
Cabbage (*Brassica oleracea*) キャベツ
Red Cabbage (*Brassica oleracea*) 赤キャベツ
Spring Cabbage (*Brassica oleracea*) 春キャベツ
Savoys (*Brassica oleracea*) サボイキャベツ（チリメンキャベツ）
Brussels Sprouts (*Brassica oleracea*) 芽キャベツ、コモチカンラン
Cauliflower (*Brassica oleracea*) カリフラワー
Sprouting Broccoli (*Brassica oleracea*) 紫ブロッコリー
Green Sprouting Broccoli or Calabrese (*Brassica oleracea*) ブロッコリー
Kohlrabi (*Brassica oleracea*) コールラビー

ヨーロッパのサラダ用野菜
Watercress (*Nasturtium officinale*) クレソン
Mustard (*Sinapis alba*) シロガラシ（芽生えを利用）
Cress (*Lepidium sativum*) ガーデンクレス（芽生えを利用）
Rocket (*Eruca sativa*) ルッコラ

ヨーロッパのサラダ用根菜
Radish (*Raphanus sativus*) ハツカダイコン
Winter Radishes ; Round Black Spanish (*Raphanus sativus*) 黒丸大根

ヨーロッパの根菜
Turnip (*Brassica rapa*) カブ
Swede (*Brassica napus* var. *napobrassica*) ルタバガ

は日本でもあまり馴染みがない。アブラナ科野菜の東洋と西洋の食文化の違いが興味深い。

八、アブラナ属花粉症

「はっはっ　はーくしょん」。花粉症でお悩みの方も多いと思う。花粉症の原因となっている物質を花粉アレルゲンと言う。花粉アレルゲンはくしゃみや鼻水でヒトを困らせるためにあるのではない。植物にとって花粉アレルゲンはどのような役割があるのだろうか？

私は、アブラナ（菜の花）の花粉アレルゲンの実体を明らかにする研究を行った。アブラナに対して花粉症の人はそれほど多くないかもしれないが、アブラナの育種に携わっている人にはよく見られ、職業病になっている。

私は、大学院生の頃アブラナ属植物の研究をしていたら、アブラナ属花粉症になってしまった。「転んでもただでは起きぬ」と花粉アレルゲンの研究を始めたわけだ。アブラナ（菜の花）の花粉アレルゲンの遺伝子を発見する方法として、花粉症患者の抗体を用いる方法を使った。花粉症患者の血液を多量に必要とするが、私自身がアブラナ花粉症になったので、自分の血液を用いて実験を行った。文字通り、我が身を削ってこの実験を行ったので、一首詠んだ。

「アブラナの花に恋して如何せん
　くしゃみ鼻水涙ボロボロ」

このようにして、アブラナの花粉アレルゲンが新規のカルシウム結合タンパク質であることを明らかにし、その元となるアブラナの遺伝子も解明した。その後、遺伝子のデータベースを見て、イネ科の牧草にもよく似た花粉アレルゲンがあることを知った。次の日からイネ科の牧草でもくしゃみ鼻水がでるようになった。「病は気から」もあるらしい。

私の母から返歌があった。

「菜の花にこがれし君の涙ハナ
　早く乾けと吾祈るなり」

◎コラム3◎

植えて・収穫して・食べる
——中国史の中のアブラナ科植物

江川式部

はじめに

以前、宿泊した北京のホテルのレストランで「醋魚白菜」という料理を食べた。魚という字が入っているが魚は入っておらず、白菜の白い芯の部分のみを魚の切り身のように削ぎ切りにし、甘酢あんで炒め煮にしたものだった。さっぱりとした味付けで食べやすい。火の通りにくい白菜の芯に、こんな食べ方もあるのかと感心し、日本に帰ってから記憶を頼りに作ってみた。中国産の黒酢は必要だが、中華料理特有の強い火力や香辛料も必要のない料理なので、なんとか本物に近い味のものができ、以来、我が家の献立の一つになっている。

中国料理レストランの定番メニューに「炒青菜」がある。季節の野菜をさっと炒め、ニンニク・塩で味付けしたシンプルな料理である。この炒青菜には、大抵チンゲンサイや菜苔・小松菜などの、アブラナ科の葉物野菜が使われている。中国のどこでも、まず安心して頼むことのできるメニューのひとつである。

アブラナ科の野菜は漬物にしてもおいしい。日本でもよく知られているザーサイ（榨菜）は、アブラナ科で高菜の一種である「大心菜」の、茎にできる瘤の部分を、唐辛子と塩で漬け込んだものである。産地としては四川涪陵《ふりょう》（現在は重慶市涪陵区）のものが有名で、中国国内ばかりでなく海外にも輸出されている。

炒青菜やホイコーロー（回鍋肉）のように葉や茎をそのまま料理に用いたり、ザーサイのように塩漬けに加工したり、また菜種油《なたねあぶら》を利用したりと、こんにちアブラナ科の植物は、中国においても日々の食生活に欠かせない。では、中国の歴史の中で、アブラナ科の植物はどのように栽培・加工されて、食されてきたのだろうか。本コラムでは、こうした中国における食材としてのアブラナ科植物の歴史を覗いてみることにしよう。

一、元代のアブラナ科植物栽培

元（一二七一～一三六八）の時代に魯明善が書いた『農桑衣食撮要』（一三一四年初刻。成書はそれ以前）という書物は、一年間の民間農事を月ごとにまとめたものである。その内容は、菜類や穀物の育種だけでなく、果樹の剪定《せんてい》、肥料の作り方、施肥の方法、ピータンや醤、漬物や乳製品などの加工食品の製造、麻・桑・藍などの衣料・染料の原材料の生産方法のほか、諸神への祭祀なども含み、当時の庶民の生活を紐解くのに欠かせない文献史料となっている。この書に散見するアブラナ科植物の栽培・加工に関する記事について、以下にその内容をみていくことにしよう。なお、月次は太陰暦で記されているため、現在の太陽暦の月次からはやや遅い時期となる。

正月　四月芥（四月梵ともいう。アブラナ）を植える。
二月・三月でも植えることができる。蓋をして熟成させた灰糞で覆う。

二月　蘿蔔菜（ダイコン菜）と菘菜（カブ菜）を植える。
上旬に種を蒔けば、三月中旬には食べられる。土地を肥やすのに、熟成させた糞で覆う。

三月　薺菜（ナズナ）の花を採取する。
三月三日に摘み、むしろや寝具の下に敷くと、蚤除けになる。かまどの上に敷き詰めると、虫・アリ除けになる。

五月　夏蘿蔔（夏ダイコン）と夏菘菜（夏カブ菜）を植える。
上旬に種蒔きし、灰糞で覆う。常にたっぷりと水を与えれば、六月中旬には食べることができる。

六月　蘿蔔（ダイコン）を植える。
肥地に種を蒔くのがよく、砂地ならなおよい。痩せた土地なら糞で畝を作って植えること。露の多い肥地は虫が付きやすい。よく耕すこと。芽が伸びてきたら間引きして隙間を多めにとると、大きく育つ。霜が降りたら塩漬けにし、窖に貯蔵するのがよい。七月に植えるのでは遅い。

蔓菁（カブ）を植える。
肥えた土地であること。一畝（約五・六六アール）に種三升（約二・八リットル）を、均等に蒔く。葉も食べられる。十月に根を収穫するが、一畝に数担（一担は約七一・六キログラム）収穫できる。早く収穫したものは根が細い。凶作となった年には、一頃（約五六六アール）で百人を生かすことができる。葉を乾し菜にすることもでき、種からは油も採れ、その燈明はたいへん明るい。ゴマと練り合わせれば、精油と異なるところはない。

九月

油菜（アブラナ）を植える。肥地に種を蒔き、常に水をたっぷり与える。十月に植えると根が育たない。

芥菜（カラシナ）を醃《えん》（塩漬け）にする。

紫・青・白芥菜を細かく切り、沸騰したお湯にくぐらせて、盆内に掬い揚げておき、これに生の萵苣（チシャ、レタス）とカラシナの花、ゴマ、白塩を加えて均一に和え、甕の中に入れる。発酵したら上下を攪拌し、二、三日待って黄色に変色すれば食べられる。春まで味が変わらない。十月に塩漬けしてもよい。

十月

蘿蔔（ダイコン）を醃（塩漬け）にする。

ダイコンは多少を問わず、根ひげを除き、きれいに洗い、塩でもんでから甕に入れる。五、六日たって水分がぬけた頃に、均等にまぜ、一か月たてば食べられる。鵝梨《がり》（梨の一種。皮が薄く、水分が多くて香りが高い。日本の『本草図譜』果部山果部にも所掲）を一、二個加えるとサクサクとして香りがよい。春までに食べきれなかった分は、塩水でダイコンが透明になるまで煮てから乾かし、醤を入れるか、あるいは細切りにしたものを、乾燥させてから保存する。食べるときに熱湯で戻してから炒めると、美味しい。

漬物をつくる。

白菜（ツケナ。現在のような結球白菜が普及するのは一八世紀以後）は根と黄色く変色した葉を除き、きれいに洗って乾かしておく。菜十斤（一斤は約五九六グラム）に対して、塩十両（一両は約三七グラム）とし、甘草を数茎加えて、清潔な甕に入れる。菜っ葉の付け根部分に塩を擦り込み、甕の中に並べ入れ、蒔羅《しら》（ディル。香草）を少し加えて、手でもみながら甕半分まで入れたら、甘草数茎を入れる。甕がいっぱいになったら、レンガや石を載せて押漬けにする。三日たったら（甕の上下の）菜を返し、塩水を搾り出し、乾いた清潔な器に移しておく。生水は避け、塩水を菜に注ぐ。七日たったら、先の方法で再び菜を返し、新しく汲んだ水で浸して、レンガや石で重しをする。その菜は味も香りもよくサクサクとしている。春の間に食べきれなかったものは、沸湯にくぐらせ、乾燥させてから貯蔵する。夏の間は、温水に浸したものをよくしぼり、香油を入れてあえ、陶器の椀を用いて形を整え、これを飯の上で蒸せば、味もっともよし。

十一月　アブラナを鋤入れする（鉏油菜）。

丁寧に鋤を入れる。糞を加えてその根を耕しておく。この月にやっておかないと、来年に根脚が育たない。

十二月　油を作る（造油）。

臘月《ろうげつ》に搾った精油を貯蔵し、蚕屋内に灯せば、虫が入らない。膏薬を作れば大いに効き目があり、婦人が頭髪に塗れば黒光りする。

ここにはアブラナ科の野菜として、四月芥・蘿蔔菜・菘菜・薺菜・夏蘿蔔・夏菘菜・蘿蔔・蔓菁・油菜・白菜の名称がみえている。今日のダイコン・カブナ・ツケナの類であり、日々の生活に身近な野菜として、塩漬けや香味漬け、乾物などにも加工され、さらには虫よけ・アリ除けや搾油用に、年間を通じて栽培されていた様子がうかがえる。現在では一般的なキャベツやブロッコリーなどは、この時代にはまだ中国に入ってきていなかった。「白菜」とあるが、これも現在の結球白菜とは異なり、チンゲンサイやパクチョイなどのツケナの類である。また砂糖もまだ一般には普及しておらず、漬物の甘味付けには甘草を使っていたことがわかる。

二、アブラナ科植物の調理と加工

次に、アブラナ科の野菜を使った料理のいくつかをみていきたい。

中国食物史の研究者である中村喬氏は、中国の料理書には、本草的効能にもとづき諸病の食療法や養生法を目的としたものと、本草的効能から離れ、加工調理を主としたものとがあるとしている。ここでは後者の史料をとりあげて、その調理法をみてみよう。

南宋・林洪撰『山家清供』（一二六六年頃成書）は、士人であった著者が山居生活に憬れを抱き著した随筆で、料理に関する多くの故事や見聞を集めており、当時の食文化をうかがうことのできる史料である。本書に散見するダイコンやカブナを使った料理のいくつかをあげておきたい。

玉糝羹《ぎょくさんこう》（米まじりのダイコンの椀物）

蘿蔔（ダイコン）を擂いてとろけるほどに煮て、他に調味料は一切ええず、ただ白米を研いで糝（こながき）としただけで食べる。

驪塘羹《りとうこう》（ダイコンと菜のスープ）

蔓菁（カブナ）と蘿蔔（ダイコン）を細かく切り、井戸水でとろけるほどに煮る。

沆瀣漿《こうかいしょう》（甘蔗とダイコンのスープ）

甘蔗と蘿蔔（ダイコン）をそれぞれ角切りし、水でとろけるほどに煮る。…酒の後にこれを飲めば、効果がある。

如薺菜《じょせいさい》（ナズナの酢味噌あえ）

生の薺菜（ナズナ）に酢と味噌を加えてまぜあわせ、ここに薑（ショウガ）と塩を加える。

蘿蔔麪《らふくめん》（ダイコンもち）

ダイコンを搗いた汁で麪（小麦粉）をこね餅を作る。

不寒虀《ふかんせい》（菘菜ツケナの漬物）

よく清ませた麪湯（麺類のゆで汁）を用い、切った菘菜（ツケナ）に薑（ショウガ）、椒（サンショウ）、茴（フェンネル）、蘿（ディル）を和えて漬ける。

豆黄羹《とうこうこう》（漬菜のこうじ汁）

豆の細末と麪《べん》（小麦粉）とで造った豆黄（豆こうじ）を、日にさらし乾かして収蔵しておき、醬漬けの青芥（カラシナ）と塩漬けの菜心（チンゲンサイなどのツケナの芯の部分）に加えて一緒に煮る。

『山家清供』の料理をみると、当時はまだ羹《あつもの》のような、食材を煮込む調理法が主流であったこと、また塩漬けや醬《みそ》漬けなどの加工・保存が多く行われていたことがわかる。また塩漬けを直接汁ものの味付けに使っており、日本の漬菜のようにいちど塩抜きをしてから使うことをしていない。これは塩が貴重であった中国と、海塩にめぐまれた日本との違いと考えることもできよう。

次に、元・撰者不詳『居家必用事類全集』巳集・飲食類・蔬食にみえる料理をみてみよう。『居家必用事類全集』は日常生活に関わる用語を説明した、いわゆる日用類書の一つで、当時の生活・風俗を直接うかがうことのできる史料である。農産物・料理・調味料などの詳しい記述もみえ、アブラナ科の植物を使った料理として、次のようなものが挙げられている。

食香蘿蔔《しょくこうらふく》（ダイコンの香味干し）

蘿蔔を角切りにし、塩で一晩醃《つ》けてから天日で乾かす。それに薑糸（はりしょうが）・橘皮の千切り・蒔蘿（ディル）・茴香（フェンネル）を拌ぜあわせて、煮たてた常酢（普通の濃さの酢）をふりかけ、磁器の器に盛って、また天日で乾かして貯蔵する。

造虀菜法《ぞうせいさいほう》（白菜の漬物）

白菜（ツケナ）を水洗いし、黄ばんだり破れたりした葉を除き、ひと株あたり塩十両（約三七〇グラム）を入れた湯にくぐらせる。よく温まったら、ひと株ずつ洗って缸《かめ》に入れる。天気の寒暖に注意し、暖かければ翌日に水が上がってくるので、すぐに上と下を入れ替え、白菜ひと並びごとに老薑（ひねしょうが）を並べ入れる。老薑は白菜一〇〇斤（約五九・六キログラム）につき約二斤（約一・三キログラム）の割である。寒ければ一日遅らせて上下を返す。これが済んだら重石をして、上がってきた水に菜が浸かるようにする。

相公虀法《しょうこうせい》（ダイコンの漬物）

蘿蔔を薄切りにし、萵苣（チシャ）の短冊切りか、または柔らかい蕪菁（カブ）の葉か白菜（ツケナ）を蘿蔔（ダイコン）と同じくらいの短冊切りにしたものを、それぞれ塩で水出しをして少し置き、煮立った湯で湯通ししてから新しい水に投じる。それを煎じた酸漿水にひたし、椀で蓋をして井戸の中に吊し、冷気に当てて漬け込む。

※酸漿水は小麦を粥に煮て水を加え、発酵させたもの（中村一九九五：一八八頁参照）。

曬海菊花《さいかいきくか》（菜の花の乾物）

春分の後に薹菜花（菜の花）を摘み、多少にかかわらず、煮立った湯でゆがいて水気を切り、少しの塩をまぜてしばらく置いてから、天日に干す。乾いたら紙袋に入れて貯蔵する。食べるときには湯に浸してもどし、油・塩・薑・醋をふりかける。

中華料理といえば、強い火力で鉄鍋を用い、大量の油を使うイメージがあるが、こうした料理法が行われるようになったのは、元（十三世紀）以後といわれている。燃料に石炭やコークスが用いられるようになり、鉄製の調理器具が登場したことによって、それまでの蒸物・煮物・焼き物中心の調理法に、炒めたり・揚げたりの方法が加わった。また、ゴマや麻に比べて栽培しやすく搾油の容易なアブラナの栽培が普及したことも、そうした調理法の多様化を促したとされている。

しかし上にみたごとく、『山家清供』や『居家必用事類全集』など南宋〜元の時代の史料に記されたアブラナ科植物を用いた料理は、いずれも干し菜・漬物といった保存食のそれである。これらの史料には、他に炒める・揚げるなどする料理も載ってはいるが、そうした料理法は肉料理や小麦粉を使った料理の一部に限られる。アブラナ科の野菜については、それまでの時代と同様、貯蔵常備のための保存調理が行われていたことがうかがえるのである。

元の初めに編纂された農業書『農桑輯要』に引く『務本新書』（成書年不明。原本は已に散逸）に蔓菁（カブ、カブナ）について記した部分がある。そこには「十月の初めに苗を採り、煠《ゆ》でて菜と和え、余りは天日に干す。……冬月に蒸して食べれば、甘くておいしい」とある。『農桑輯要』は農家の育種等の作業を説明した書物だが、ここに記された煠でる・また蒸したてのものを食すというのは、栽培農家ならではの食べ方であったのだろう。

すなわち、当時はまだ新鮮な野菜を日常的に入手・消費することが簡単ではなく、人々は時期ごとに出回るものを用いる他は、長期保存に適したナスやウリ、アブラナ科の野菜を乾物や漬物に加工して用いることが、一般的であったと考えてよいのではなかろうか。

おわりに

日本では野菜はスーパーマーケットや八百屋で買うことが多いが、中国では都市部でも街中の各所に「農貿市場」や青物屋台があって、午飯・夕飯の食材に新鮮な野菜を入手することができる。

本コラムでは、南宋～元の時代におけるアブラナ科植物の栽培と、それらを用いた料理のいくつかをみてきた。ダイコンはスープなどの煮込み料理に用いられ、またカブやツケナなどの葉物は漬物や天日干しに加工したものが常備されていた。南宋～元の時代といえば、大航海時代の幕開けや、伝統中国と北方遊牧民の文化的融合などの歴史的な流れをふまえ、人々の生活にも大きな変化があったのではないかと考えてしまう。しかし、当時の人々とアブラナ科の植物との関係を通して見えてきたのは、多様化した調理の方法ではなく、進化した保存調理の知恵であった。

今日の中国のように、家々で保存食の漬物や乾し菜を作り置くことが少なくなり、街角の屋台でいつでも新鮮な、また同じ野菜が季節をまたいで入手できるようになったのは、いつ頃からであったのか。ダイコンの漬物は、のちの清代の料理書にも出てくるが、甘草の代わりに糖（砂糖）が使われるようになる。こうした変化はいつ頃から見られるようになるのだろう。これらの課題については、また稿を改めて考察してみたい。

参考文献

南宋・林洪撰『山家清供』（『叢書集成初編』所収本）
元・司農司編、石声漢校注、西北農学院古農学研究室整理『農桑輯要校注』（中華書局、二〇一四年）
元・魯明善撰・王毓瑚校注『農桑衣食撮要』（農業出版社、一九六二年）
元・撰者不詳『居家必用事類全集』（中文出版社、日本・江戸寛文一八年京都松栢堂刊本影印、一九八四年）
李家文『中国的白菜』（農業出版社、一九八四年。篠原捨喜・志村嗣生共訳『中国の白菜』、養賢堂、一九九三年）
中村喬『中国の食譜』（東洋文庫五九四、平凡社、一九九五年）
篠田統「近世食経考」（同著『中国食物史の研究』八坂書房、一九七八年）

日本国内遺跡出土資料からみたアブラナ科植物栽培の痕跡

武田和哉

本章では、アブラナ科植物がいつの頃から日本列島に伝播してきたのか、そしてその後どのような経過をたどって栽培されていたのか。という根本的な問題について、主に考古学調査から得られた植物遺体（花粉）のデータを中心に分析し、人間社会との関係や栽培されていた様相を知る手掛かりを探る。

はじめに

アブラナ科植物は、いったいいつの頃から日本列島に伝播して自生するようになったのか？　そしていつの頃から人によって栽培されるようになったのだろうか？　この基本的かつ根源的で素朴な問題に対する答えを明らかにすることは、現段階では非常に困難である。

しかしながら、全く手掛りがないというわけではない。それは、考古学の発掘調査などにより出土した植物遺体、とりわけ花粉や種実を分析するという方法がある。たとえば、先史時代に堆積した土壌を分析すると、当時の花粉がその中に含まれていることが往々にしてある。花粉は、植物の品種ごとに形状が異なっているので、細かい品種の区別はつかなくとも、例えばアブラナ科とか、イネ科とかの区別はつけることができる。

我が国では、文化財保護法に基づき、周知の埋蔵文化財包蔵地において土木工事等を実施する場合、遺跡等への影響が大きいと判断される場合には、事前に発掘調査を実施することがある。世間一般では知られていないことではあるのだが、なにも京都や奈良のような古都がある自治体だけではなく、全国の都道府県ならびに市町村の自治体でも同様な対応をしている。各自治体の教育委員会の中には、文化財担当の部署が必ずあり、法律に基づく届出・申請等の行政事務とともに発掘調査も行っている。

近年では、考古学の側からも古環境復原に関する認識や関心が高まってきており、発掘調査を実施した際に採取した土壌サンプルを使って科学分析を行い、その結果をもとに当時の植生の手掛かりを得て古環境を復原しようとする手法が定着しつつある。これらは、花粉分析と言われるものである。ただし、分析費用の問題もあるため、すべての発掘調査において実施できるというものでもない。

花粉分析の方法の概要は、たとえば井戸の遺構がみつかった場合、その井戸枠の内部の堆積を調べた結果、特に後世の影響が及んでいない当時の堆積であると確認されたとする。それは当時の土壌がパッキングされたものとみなしうるので、その埋土を各層ごとにサンプリングする。特に最下層のものは遺構が使用されていた時期に堆積した可能性が高いので、その層の中に含まれる花粉などを調べると、当時の周辺地の植生や環境を知る手がかりが得られる、というものである。

なお、花粉分析の結果も含めて、発掘調査によって得られた成果・知見は報告書としてまとめられ、一般市民も閲覧することができるようになっている。(1) もともと、文化財保護法では埋蔵文化財を含む文化財全般は国民共有の財産と位置づけられており、よって発掘調査の成果も必ず調査終了後数年のうちには刊行して一般社会にその成果を還元すべきである、という共通認識がある。

こうした成果物の存在は、実は歴史学・考古学などの関係者以外ではあまり知られていないが、本章ではこれらの成果群を活用することで、冒頭に述べたようなアブラナ科植物がいつ頃から日本列島に伝播し、またいつ頃から栽培されていったのかについて、考古学調査の成果の面から探求してみたいと考える次第である。

一、先史時代の気候変動と植生について

まず、先史時代の植生がどのような状況であったのか、先行研究に従いながら、大きな流れを概観しておきたい。地球では過去に大きな気候変動を経験してきていることは周知の通りである。特に、大きく気温が下がる寒冷化が何度も生じており、それらは一般に「氷河期」と呼ばれている。この氷河期は過去に少なくとも五度程度あったと考えられており、

最後のものは今から約一万年前頃に終結したと考えられている。そして、現在のような温暖な時期は「間氷期」と呼ばれている。(2)

日本列島周辺では、比較的緯度も低いこともあって、ヨーロッパほどの寒冷な状況ではなかったとみられているが、最後の氷河期で寒冷化が最も厳しかったとされる約二万年前には、日本列島の大半は現在シベリアでみられるような針葉樹林で覆われていたと想定されている。(3)また、この時期は海面が下がり、日本と大陸は陸続きの状態であり、人間やさまざまな動植物の渡来・伝播があったとみなされている。(4)この最後の氷河期が終わる約一万年前は、人類史の物差しでは中石器時代に該当し、日本列島の時代区分では縄文時代早期にあたる。気候的には、約一万年前頃より温暖化が進行することで、植生も次第に変化し、針葉樹林からブナ科木本類を主体とする落葉広葉樹林もしくは照葉樹林が主体を占めるようになった。こうした環境下で、草本類の構成も大きく変化したものと考えられる。

間氷期が始まる以前の旧石器時代の土壌を対象として花粉分析では、アブラナ科植物の花粉は基本的には確認できていない。元来、アブラナ科植物の原産地はヨーロッパから地中海付近とする考え方が主流であり、もしそうであるならば日本にまで伝播するにはユーラシア大陸を横断して来なければならない。ちなみに現在の中国国内では、満洲地域の遺跡で約七〇〇〇年前~五〇〇〇年前頃の仰韶文化から龍山文化期初期に並行するとみられる堆積層の中にアブラナ科植物の花粉が確認されているという。(5)

二、先史時代の日本列島におけるアブラナ科花粉・種実等の発見の様相

それでは、日本列島における様相はどのようなのであろうか。これについては、前述のように日本国内における発掘調査の成果からその手掛かりを探索してみたい。

その前に発掘調査成果の情報源について簡単に説明しておきたい。前述のように発掘調査が実施されると、基本的には確認された遺構や出土遺物の整理と検討を行い、最終的にはその成果を「埋蔵文化財発掘調査報告書」として刊行することが基本となっている。

これらは、実際には様々な形態があり、遺跡ごとの単行本としての報告書もあれば、小規模な調査などは合冊にしているものもある。平成の時代に入ってからは、概ね毎年一〇〇〇種類以上が刊行されている。(6)また、広大な遺跡では別の場所で何十年にわたり発掘調査が繰り返し行われることもあり、

また調査主体も異なることがあるので、何年度にどの機関が実施した調査かを把握する必要もある。また、その刊行部数は各三〇〇部程度が目安とされているので、一般に販売される例は極めて少ない。多くは、地元の公共図書館や各自治体の教育委員会などに配分されている。ただし、近年ではこれらの報告書をデジタルアーカイブ化して、インターネットからも見られるようになってきている。(7)

こうした資料の性質を踏まえた上で、現在インターネット上で簡便に検索・確認しうる様々な埋蔵文化財発掘報告書から、自然科学分析（特に植物遺体を対象とした花粉分析や種実同定）の結果を掲載しているものを選び、アブラナ科植物の発見事例について調査した。また、植生史研究や埋蔵文化財研究等の立場から各種の植物遺体の集計をしている先行研究等も参考とした。(8)

奈良文化財研究所が公開する埋蔵文化財報告書のデータベース「全国遺跡報告総覧」から検索等をする限りでは、アブラナ科植物の遺体が確認される古い事例はやはり縄文時代である。特に注目されているのは福井県三方上中郡若狭町に所在する鳥浜貝塚からの出土事例である。(9)また、ここでは花粉ではなくアブラナ科の種実自体が出土している（図3―1―1・2）。出土層は縄文時代前期（約七〇〇〇年～五〇〇〇年前）の堆積層とされる。これは、前述の中国国内での確認事例とも概ね合致する時期ではあるが、この層は比較的水分に富んだ層であったことから、植物遺体などの有機質が比較的良好な状態で保存されていた。アブラナ科以外にも、シソ・ゴボウ・ヒョウタン・エゴマなどの種実も出土している。(10)このような出土状況を考えると、既に人間による採集の対象になっていた可能性が高い。ただし、栽培をしていたかどうかは慎重に判断する必要があろう。

このほかに、縄文時代の堆積層からのアブラナ科花粉の確認事例は複数あり、(11)この時期までには日本列島各地にはアブラナ科植物が伝播してきて広い範囲で自生していたことは確実である。

続いて、次の弥生時代の遺跡における堆積層についても調べてみた。当然、アブラナ科花粉が確認されている事例がいくつかあり、それも概ね地域的な偏りはなく、北は北海道から南は沖縄まで概ね地域に偏りはない状態で確認される。しかしながら、農耕が本格的に開始されたと理解されている弥生時代においては、イネ花粉が主流を占めることが多く、それに比してアブラナ科花粉の量は僅少である印象は否めない。こうした傾向をみる限りでは、恐らくイネは当時の主要な栽培植物であったことは確認しうるのであるが、アブラナ科植

図32　出土アブラナ類と現生クロガラシ

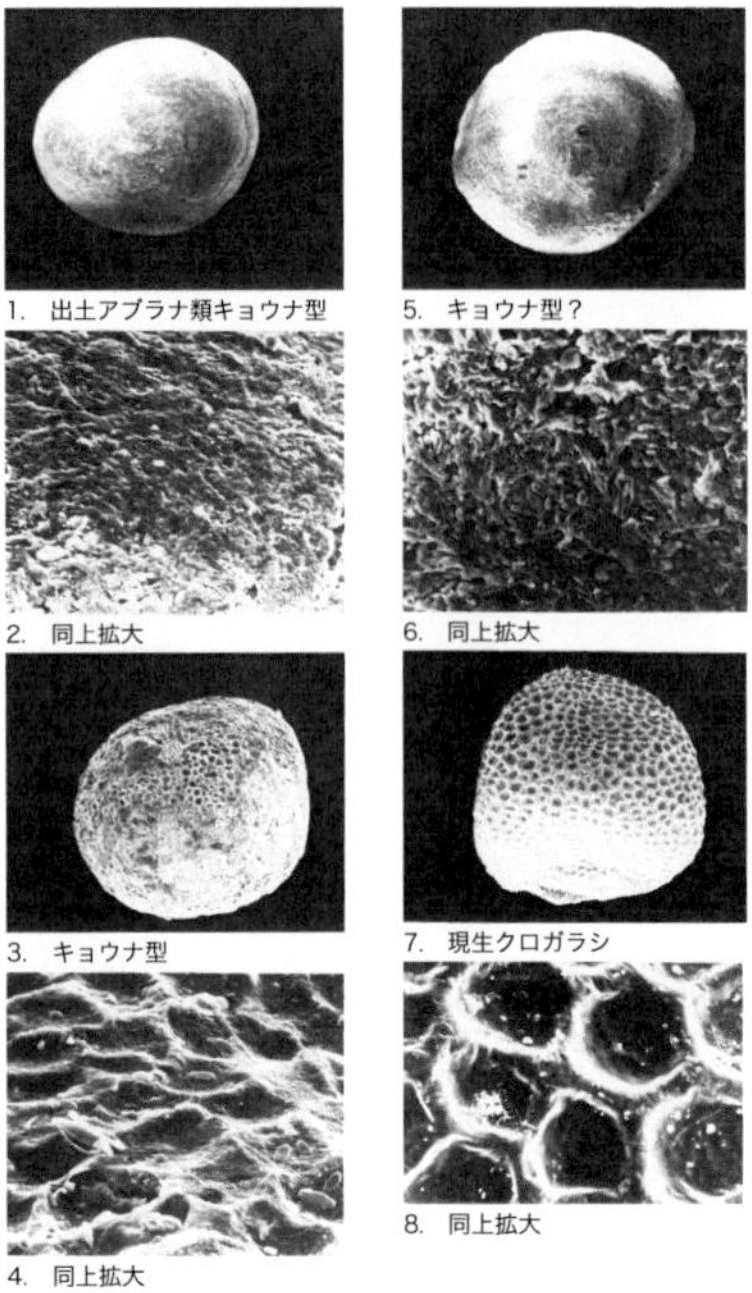

図33　現生クロガラシ・現生タカナ・ミブナとキョウナ

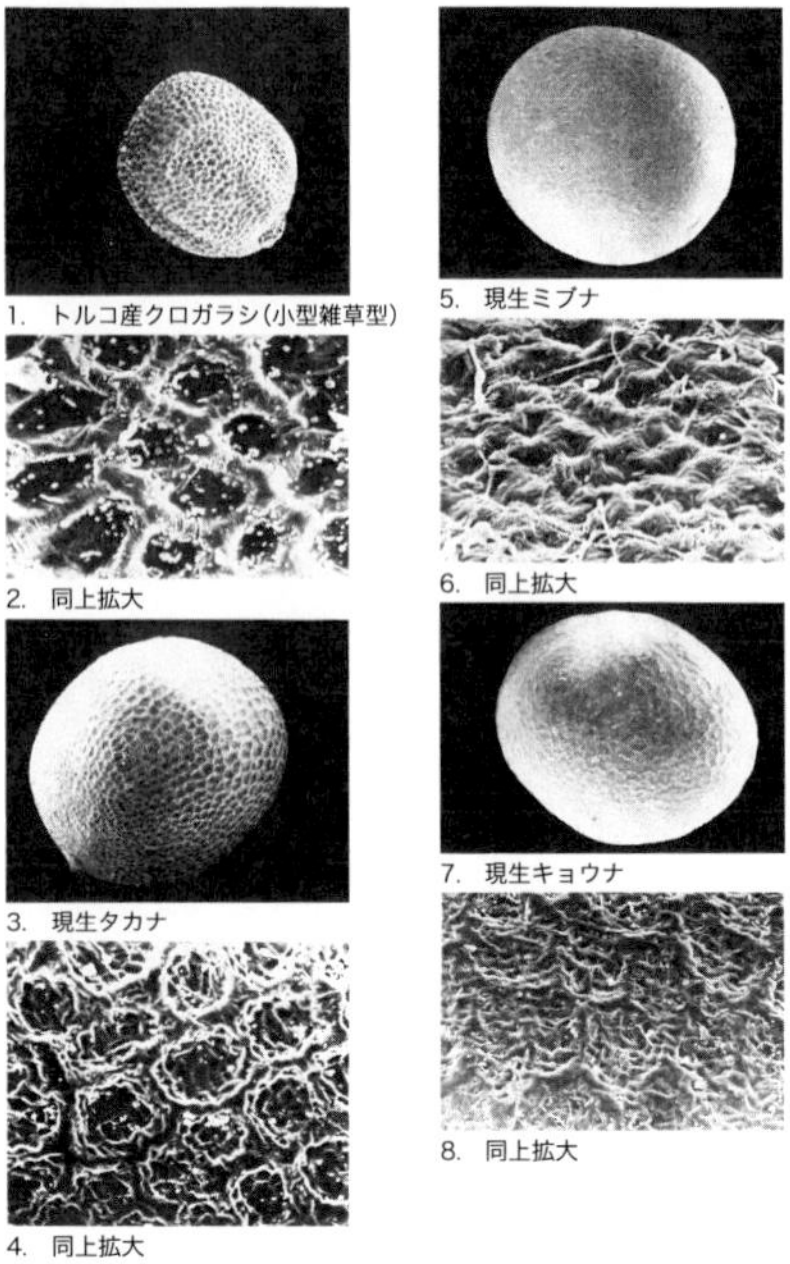

図34　現生ウンダイ・出土透明小粒・微小黒点粒および炭化小片と淡水珪藻

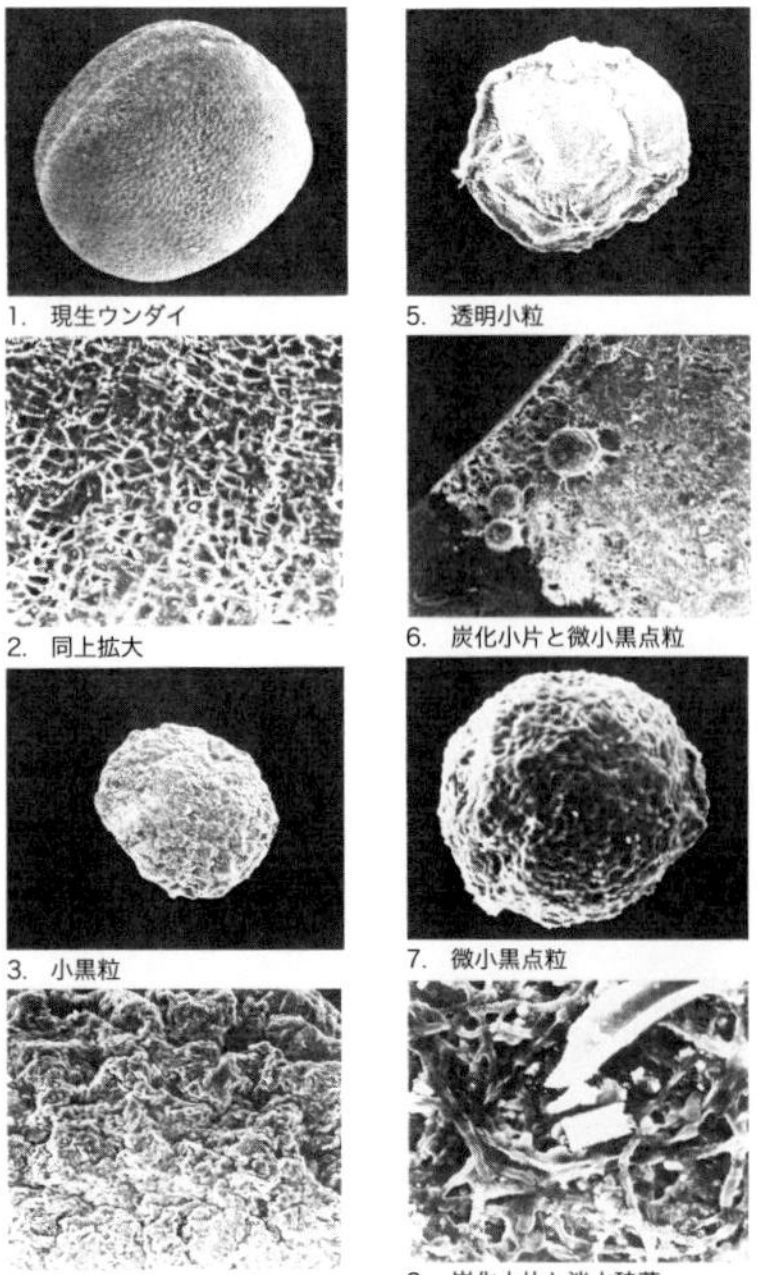

図31　出土アブラナ類

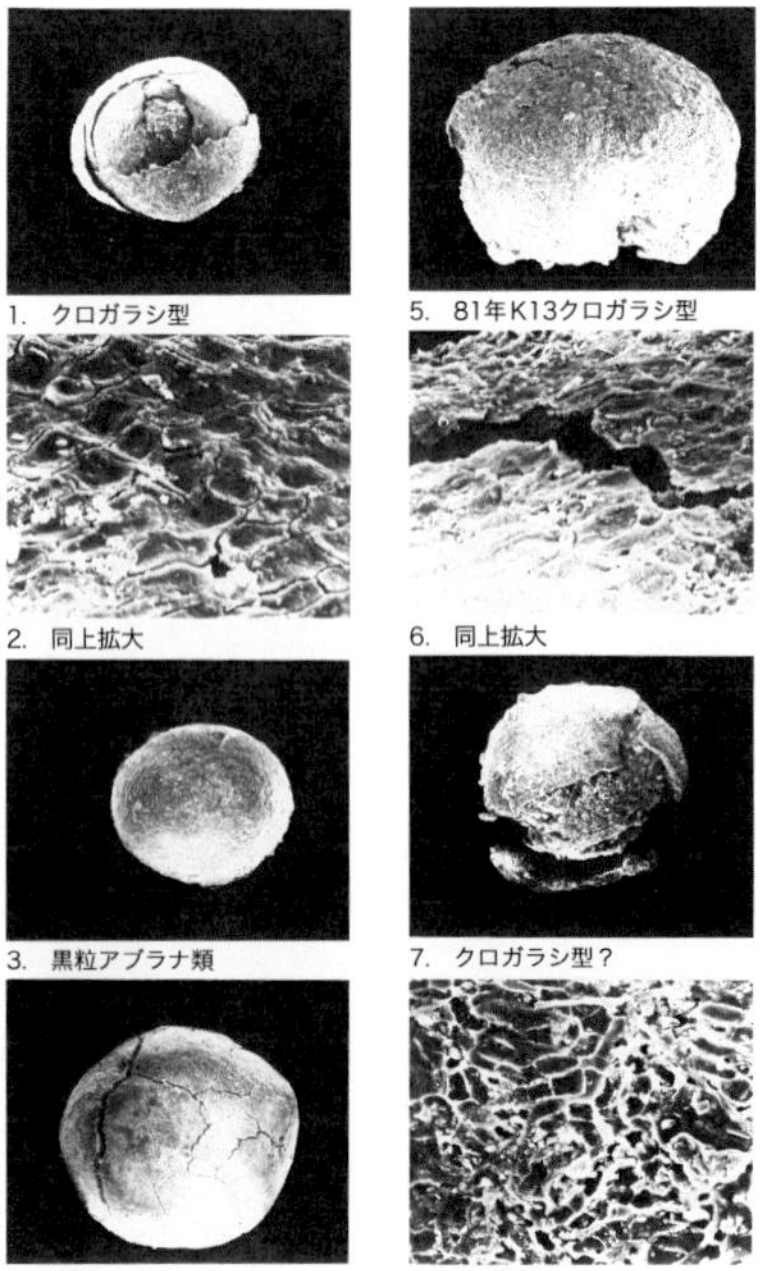

図3-1-1 鳥浜貝塚出土アブラナ科種実写真
（鳥浜貝塚研究グループ編『鳥浜貝塚——縄文前期を主とする低湿地遺跡の調査4』福井県教育委員会、1984年より）

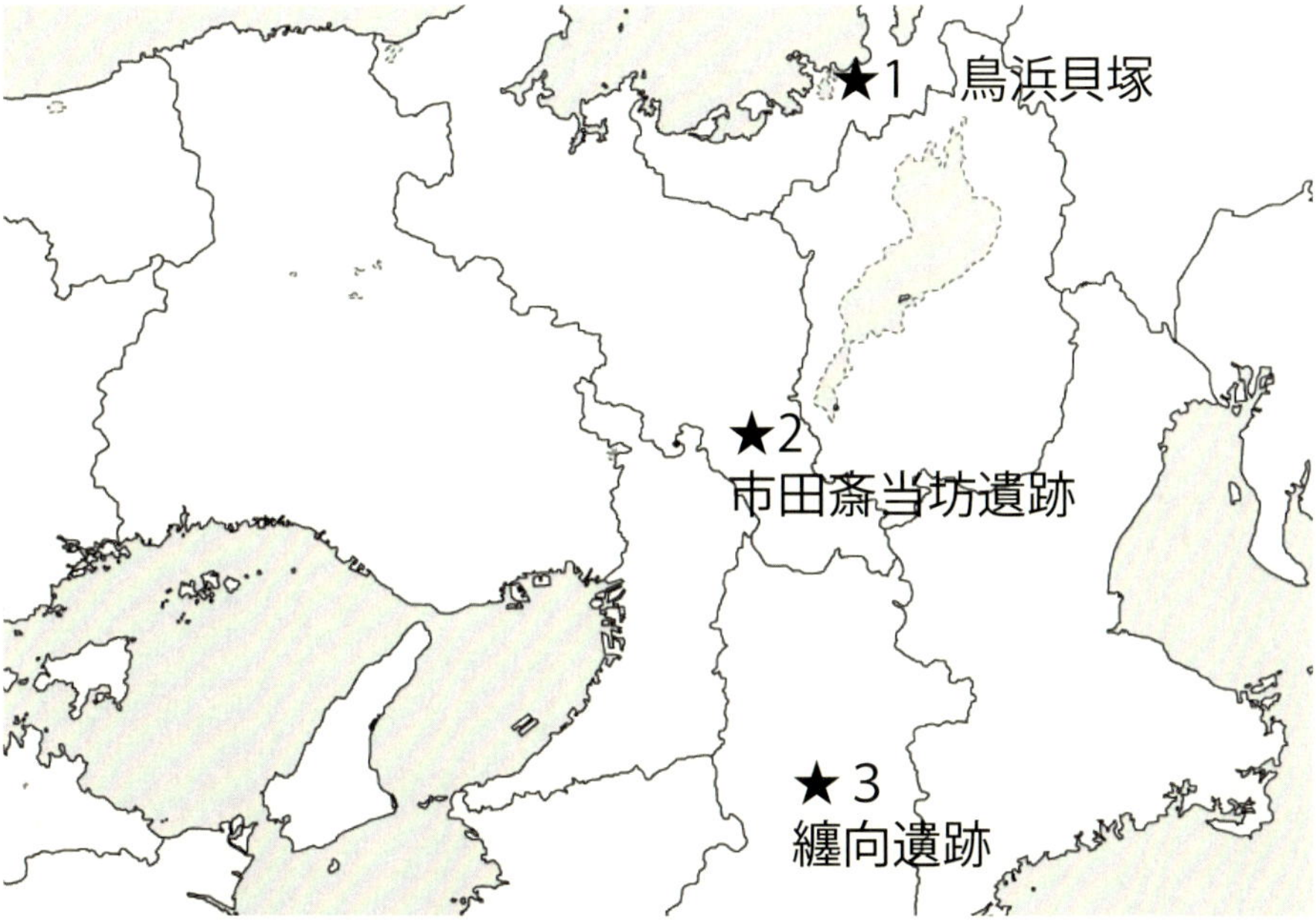

図3-1-2 先史時代の関係遺跡地図（近畿周辺）（武田作成）

物は栽培作物となりえていたかどうかはやはり確認できない。

しかしながら、貴重な発見事例も存在している。それは、市《いち》田《だ》斉《さい》当《とう》坊《ぼう》遺跡（京都府久御山町（図3―1―2））でみつかった弥生時代中期の井戸（井戸SEC453）の事例である。ここから植物遺体が見つかっており、また極めて多数のアブラナ科植物の花粉が確認されたという。この井戸は、構造自体が特徴的とされ、報文では祭祀に使用した可能性を念頭に様々な考察がなされている[12]。

花粉分析の性質上、アブラナ科植物ということまでは判明しても、具体的にはどのような品種であったのかということまでは特定できない。よって、この事例において果たしてどのような祭祀が行われ、アブラナ科植物のどの品種がどのように利用されていたか、ということは判らない。

しかしながら、意図的に井戸に投入していることが想定される点に着目すると、当時のアブラナ科植物が栽培されていたかどうかは別として、人間社会において雑草ではなく何らかの利用対象の植物として認知されていたことは確認しうるのではないだろうか。

三、有史時代の日本列島におけるアブラナ科花粉・種実等の発見の様相

さらに、時代を下っていわば有史時代について見てみたい。有史時代の定義は世界各地で異なり、日本では古墳時代に銘文のある鉄器が出土していることから、古墳時代の後半期は有史時代とみなす考えがある。しかしながら、いわゆる木簡や墨書土器などのような文字を書いた遺物が一定量まとまって出土するようになるのは、さらに後の七世紀後半の頃である。また、歴史史料の編纂活動が開始されるのも概ねこの時期である。[13] 文字資料がもたらす情報量や質は、考古資料がもたらす情報とはことなり、高次元の文化的要素やバリエーションを持ち合わせているという点では優れているが、古代ではその記述が少なかったり、体系的でなく断片的である傾向は否めない。なお、後続の章（第Ⅲ部吉川・横内・鳥山の各論文）では歴史史料からみた様相についてまとめられているので、詳細はそちらに委ねるとして、ここでは引き続き考古学調査の成果から、古墳時代遺構の様相を探ることとする。

古墳時代とは日本固有の時代区分名称であり、大王や首長などの墓である古墳、とりわけ前方後円墳という特徴的な形状の古墳を築造することが隆盛した時代を指しており、実年代では古墳時代は三世紀半ばから七世紀半ば過ぎ頃までが該当する。この前方後円墳を最初に築造したのは、奈良盆地の南東部に本拠を持った王権であり、後に八世紀末までに九州から東北南部までの日本列島の大半の部分を統一することになるヤマト王権であるとするのが、現時点での有力な認識であろう。

古墳時代に至ると、遺跡からみつかるアブラナ科植物の花粉の量は、それ以前に比べると多くなる印象はあるが、それでもまだ微量の範囲を出ていない。ただ、王権の都がおかれるなどしてこの時期に歴史的には重要な地域となった奈良盆地における様相の推移が些か示唆的であるので、ここで紹介したい。

奈良県内では多くの古代遺跡が存在しているが、古墳時代前期の中心地は纒向《まきむく》遺跡（奈良県桜井市（図3―1―2））とみられ、現在は継続的な学術発掘調査がなされている。ここで見つかった花粉や種実などの植物遺体の様相に関しては、金原正明の詳細な考察があるが、[14] それによると、まずアブラナ科花粉の確認事例は、纒向遺跡一四〇次調査の土坑1（庄内〇《ゼロ》式土器期＝諸説あるが、概ね紀元後二世紀頃）、同六一次調査の溝1―A（同三世紀前半期）、同一六八次調査の土坑SK3001（庄内三式土器期：同三世紀中頃）、同遺跡一一三次（＝東田大塚

古墳三次調査）の第2トレンチ墳丘下部、同九〇次調査（巻野内）の2トレンチ東壁（溝）（＝布留〇式土器期＝諸説あるが、概ね三世紀後期）、同五〇次遺跡（巻野内）の導水路Ａ西側（布留一式土器期＝諸説あるが概ね四世紀初頃）の各遺構等で確認されているが、九〇次の分を除き、微量である。また九〇次については、ある層位（SD―2001＝布留〇式新相期＝概ね三世紀末頃）については顕著であった。

総じてこうした傾向である点に関して、金原は「農耕と集落の発達によって（森林が）段階的に減少して」いって、「草本では人為によってイネ科が最も増加するが、乾燥や畑作ではヨモギ属やアカザ科―ヒユ科やアブラナ科が増加する」と結論している。

さらに発見された種実に関しては、前述の同一六八次調査の土坑SK3001（庄内三式土器期：三世紀中頃）から、草本類ではイネ・アワ・アサ・ウリなどが数多く出土している。しかしながら、アブラナ科種実は出土していない。

また古墳時代の後半期の事例では、菅原東《すがわらひがし》遺跡（奈良市・六世紀）で、アブラナ科植物の花粉が確認されている。この遺跡は古墳時代の豪族居館跡と想定されているが、その濠の埋土からは比較的高率でアブラナ科植物の花粉が確認されている。

古墳時代については、奈良盆地に関してみれば、花粉の場合はイネとヨモギが多数を占める傾向が強く、その中で各種の花粉が少量ずつ出土しており、その中にアブラナ科も含まれるという状況が一般的である。ただし、菅原東遺跡のように特定の箇所においては高率で出現する例[15]もある。こうした様相からすると、アブラナ科植物が広く安定して栽培されていた形跡は認め難い。ただし、弥生時代の状況に比べると、花粉が検出される事例は明らかに増大しており、植生の範囲が広がっていることを示唆する。

引き続いて七世紀後期の飛鳥時代と八世紀の奈良時代に関してみてみたい。この時期に関しては、奈良文化財研究所による当時の都であった藤原京・平城京（図3―1―3）の内部での発掘調査で出土した種実に関する詳細な調査分析がある[16]。また、都であった藤原京跡（奈良県橿原市・桜井市・明日香村など）や平城京跡（奈良市）と、その近辺の遺跡調査では花粉分析がいくつか行われているので、それらの結果も参照したい。

まず、七世紀後期の藤原宮内の第一六九次調査では、宮の造営に先行する時期の溝SD1901A（＝七世紀後半に埋没）でアブラナ科植物の花粉は確認されているが[17]、微量にとどまっている。また、他のいくつかの調査で実施した花粉分析の結果を見ると、例えば甘樫丘《あまかしのおか》東麓遺跡（七世紀中盤の蘇我入鹿邸

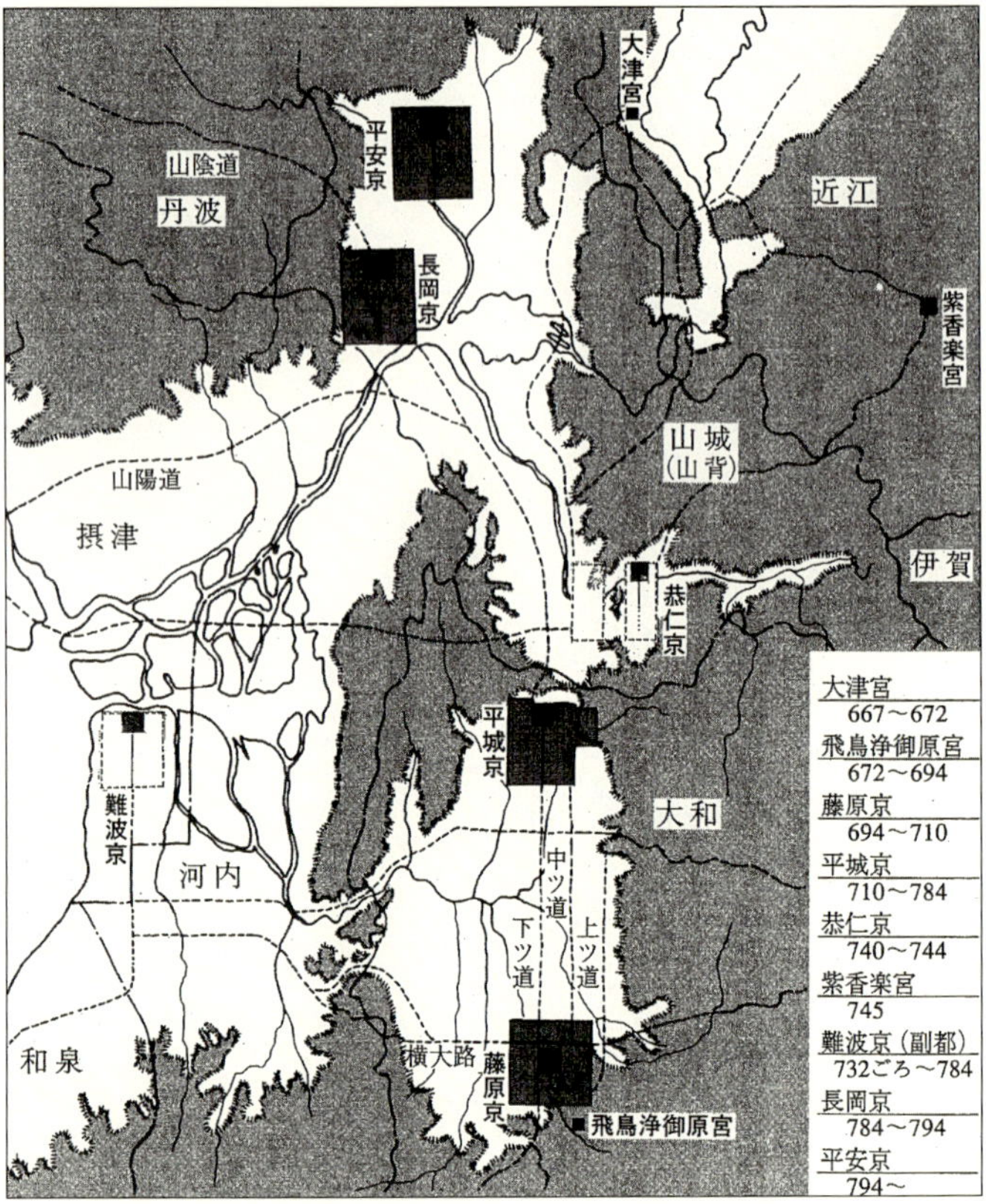

図3-1-3 近畿地方の歴史時代の遺跡地図
（井上和人『日本古代都城制の研究』吉川弘文館、2008年より）

跡推定遺構が建設される以前の造成土）の一七七次調査では検出されておらず、[18] 他方で飛鳥池《あすかいけ》遺跡（七世紀後期の富本銭《ふほんせん》鋳造遺構）の九八次調査ではイネが主体を占めつつも、一定のアブラナ科花粉も認められる。[19] こうした様相は、前述の古墳時代の様相と大きく変わるものではない。また、種実についても出土事例はない。

これに対して、八世紀の平城京の様相を見ると、イネ科やヨモギ科の花粉が主流を占める傾向の中でも、アブラナ科植物の花粉が確認されている比率はやや高い。中には、西大寺食堂院《じきどういん》跡で発見された八世紀後半の大型井戸SE950の枠内の分析結果のように、アブラナ科植物の花粉は比較的多く存在していて近傍での生育が想定されているような事例もある（図3―1―4）。[20] また、種実についても、ごく僅かながら平城宮内で出土している。[21]

これらの様相からは、依然としてイネ科が主体を占めていて、アブラナ科の出現は限られているが、時代が下るごとに着実に増加している点は看取される。また、実際に西大寺旧境内付近では生育が想定される等の事例もあり、種実の出土例もあることから、一部では栽培がなされていた可能性を示唆していよう。

この後、平安時代に入り、都が平安京（図3―1―3）に

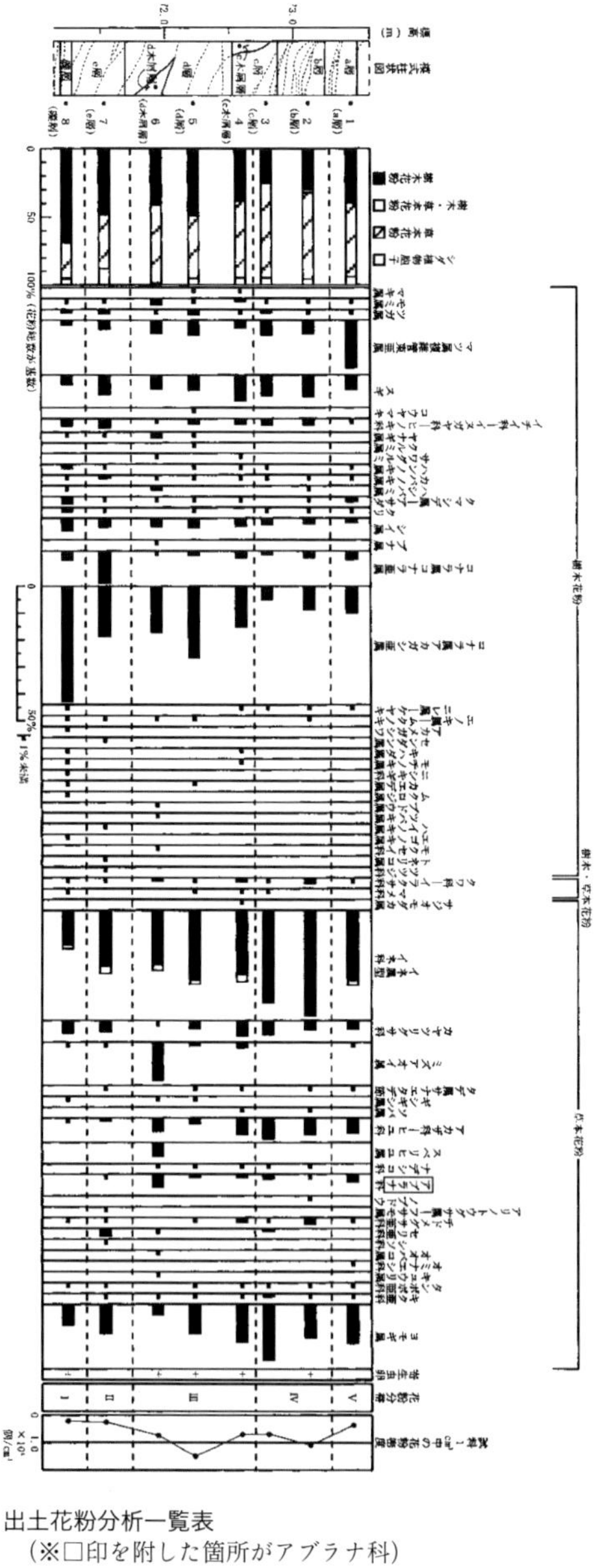

出土花粉分析一覧表
（※□印を附した箇所がアブラナ科）

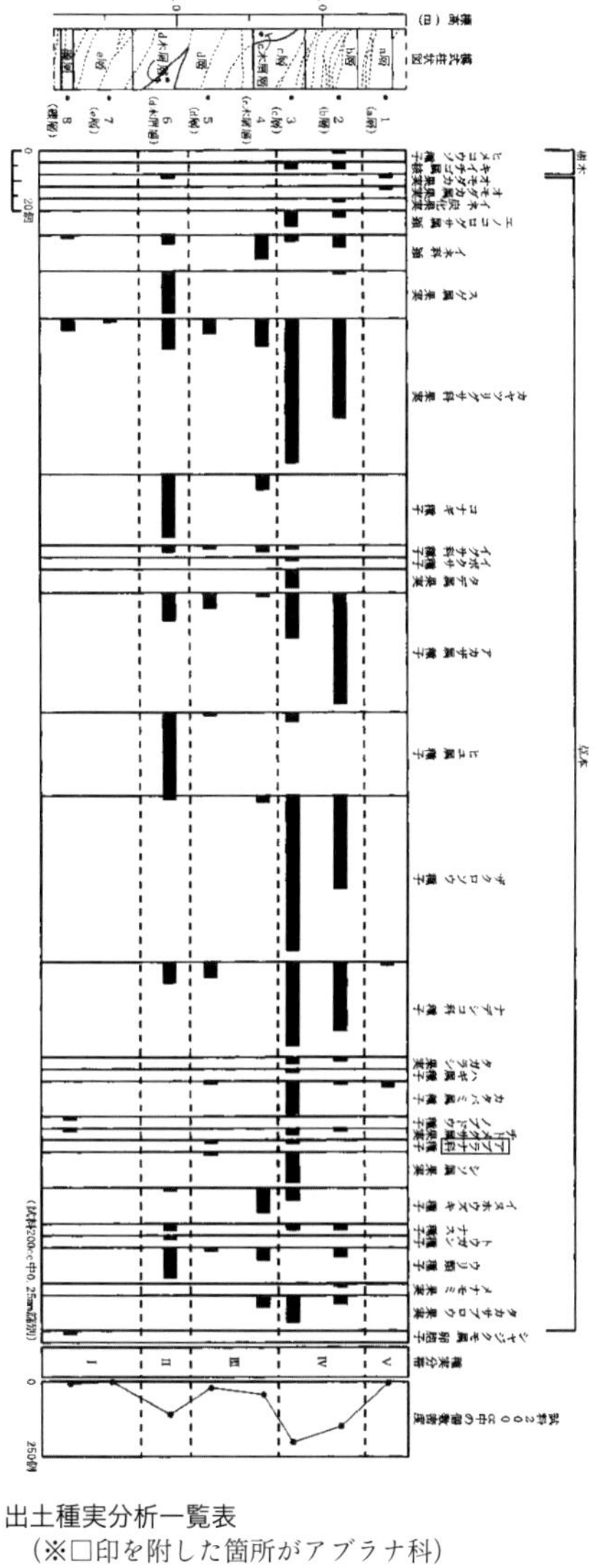

出土種実分析一覧表
（※□印を附した箇所がアブラナ科）

図3-1-4　奈良市西大寺旧境内で検出した井戸枠内の堆積土中の花粉と種実の分析一覧
（奈良文化財研究所編『西大寺食堂院・右京北辺発掘調査報告』奈良文化財研究所 2007　に印を記載）

移ると、平城京の大半は一世紀も経ぬ間に田畑と化したことは、当時の歴史史料からも知られる。このため、奈良盆地内での平安時代以降の遺構での分析結果事例は限られている。

代わって、都が遷った平安京跡（京都市）での発掘調査事例における花粉分析の結果を同様に概観すると、場所によって差異はあるものの平安時代から鎌倉時代にかけての遺構では、イネが主流を占めつつ、アブラナ科も少量ながらコンスタントに検出される傾向には変わりはない。ただし、ヨモギ科植物の花粉の量は少なくなり、奈良時代以前のイネに匹敵するような様相ではなくなる点が異なっている。この点から考察すれば、基本的な栽培植物はイネであるものの、アブラナ科植物は一定の作付けがなされる存在であったものと想定できる。

ちなみに、さらに時代が下り室町後期から近世の遺構の土壌サンプルの花粉分析では、かなりの高率でアブラナ科花粉が検出されているようである。たとえば、高月《たかつき》遺跡（大和郡山市）では四次調査で十三世紀後葉〜十五世紀前葉（＝鎌倉時代後期〜室町時代前半）まで機能した溝**SD—01**からは比較的顕著な量のアブラナ科花粉が出現している。

また、安土桃山時代に豊臣秀吉が京都を取り巻くように構築した城郭遺構・御土居《おどい》跡（京都市中京区）の堀から出土したサンプルの花粉分析では、安土桃山時代までの層に比べて、近世以降の層（＝江戸時代以降）ではアブラナ科花粉が目立って多くなっていることが確認されており[22]、さらに京都大学構内での調査（京都市左京区）では、イネ花粉が認められない代わりにアブラナ科花粉が高率で検出されている[23]。報文ではこの付近では中世後半（＝室町時代）から同様な傾向があるとし、付近でのナタネなどの商品作物栽培の痕跡ではないかと評価している。

このほか、大阪南部では室町時代以降の遺構のサンプルを使った花粉分析では一様にアブラナ科植物が高い結果を示すことを指摘している研究もある[24]。

以上のような傾向から、中世とくに室町時代以降ではアブラナ科の花粉の出現は顕著となり、主食の作物であるイネ科に匹敵するような様相を示す事例もみられる。これは、この時期以降にはアブラナ科植物が一定の面積において作付される農作物になっていたことを示していると考えて差し支えないであろう。

小結

本章では、あくまで考古学調査の成果に依拠しつつ、日本列島内でのアブラナ科植物の様相を考察してきた。元来、日本が原産地ではないアブラナ科植物の日本への伝播は、間氷期に入った後の縄文時代前期までの時期と想定できる。その後は、時代の経過とともに徐々に繁殖が進んだように思われ、弥生時代には人間によって利用されていた痕跡も僅かながら見受けられる。古墳時代や飛鳥時代にも一定の存在は確認しうるが、ひとつの画期は奈良時代であり、栽培がなされていたことが確認できる。さらに、平安時代以降も徐々にその量は増加したようであるが、次なる大きな画期は室町時代から江戸時代までの時期と目される。この段階において、一定の面積での栽培がなされる農作物になったものと思量できる。

こうした画期について、その時代背景を考察するといくつかの点が指摘できる。まず、奈良時代については、既に各種の考古学的成果や出土文字史料などから貴族層は豊かな食生活を送っていたことが知られている。折りしも、遣唐使により中国大陸の様々な文化情報が伝えられており、そうした経過の中で食生活の多様化が進捗し、食用の蔬菜類を中心にアブラナ科作物の栽培がなされていたものと考えられる。

また、鎌倉時代から室町時代にかけて想定できる栽培地の格段の増加は、既に知られている歴史的事実としてはナタネを中心とした採油植物としての利用の開始であろう。それまでの採油植物は、古代ではイヌザンショウ、また平安時代以降はエゴマであったが、採油量の観点からこの頃にナタネに転換され始めたことは知られている。また、大阪南部において、近世以降の堆積土中に高率でアブラナ科花粉が確認されることは、後続のコラム6において詳述する近世以降の大坂近郊での搾油を目的としたナタネ（菜種＝アブラナ）作付の増大という事実と合致している。

注

(1) 花粉分析結果に関しては、海外ではデータベース化が先行しているが、日本では遅滞している。詳細は、日本植生史学会情報データベース委員会編「植生史に関するデータベース」（『植生史研究』九―二、二〇〇一年）を参照。

(2) 日本雪氷学会編『新版 雪氷辞典』（古今書院、二〇一四年）。

(3) 安田喜憲・三好教夫編『図説日本列島植生史』（朝倉書店、一九九八年）。

(4) 湯本貴和編『野と原の環境史』（『シリーズ 日本列島の三万五千年：人と自然の環境史』二、文一総合出版、二〇一一年）、小椋純一編『日本列島の原風景を探る：植生景観の歴史と人間活動・気候変動等の相関』（京都精華大学創造研究所ライブラリー二、京都精華大学創造研究所、二〇〇一年）、小椋純一『森と草原の歴史：日本の植生景観はどのように移り変わってきたのか』（古今書院、二〇一二年）。

(5) 葉啓暁・魏正一・李取生「黒龍江省泰賚県東翁根山新石器時代地点古環境初歩研究」（『環境考古研究』一、科学出版社、一九九一年）。

(6) 文化庁文化財部記念物編『埋蔵文化財関係統計資料 平成

二八年度』（二〇一七年）によると、平成二十七年（二〇一五）度の全国での埋蔵文化財発掘調査の実施総数は六万二〇〇〇件余、また刊行された埋蔵文化財発掘報告書は一五〇〇件弱とのことである。

（7）近年、一部の報告書は奈良文化財研究所が作成・管理するデータベース上で検索・閲覧が可能である。しかしながら、過去に刊行された分などはアーカイブ化や公開が遅れており、それらの閲覧の際には、奈良文化財研究所の他のデータベースで書名等を確認した上で、各種図書館や研究機関等の蔵書検索にて所在確認をする必要がある。

奈良文化財研究所・全国遺跡報告総覧　http://sitereports.nabunken.go.jp/ja

同・報告書抄録データベース　http://mokuren.nabunken.go.jp/scripts/strieveW.exe?USER=SYOUROKU&PW=syouroku

同・所蔵図書データベース（同研究所は比較的多数の報告書を所蔵するが、完全ではない）http://opac.nabunken.go.jp/

この他、必要に応じてCiniiや国立国会図書館のデータベースの検索も併せて行うことになる。

（8）金原正明・金原正子「堆積物中の情報の可視化」（『可視化情報』Vol 14・№53、一九九四年）、金原正明「古墳時代の環境と開発」（『考古学と自然科学』三一・三二、一九九五年）、山田悟郎『日本列島北端で展開された雑穀農耕の実態――平成八年度・九年度科学研究費補助金　基盤研究(C)(2)研究成果報告書』（一九九八年）、松谷暁子「灰像と炭化像による先史時代の利用植物の探究」（『植生史研究』一〇―二、二〇〇一年）、甲元眞之「気候変動と考古学」（『熊本大学文学部論叢』九七（歴史学篇）（二〇〇八年）、奈良文化財研究所『香辛料利用からみた古代日本の食文化の生成に関する研究――平成二五年度山崎香辛料財団研究助成成果報告』（二〇一四年）、山梨県立博物館『日韓における穀物農耕の起源――平成二三～二五年度日本学術振興会科学研究費補助金基盤研究B「日韓内陸地域における雑穀農耕の起源に関する科学的研究」報告書』（二〇一四年）など。

（9）鳥浜貝塚研究グループ編『鳥浜貝塚――縄文前期を主とする低湿地遺跡の調査』一―六（福井県教育委員会、一九七九―一九八七年）、小島秀彰『鳥浜貝塚』（日本の遺跡五二）（同成社、二〇一六年）。

（10）笠原安夫「鳥浜貝塚（第七次発掘）の植物種子の検出と同定――とくにアブラナ類とカジノキおよびコウゾの同定」（鳥浜貝塚研究グループ編『鳥浜貝塚――縄文前期を主とする低湿地遺跡の調査4』福井県教育委員会、一九八四年）。

（11）前掲注（8）松谷論文。

（12）岩松保「豊穣の井戸――糞尿と稲の儀礼」（『京都府埋蔵文化財情報』九三、二〇〇四年）、『市田斉当坊遺跡　京都府遺跡調査報告書』三六（二〇〇四年）。

（13）現存する最古の歴史書である『古事記』の成立は八世紀初である。

（14）金原正明「纒向遺跡の植物遺体群集の産状と植生、環境、生業の変遷と画期」（『纒向学研究』一、二〇一三年）。

（15）安井宣也「菅原町・青野町地域の古地理に関する基礎的考察」および、金原正明・金原正子「菅原東遺跡の花粉分析」ともに『奈良市埋蔵文化財調査センター紀要一九九八』（一九九九年）所収。

（16）前掲注（8）奈良文化財研究所編書（二〇一四年）参照。

（17）廣瀬覚・山崎健「藤原宮朝堂院朝庭の自然科学分析――第169次調査」（『奈良文化財研究所紀要二〇一三』二〇一三年）。

（18）小田裕樹ほか「甘樫丘東麓遺跡の調査――第一七一・一七

七次」（『奈良文化財研究所紀要二〇一三』二〇一三年）。

(19) 花谷浩ほか「飛鳥池遺跡の調査――第九八次・第九九―六次、第一〇六次」（『奈良国立文化財研究所年報二〇〇〇』二〇〇〇年）。

(20) 奈良文化財研究所編『西大寺食堂院・右京北辺発掘調査報告』（奈良文化財研究所、二〇〇七年）。

(21) 芝康次郎編『古代都城出土の植物種実――二〇一三～二〇一五年度公益財団法人浦上食品・食文化振興財団学術研究助成『古代の植物性食文化に関する考古学的研究』成果報告書』（奈良文化財研究所都城発掘調査部考古第一研究室、二〇一五年）。

(22) 京都埋蔵文化財研究所編『平安京右京二条二坊十一町・西堀川小路跡、御土居跡』（京都市埋蔵文化財研究所発掘調査報告二〇一二―二五）（京都市埋蔵文化財研究所、二〇一四年）。

(23) 冨井眞ほか「京都大学北部構内BD28区の発掘調査」（『京都大学構内遺跡調査研究年報二〇〇七』）、伊藤淳史ほか「京都大学北部構内BC28区の発掘調査」（『京都大学構内遺跡調査研究年報二〇〇〇年度』二〇〇五年）。

(24) 藤田憲司・古谷正和・渡邉正巳「大阪府南部地域におけるアブラナ科花粉の高出現率期について」（『日本文化財科学会第八回大会研究発表会要旨』三三―三四、一九九一年）。

日本古代のアブラナ科植物

吉川真司

よしかわ・しんじ――京都大学大学院文学研究科教授。専門は日本古代史。主な著書に『律令官僚制の研究』(塙書房、一九九六年)、『シリーズ日本古代史③　飛鳥の都』(岩波新書、二〇一一年)、『天皇の歴史02　聖武天皇と仏都平城京』(講談社学術文庫、二〇一八年)などがある。

日本古代に食されたアブラナ科植物は数多く、なかでもカブナ・カブが基幹的で、生菜としても漬菜としてもよく用いられた。供給ルートとしては、公的な貢進・分配、園・畠での自家栽培、市(常設店舗はない)や流通の要衝での購入などがあり、階層によって三者の比重に差があった。調理や漬物の方法についても、『延喜式』や正倉院文書・木簡によってその大要を知ることができる。

はじめに

日本の古代人にとって、カブナ・ダイコンなどのアブラナ科植物は、日々の食材としてたいへん身近な存在だったと思われる。これらがいつ列島社会に伝来したかについては、まだわからないことが多い。しかし、奈良・平安時代になると、辞書類・法制史料・古文書・木簡・文学作品といった多種多様の文献史料が残されているため、アブラナ科植物の生産・流通・利用についても、詳しい情報を得ることができる。生産史や食文化史の観点から、古代の蔬菜研究が蓄積されてきたのはそのためである(1)。

そこで本章では、これまでの研究成果に導かれながら、主な関連史料を整理し、日本古代においてアブラナ科植物がどのように栽培され、供給され、調理されたかを概観してみることにしたい。

一、食材としてのアブラナ科植物

【菜の語義】

奈良・平安時代には、どのようなアブラナ科植物が食材とされていたであろうか。今では「菜《な》」と言えば「菜っぱ」、つまりアブラナ科植物の葉菜をさすのが普通であろうが、古代以来の文献史料に「菜」と書いてある場合、それは副食物（おかず）一般を言うことが多かった。いろいろな葉菜、ウリ・ナスなどの果菜、摘み採ってきた山野草、モモ・ユズといった果物、さらには海藻や魚・鳥までもが「菜」であった。まことに多彩な、しかし階層によって、また食事の種類・場面によって大きな差があった「菜」。その具体的な内容については、おいおい述べていくが、まず考えておきたいことは、さまざまな「菜」のなかでアブラナ科植物がどのような位置にあったかである。

【天皇の食材】

まず手始めに、古代日本において最も豊かな食事をしていた人物、すなわち天皇の「菜」を見てみよう。天皇の食事を調理するのは、内膳司という組織であった。十世紀に完成した『延喜式』には、この内膳司が御膳に供する「雑菜」をリストアップした規定があり、毎日一斗ずつ、しかし月ごとに異なった「菜」を使うことが記されている。(2) それをまとめたのが表3―2―1である。一見して明らかなように、この表には海藻や魚・鳥が出てこない。ウリやナスの実、ヒユ・アザミ・フキを始めとする野菜、マメ、サトイモ、そしてクリ・モモなどの果物、さらにタケノコが「雑菜」とされていた。この点は、漬物にする「雑菜」の規程(3)でもおおむね同じである。こうした野菜・果物類には、内膳司が経営する「園」（畠のこと、次節で詳述）で育てられたものと、民部省が畿内諸国に命じて貢進させたもの(4)が含まれていた。なお、海藻や魚・鳥はそのような方法をとらず、諸国や衛府から御贄として内膳司に運ばれ、天皇の食膳に供された。

それでは、天皇の「菜」にアブラナ科植物はどれほど含まれていたであろうか。表3―2―1のうち、生菜として供される「雑菜」では、蔓菁、莖立、薺、蘿菔根の四種がそれにあたる。また漬物の材料には、蔓菁黄菜、菘、蔓根、蔓菁、菁根の五種が現われる。これらを整理すると、カブナ（蔓菁）、カブ（蔓根・菁根）、ククタチ（莖立）、ツケナ（菘）、ナズナ（薺）、ダイコン（蘿菔根）となろう。(5) ナズナ以外は栽培されたものと考えられるが、数量・種類ともに「雑菜」の一部にすぎず、さらに海藻・魚・鳥を含めた「菜」全体から見れば、アブラナ科植物の比重はごく低いと言わざるを得ない。

表3-2-1『延喜式』の「雑菜」

名称	現代名	供奉量	供奉月	名称	現代名	供奉量	供奉月
生瓜	シロウリ？	30顆(3升)	5～8	蘿菔根	ダイコン	4把(4升)	10～2
茄子	ナスビ	40顆(2升)	6～9	芹	セリ	4把(4升)	1～6
莧	ヒユ	4升	5～8	水葱	ナギ	4把(4升)	5～8
薊	アザミ	6把(6升)	2～9	芋茎	イモガラ	2把	6～9
蕗	フキ	2把(2升)	5～8	雑菓子		5升	6～9
蔓菁	カブナ	4把(4升)	1～12	大豆	ダイズ	6把	6～9
茎立	ククタチ	4把(4升)	2～3	小豆	アズキ	6把	6～9
薺	ナズナ	4升	11～2	大角豆	ササゲ	6把	6～7
萵苣	チシャ	4把(2升)	3～5	波々古	ハハコグサ	5升	2～3
葵	アオイ	4把(2升)	5、8～10	芋子	サトイモ	4升	9～1
羊蹄	ギシギシ	4把(2升)	4～5、8～10	熟瓜	マクワウリ	8顆	6～8
韮	ニラ	2把(2升)	2～9	栗子	クリ	3升	7～9
葱	ネギ	2把(1升)	4～5、9～1	桃子	モモ	4升	7～9
蒜	ニンニク	100根(2升)	11～4(青)、5～9(干)	柚子	ユズ	10顆	9～10
生薑	ショウガ	8房(2升)	6～8	柿子	カキ	2升	9～11
蜀椒	サンショウ	2合	3～4(稚葉)、5～6(子)	枇杷	ビワ	10房	5～6
蓼	タデ	10把(2升)	4～9	李子	スモモ	2升	5～6
蘭	アララギ	2把(1升)	1～12	覆瓫子	イチゴ	2升	5
胡荽	コウサイ	2合	9～2	笋	タケノコ	4把	5～6

ただ、ここで注目すべきは、カブナが一年を通じて食されたこと、カブ・カブナ・ツケナが塩漬・須須保利・醤漬・糟漬・葅《にらぎ》といったさまざまな漬物に、大量に用いられたことである。かかる観点からすれば、カブナを中心とするアブラナ科植物は、基幹的な古代「雑菜」の一つと言えそうである。

【法会の食材】

次に法会（仏事）のさまを一瞥しておく。朝廷法会の代表格は正月に行なわれる大極殿御斎会《ごさいえ》であるが、その際には「供養」といって僧たちに食事がふるまわれた。担当するのは大膳職である（『延喜式』大膳下）。供養の食物は菓物（お菓子）・餅・菜に大別されていた。菜になるのは、コンブ・ノリ・ワカメほかの海藻、ウリ・ナスビ・カブなどの漬物、カブナ・ダイコンといった生菜、イモ、そしてクルミ・クリなどの果物である。仏事であるから魚・鳥などの生臭物は用いられない。直会の菜としてアワビ・カツオ・イリコといった珍味を出す神事とは[6]、この点で大いに異なるのである。アブラナ科植物としては、漬物にカブ・カブナ、生菜にカブ・ダイコン・アブラナ（芸薹）が用いられ、天皇の雑菜とあまり変わらなかった。ただし、天皇のような専用の園はなかったから、こうした野菜はすべて畿内諸国に命じて進上させた。[7]
また、漬物は大膳職が夏に準備するものであり、保存食であったことが確かめられる。[8]

ここまで述べてきたのは、最上級の恵まれた食事についてであった。もっと下級の官司・官人の食生活になると、文献史料が限られ、具体的なことがわかりにくい。ただし正倉院文書には、東大寺（造東大寺司）で写経を行なう際の予算書がかなり残っている。例えば天平宝字七年（七六三）二月の文書では、写経生の食料として米・糯米、塩・醤・未醤・酢・糟醤・芥子などの調味料、海藻・滑海藻・布乃利・大凝菜・小凝菜などの海藻類、大豆・小豆、胡麻油、そして「漬菜」が挙げられ、また「生菜」を買うための銭も計上されている。[9] 生臭物がないのは、仏教的な写経事業ならではのことであろう。漬菜・生菜に野菜が含まれることは言うまでもない。写経所の帳簿類によれば、アブラナ科植物では生菜としてカブナが多く、ダイコンやククタチも見える。漬菜でもカブナ・カブが圧倒的である。正倉院文書ではダイコンを「蘿菔」ではなく「大根」と書くのがふつうで、値段から見て「高級蔬菜」とされるが、いずれにせよ全体的な利用傾向は天皇や御斎会の食事とほとんど変わらなかった。なお、図書寮で仁王経を写す場合も、食料の構成は米、豆類、調味料、海藻類、生菜となっており、[10] 生菜の内容も正倉院文書と似たようなものだったに違いない。

【小結】

このように、奈良・平安時代に食材とされたアブラナ科植物は、カブナ・カブ・ククタチ・ツケナ・ナズナ・ダイコン・アブラナなどであり、なかでもカブナ・カブが基幹的であることは階層を問わず、生菜としても漬菜としてもよく用いられた。また、ここでは詳しく触れなかったが、カラシナはその種子が調味料として愛好されていた（コラム4「奈良・平安時代のワサビとカラシ」参照）。そして、これらにワサビ（山葵）・ノダイコン（温菘）を加えるならば、『本草和名』や『和名類聚抄《わみょうるいじゅうしょう》』（ともに十世紀前半成立）に挙げられたアブラナ科植物[11]をほぼ網羅することになるのである。

二、アブラナ科植物の栽培と供給

【三つの供給ルート】

日本古代の食膳に供されたアブラナ科植物は、その大部分が栽培されたものであった。すぐ食べるにしても漬物にするにしても、鮮度が重視されたと考えられ、生産地と消費地はさほど離れていなかった。消費者、すなわち調理して食べる（食べさせる）側から言えば、こうした生鮮野菜を入手するには、①公的ルートによる貢進・分配をうける、②自家栽培する、③購入する、という三つの方法がある。そして、①②③

をどう使い分けるかは、消費者（個人・組織）によってさまざまであった。

このうち①公的貢進・分配については、すでに触れたところである。天皇の「雑菜」の一部は民部省が、御斎会の「供養料雑菜」は太政官が、それぞれ畿内諸国に命じて貢進させるきまりで、きわめて特権的な野菜調達システムと言うことができる。例えば、摂津国は御斎会のために正税（地方財源）を用い、レンコン（蓮根）・カブナ（蔓菁）など五種類の野菜を「交易」して進上していた。[12] つまり、摂津国司は野菜を買っていたのである。それは帳簿上の建前かもしれないが、少なくとも民間で栽培されたアブラナ科野菜が、国司の職務として朝廷にもたらされたことだけは疑いない。

【内膳司の園】

しかし天皇が食べる「雑菜」の多くは、これも先述したように、内膳司（九世紀末までは園池司）の園（薗）で栽培されていた。[13] 生鮮野菜の②自家栽培のうち、最も大規模なものと評価できよう。『延喜式』巻三十九、内膳司によれば、こうした園は山城国に六箇所（京北園、奈良園、山科園、奈癸園、羽東師園、泉園）、大和国に一箇所（平城園）あり、総面積は四十町近くにのぼった。山城国に多いのは平安宮への供給の便を考えてのことで、奈良時代には平城宮に近い、大和国の園が主力であったと推測される。ほかにも平城宮・京で出土した木簡には、倉園・仲御薗・池辺薗・奄智御薗・菅内御園・東薗・南園などの名が見え、そのなかには園池司経営のものも含まれているであろう。

『延喜式』には、内膳司の園経営についても詳しい規程が見える。[14] 朝廷からは牛十一頭と農具、営園仕丁（耕作労働力）が充てられ、輸送のため車や船も用意されていた。栽培された植物は、オオムギ・ダイズ・アズキ・ササゲ（大角豆）・カブナ（蔓菁）・ニンニク（蒜）・ニラ・ネギ・ショウガ（薑）・フキ・アザミ・ウリ（早瓜・晩瓜）・ナス・ダイコン・チシャ（萵苣）・アオイ・コウサイ（胡荽）・アブラナ（芸薹）・カサモチ（蘇良自）・ミョウガ（蘘荷）・サトイモ・ナギ（水葱）・セリである。アブラナ科植物としては、例によって、カブナ・ダイコン・アブラナが現われる。ここではカブナの作り方に関する規程を紹介しておきたい。〔 〕は原文にある注記、（ ）は補足説明である。

カブナは、面積一段（約一一・三アール）の経営につき、種子八合（約六八〇ミリリットル）、のべ三十二人半の労働力を用いよ。地を耕すのは五回。犂（牛に引かせる農具）を執るのに二人半、牛を駆するのに二人半、牛が二頭半、土を砕いてならすのに一人を用いよ。糞（肥料）

は一二〇担ぎ〔一担ぎの重さは六斤（四キログラム）〕とし、これを運ぶ労働力はのべ二十人とせよ。〔一人あたり日に六度、左右馬寮から北園に運べ。〕種を蒔くにはのべ半人〔七月・八月にせよ〕、収穫には六人を用いよ。

この条文を読めば、カブナは平安宮にごく近い北園（京北園）で栽培されていたこと、牛に犂をつけて耕したこと、馬寮の厩肥が用いられ、その運搬に労働力の半分以上が使われたこと、[15]種蒔きが半日で終わったこと、などが知られる。ちなみにダイコン栽培は一段あたり十八人半、アブラナ栽培は二十八人を使役することとされていた。ダイコンには厩肥を利用しないため（理由はよくわからない）、労働力は少なめになっている。

【貴族の野菜畠】

次に、貴族や官大寺については、天皇と違って①公的貢進のシステムがなかったため、②自家栽培と③購入がアブラナ科植物を入手する手段になっていた。特に上級貴族たちは、②自家栽培のための野菜畠をいくつももっていた。こうした野菜畠はたとえ「園」と呼ばれなくても、彼ら・彼女らの大土地所有の一環として、都城からさほど遠くない地域に営まれ、京宅に生鮮食品を供給していたのである。古代荘園[16]について考える場合にも、こうした畠の比重と役割を見過ごすことはできない。

八世紀前葉の左大臣・長屋王の家政は、平城京左京三条二坊にあった彼の邸宅跡から木簡が大量に出土したため、かなり詳しくわかるようになった。「〇〇御田」「〇〇御薗」「〇〇司」などと呼ばれた長屋王の所領は、大和国を中心として、河内国・山城国などに分布していた。こうした所領からは米だけでなく、多種多様の食材が運ばれている。[17]米以外のものをリストアップしてみよう（傍線はアブラナ科植物）。

耳梨御田……アオイ・コウサイ・セリ・チシャ
矢口司……カキ（意比）
木上司……アケビ・ナツメ・採交・竹
片岡司……カブナ・アザミ・ジュンサイ・フキ・モモ・交菜・蓮葉
佐保……ショウガ
大庭御薗……カブナ
山背御薗……カブナ・ダイコン・アオイ・アザミ・コウサイ・サンショウ・シイ・タケノコ・チシャ・ナス・ヒユ・フキ・交菜

竹・蓮葉など、食物以外のものも挙げておいたが、このうち畠で栽培されたと見られる野菜は、内膳司園の産物と重なるものが多い。アブラナ科植物はやはりカブナ（菁・菁菜）

とダイコン（大根）で、特にカブナ進上木簡はたいへん多く、十三点に及ぶ。うち八点が大和国西部の片岡司、二点が河内国南部（または山城国）の山背御薗、一点が河内国北部（または和泉国）の大庭御園からのものである。月がわかる七点のうち、七月かとされる一点を除き、ほかはすべて十月であることが注目される。それはともかく、木上司とならんで馬見丘陵周辺に立地した片岡司は、[18]水陸さまざまの食材を進上していたが、とりわけ長屋王家で消費されるカブナの主要生産地となっていたのである。

神亀六年（七二九）に長屋王が謀殺されると、藤原安宿媛《あすかべひめ》が聖武天皇の皇后に立てられた（光明皇后）。彼女のために皇后宮職（のち紫微中台）という家政機関が置かれ、その活動は正倉院文書から垣間見られる。[19]皇后宮職管下の園としては「藍薗」が挙げられる。藍を栽培して荷車で運んでいたが、その運賃が五十文なので、[20]平城京近辺にあったと推察される。藍のほかに野菜も作っていたと見え、天平勝宝二年（七五〇）五月～七月の九通の文書では、カブナ・イヌホオズキ（龍葵）・ウリ（熟瓜・菜瓜・青瓜）・ササゲ（青大角豆）・ナス・ノビル（蘭）・フキなどが進上されている。[21]カブナがわずか一例であるのは、この園の特色か、季節によるものなのか、さらに検討を要する。また、皇后宮職は浄清所という所領を経営していた。天平勝宝八歳に東大寺へ施入され、清澄荘と呼ばれるようになった古代荘園で、大和国添下郡（現在の大和郡山市中央部）にあった。[22]浄清所では田畠を経営し、土器も作っていたらしいが、光明皇后が近くの大郡宮に来る時には食事を準備した。食膳には多種多様の漬物が供された。カブナ・アオイ・アザミ・イタドリ・ウリ・ショウガ・セリ・ダイズ・ナギ・ナス・フキ・モモ・ワラビ・麦生菜・多々良比売が、塩漬・甘漬・醤漬・未醤漬・古漬・糟漬・葅などにされている。これらの野菜・果菜・果物には、浄清所の畠で収穫されたものが多かったに違いない。しかし残念ながら、皇后宮職の野菜畠についてわかるのはこの程度のことである。また、長屋王家でも皇后宮職でも、アブラナ科野菜を購入した事例は確認できていない。むろん限られた史料であるから、すべて自家生産していたと考えるのは危険にすぎよう。

【官大寺の野菜畠】

平城京官大寺の野菜畠については、大安寺のものが全体像をつかみやすい。天平十九年（七四七）「大安寺伽藍縁起并流記資財帳」によれば、大安寺の寺地は十五坊からなり、うち一坊が「苑院」であった。伽藍に近接する苑（畠）である。[23]平城京内には左京七条二坊・三坊に「薗地」をもち、また十六箇所の荘園のうち、山城国相楽郡のものは「泉木屋并薗地二町」であった。天平勝宝八歳までに、左京五条六坊にも「御井薗」を入手している。[24]これらの苑・薗でも野菜が栽培されたことはたやすく推測できるが、その具体的状況を知る手立ては残されていない。

東大寺については、野菜畠の様子がもう少し明らかである。正倉院文書には東大寺（厳密には造東大寺司）経営の「西園（薗）」がしばしば見え、カブナ・ダイズ・アザミ・ギシギシ・セリ・チシャ・ナギなどを栽培・進上していた。[25]天平宝字七年（七六三）正月の行事報告書によれば、前年閏十二月には「西園領一人」が経営に携わり、その下で将領・仕丁・雇人らが立ち働き、カブナの収穫、「園守屋」の整備、園周辺の掃除のほか、京中から「腴」一七〇荷を運ぶ作業をした。[26]「腴」とは「こえ」（肥料）の意で、厩肥か人肥かはわからないが、すでに糞便を畠の肥料にしていたのであろう。それを京中から運んだと書くからには、西園は東大寺の西にして平城京の外、具体的には左京北郊の佐保地域にあったと考えられる。[27]『東大寺山堺四至図』の能登川沿いに見える「寺薗」とならんで、日常的に蔬菜を供給する畠であったと推定される。

【カブナの購入】

宝亀二年（七七一）、造東大寺司はカブナなどの野菜を入手するため、②自家栽培品を西園から運ばせるだけでなく、③買うという方法をとった。[28]こうした購入の事例は数え切れない。早く天平十一年（七三九）には銭を使って「市」で「青菜」を買っているし、天平宝字二年には「西市領等」からカブナ・ウリ・サンショウ・ショウガ・ナギ・ニガナ、「東市荘」からウリ・ナス・ナギを買って進上させている。[29]ダイコンも市で売っていた。[30]平城京の東西市で、アブラナ科を含むさまざまな野菜が買えたことは確かである。ただここで気になるのは、『延喜式』巻四十二（東西市司）に規定された鄽《いちくら》、すなわち常設店舗の種類であって、そこには穀物・調味料・海藻・果物・魚などの鄽は見えるが、野菜の鄽はニンニク（蒜）以外、一切出てこないのである。これを平城京と平安京の違い、つまり時代差と解釈することもできるが、むしろ野菜についてはずっと常設店舗がなかったと考えるほうが良いかもしれない。アジア各地のバザールに行くと、野菜は決まった店棚に並べられているものもあるし、屋外の地面や車の荷台に置いて売っていることもある。周辺の農民たちが穫れたばかりの野菜を売るだけなら、常設店舗は必要ないのである。日本古代都城の市でも、こうした簡便な売買がごくふつうに行なわれており、そのため「雑菜鄽」はなかったと推定してみるのだが、いかがであろうか。

造東大寺司は東西市だけでなく、やや遠方の泉木屋所や杜屋からもカブナを買って進上させていた。[31] 泉木屋所は木津川の川港にあり、杜屋は中ツ道と大和川が交差するところで、いずれも交通・流通の要衝である。こうした地にも、農民たちがいろいろな野菜を売りに来ていたのであろう。荷車の業者もいて、泉木屋所からの運賃は七十文、杜屋からの運賃は九十文だった。[32] 運賃五十文の皇后宮職藍薗が平城京近辺にあったと、さきに推定した所以である。なお、泉木屋には大安寺の薗地があり、杜屋とは東大寺領村屋荘のことと思われる。そこでカブナなどが栽培されていた可能性も捨てきれない。

東大寺領清澄荘の前身が皇后宮職領浄清所であったように、官大寺と貴族の大土地所有には相通じるところがあった。同じように都城（および隣接地）に立地した点から考えても、両者の野菜入手ルートは類似していたのではないだろうか。東大寺の例から推せば、それは②自家栽培と③購入を並存させ、時に応じて使い分けるというものであった。

【小規模な自家生産】

ここまで天皇・貴族・官大寺による特権的な野菜調達の方法を述べ、広大な園（畠）についても見てきたが、もちろんもっと小規模な栽培も行なわれていた。市で売られる野菜にはそうした農民の生産物が多かったであろう。造東大寺司の写経所でもセリ・ナギ・チシャを植えて食べており、[33] 春にはセリの種を買っていた。[34] アブラナ科植物については、今のところ、こうした事例は見出せていない。

平安時代の大学寮は、勉強する学生たちのために、米・菜・塩などの食料を調達していた。「菜」については、山城国久世郡に一町の「菜圃」があったほか、平安京内にも「園地」をもっていた。この園地には文章得業生が住むことができたが、余った土地には「雑菜を種殖」して小規模な野菜生産を行なったのである。[35]

さらに時代が降って天元五年（九八二）、慶滋保胤《よししげのやすたね》が『池亭記』に描いた邸宅のさまも興味深い。[36] 彼の「池亭」は平安京左京六条三坊に立地し、一三〇〇坪余の広さがあった。そのうち四割が建物、三割が池（庭園）、二割が菜園、一割が芹田にあてられ、「もし余暇あれば、僮僕を呼びて後園に入り、以て糞し以て灌す」ることを保胤はしていた。家庭菜園で糞便肥料が使われていたわけである。規模の大小はあっても、平城京・平安京の宅地においては、大学寮と同様、このようにして野菜を栽培していたと考えてよかろう。山野草を摘むのとあわせ、小規模ながら一般的な野菜調達の方法と見ることができる。おそらくカブナなどのアブラナ科植物もそうして栽培されていたことであろう。

三、アブラナ科植物の調理

【野菜の調理法】

平安時代における野菜の調理法には、生食・焼物・煮物・蒸物・茹物・羹・漬物などがあったとされる(37)。これは葉菜・果菜・根菜をすべて含めたものであり、アブラナ科に限られるわけではない。また、奈良時代に遡るとどうだったのかという点も問われねばなるまい(38)。そこで最後に、カブナとダイコンを中心として、奈良~平安時代のアブラナ科植物の調理法を略述しておきたい。

【カブナの調理】

『延喜式』には内膳司の器物・用具類を書き並べた規程があり、「雑菜」を調理していく様子がうかがえる(39)。すなわち、雑菜は用途によって生菜・羹菜・漬菜などに区別され、大きな台(中取案)にのせた水桶(大槽・円槽)の中で洗った。次にムシロ(席)の上で乾かす(暴凉)。生菜や羹菜は明櫃・荒筥に入れて保管したようだが、値段の高いダイコンは筥に入れ置かれた。料理は切案(机状のまな板)の上で刀子を使って切り刻み、そのまま供するか、煮たり焼いたりするかになる。「熬菁」という表現が見えるから、カブナに熱を通したことは確かである(40)。漬物は切案で料理された形跡がなく、そのままの形状で麻笥盤・かめ(缶)・壺などに漬け込むのがふつうで、それらの土器ごと韓櫃に入れて保管したもののようである。

カブナの調理について、正倉院文書の記載を見ておくと、届いたカブナ・ナス・ナギを「簡」する雇女、カブナを「耗」する雇女が現われる(41)。前者は六~九月の作業で、よい品物を選り分けたか、用途別に振り分けたかのいずれかであろう。後者は十月の作業。国字「毟」のような、むしる(カブからカブナをむしり取る)の意だろうか。いずれにしても、水洗い・調理の前段階で女性労働がなされていたと考えられる。その後、『延喜式』のような過程を経て、カブナは塩漬や「葅料」「羹料」「茹料」に用いられた(42)。ダイコンもそうなのだが、カブナが生食された事例は見当たらない。『万葉集』にも「食薦敷き　蔓菁煮持ち来　梁に　行縢掛けて　休むこの君」(一六—三八二五)という歌があり、カブナは加熱するか、漬物にして食べるのが一般的だったらしい。

二〇〇六年、平城京西大寺食堂院《じきどういん》跡の発掘調査が行なわれ、多数の木簡が出土した。すべて八世紀末のもので、西大寺食堂に供された野菜に関する記載も見られる(43)。それによれば、西大寺は「東薗」をもち、ウリ・キュウリ・ササゲ・ナス(木簡番号1)、ダイコン・チシャ(2)などを進上させていた。

野菜の一部は漬物となり、カブナが「洗漬」され（8）、「漬蕪」として食された（14）ことも知られる。「蔓菁□女□並仕丁」と判読されている木簡（12）は、正倉院文書の雇女と同じく、カブナの調理に女性労働が用いられたことを示唆する。まさに奈良時代と平安時代をつなぐ木簡群と言えよう。

【アブラナ科植物の漬物】

アブラナ科植物の漬物については、第一節で少し触れたところであるが、改めて関係史料を眺め渡しておきたい。

まず『延喜式』であるが、内膳司では春菜・秋菜の漬物を作っていた[44]。春菜ではカブナ（蔓菁）の黄菜が塩・粟で漬けられ、秋菜ではツケナ（菘）が葅に、カブナが須須保利・葅・切葅に、カブ（菁根）が搗・須須保利・醤漬・滓漬にされた。須須保利とはダイズやコメを入れた塩漬（蔓菁にはダイズ、菁根にはコメを用いる）、葅は楡皮の粉を使った塩漬のことで、切葅は野菜を刻んだ葅、搗は野菜をついた塩漬と解される。秋菜の漬物は量も多く、種類も多岐にわたっており、野菜の少なくなる冬季に備えたものと考えてよい。『延喜式』の漬物の塩分濃度では長期保存が難しいという実験結果もあるが[45]、すでに見たように、正月の大極殿御斎会の漬物は夏に準備されており、半年以上保存されたことは疑いない。

正倉院文書にもカブナの漬物は少なからず見られ、塩漬と葅が一般的であるが、須須保利（青菜）や酢漬も確認できる[46]。二節で述べた浄清所の漬物にも、カブナの葅が含まれていた。ダイコンの漬物が見当たらないことを含めて、奈良時代と平安時代の漬物はかなり連続性が強いように感じられる。

おわりに

きわめて簡略ながら、奈良・平安時代のアブラナ科植物について、食材としての生産・供給・調理の様相をたどってきた。優れた先行研究に導かれつつ、倉卒の間にまとめたものであるため、初歩的な誤りがないことを祈るばかりである。ただいずれにせよ、出土文字史料の増加と、既存史料の再検討が進んでいる現在、この分野の研究を深めることはまだまだ可能であろうと感じられた。そしてその際には、文系・理系の壁を越えた共同研究が、たいへん有効な方法となることを確信している。

注

（1）渡辺実『日本食生活史』（吉川弘文館、一九六四年）、関根真隆『奈良朝食生活の研究』（吉川弘文館、一九六九年）、青葉高『野菜の日本史』（八坂書房、一九九一年）、など。

（2）『延喜式』巻三十九、内膳司、供奉雑菜条（新訂増補国史大系本八七三頁）。『延喜式』の引用にあたっては、以下も同様に新訂増補国史大系本の頁数を挙げる。なお、虎尾俊哉編『訳注日本

史料　延喜式』全三巻（集英社、二〇〇〇年・二〇〇七年・二〇一七年）には簡明な注釈が施されており、参考になる。

（3）『延喜式』巻三十九、内膳司、漬年料雑菜条（八七四頁）。

（4）『延喜式』巻二十三、民部下、仰畿内条（五八〇頁）。読み下すと、「凡そ供御の笋（タケノコ）・藕（レンコン）、及び雑菜・楡皮などは、畿内に仰せて供進せしめよ」。

（5）各野菜の現代名比定は青葉高『野菜の日本史』（前掲）による。なお、蔓菁や菁はカブナのこととひとまず解しておくが、史料によってはカブを示す可能性もある。

（6）『延喜式』巻三十二、大膳上に見える神今食・鎮魂祭・新嘗祭・園韓神祭・平野祭・賀茂神祭・春日祭・松尾神祭など。古代貴族がこうした食材を好んだことについては、薗田香融「古代宮廷の珍味」（同『日本古代の貴族と地方豪族』、塙書房、一九九二年、初発表一九六三年）。

（7）『延喜式』巻十一、太政官、御斎会条（三三六頁）。当該部分を読み下すと、「それ供養料の雑菜などは、あらかじめ符を畿内諸国に下して供進せしめよ」。

（8）『延喜式』巻三十三、大膳下、造雑物法条（七七三頁）。

（9）天平宝字七年二月二五日「奉写経所解」（『大日本古文書』五巻三八八頁）。

（10）『延喜式』巻十三、図書寮、写年料仁王経条（三八六頁）。

（11）青葉高『野菜の日本史』（前掲）。

（12）保安二年（一一二一）度「摂津国正税帳案」（九条家本中右記紙背文書、『平安遺文』補四五号）。その内容は九〜十世紀の状況を示すものと考えられる。

（13）鷺森浩幸「園の立地とその性格」（同『日本古代の王家・寺院と所領』、塙書房、二〇〇一年）、伊佐治康成「日本古代「ソノ」の基礎的考察」（『学習院史学』三八、二〇〇〇年）、同「園池司について」（黛弘道編『古代国家の政治と外交』、吉川弘文館、二〇〇一年）、柳沢菜々「古代の園と供御蔬菜供給」（『続日本紀研究』三八九、二〇一〇年）、同「園池司の職掌と内膳司への併合」（『日本歴史』七七五、二〇一二年）。なお、こうした内膳司の園の歴史的前提として大和国の六御県（高市・葛木・十市・志貴・山辺・曽布）があり、祝詞にしばしば見える「甘菜・辛菜」を貢進していたのである。

（14）『延喜式』巻三十九、内膳司、作園条〜耕種園圃条（八七八〜八八一頁）。

（15）古島敏雄『概説　日本農業技術史』（養賢堂、一九五一年）。

（16）石上英一「古代荘園と荘園図」（金田章裕ほか編『日本古代荘園図』、東京大学出版会、一九九六年）。

（17）舘野和己「長屋王家木簡の舞台」（同『日本古代の交通と社会』、塙書房、一九九八年、初発表一九九二年）。木簡の検索には奈良文化財研究所の「木簡データベース」（https://www.nabunken.go.jp/Open/mokkan/mokkan.html）を活用した。

（18）木上司・片岡司の所在地については諸説あったが、馬見丘陵周辺とするのが至当である。岩本次郎「木上と片岡」（『木簡研究』一四、一九九二年）、参照。「片岡」は馬見丘陵北部周辺、「木上」は馬見丘陵南部周辺の広域地名と考えられるが、大和高田市大谷・野口の「木延」「大ミカド」「松笠」などは、長屋王家の木上司・木上御馬司に関係する小字名とも考えられる。

（19）鬼頭清明「皇后宮職論」（同『古代木簡と都城の研究』、塙書房、二〇〇〇年、初発表一九七四年）。

（20）天平勝宝二年七月六日「藍園藍送進文」（『大日本古文書』三巻四一一頁）。

（21）『大日本古文書』三巻四〇六〜四〇七頁、四〇九〜四一二頁、同十一巻三三三頁、同二十五巻八頁。

(22) 吉川真司「平城京南郊の古代荘園」(栄原永遠男ほか編『東大寺の新研究2 歴史のなかの東大寺』、法蔵館、二〇一七年)。関連文書は『大日本古文書』三巻四一二～四一三頁、同十一巻三五〇～三五三頁に収める。

(23) 平城薬師寺も伽藍北方に「苑院」一坊をもっていた。太田博太郎『南都七大寺の歴史と年表』(岩波書店、一九七九年)、参照。

(24) 天平勝宝八歳六月十二日「孝謙天皇勅書」(『大日本古文書』四巻一一八頁)、宝亀七年三月九日「佐伯今毛人・真守送銭文」(随心院文書、同二十三巻六一六頁)。

(25) 神護景雲四年九月二十九日・宝亀二年三月三十日・五月二九日・一二月二九日「奉写一切経所解」(『大日本古文書』六巻八五頁・一三五頁・一七三頁・二二三頁)など。

(26) 天平宝字七年正月三日「造東大寺司告朔解」(『大日本古文書』五巻三七五頁)。「営薗料仕丁」は年月日欠「造寺所解」(『大日本古文書』二十四巻三二四頁)にも見える。

(27) 『東大寺要録』巻六の「諸国諸荘田地」に見える「西薗田」が、左京一条二坊佐保里「陵田畠」と「佐保院田」との間に記されることから、このように推定できる。

(28) 宝亀二年三月三十日・五月二九日・十二月二九日「奉写一切経所解」(前掲)。

(29) 天平十一年八月二十四日「写経司解」(『大日本古文書』二巻一八三頁)、天平宝字二年「写千巻経所銭并衣紙等下充帳」(同十三巻二五三頁)。

(30) 天平宝字二年「後金剛般若経料雑物収納帳」(『大日本古文書』十四巻七一頁)。

(31) 天平宝字二年「後金剛般若経料銭下充帳」(『大日本古文書』十四巻一頁)など。

(32) 天平宝字二年「後金剛般若経料雑物収納帳」(前掲)。

(33) 宝亀二年五月二十九日「奉写一切経所解」(前掲)。伊佐治康成「日本古代「ソノ」の基礎的考察」(前掲)の指摘による。

(34) 宝亀二年三月三十日「奉写一切経所解」(前掲)。

(35) 『延喜式』巻二十、大学寮、諸国田条～塩条(五二五～五二六頁)。一方、丹後国の出挙利稲で「味物」を買って「学生等菜料」に充てたというのは(同丹後国稲条、五二五頁)、海藻や魚類の調達方法と解される。

(36) 『本朝文粋』巻十二。角田文衛「慶滋保胤の池亭」(同『王朝の映像』、東京堂、一九七〇年、初発表一九六九年)、参照。

(37) 渡辺実『日本食生活史』(前掲)。

(38) この点については、関根真隆『奈良朝食生活の研究』(前掲)に詳しい。

(39) 『延喜式』巻三十九、内膳司、年料条(八七〇頁)。

(40) 『延喜式』巻三十三、大膳下、仁王経斎会供養料条(七七〇頁)。

(41) 神護景雲四年九月二十九日「奉写一切経所解」・天平宝字二年「後金剛般若経料銭下充帳」(ともに前掲)。

(42) 年月日欠「写経司解」(『大日本古文書』七巻二七〇頁)、神護景雲四年九月二十九日「奉写一切経所解」(前掲)。

(43) 奈良文化財研究所編集・発行『西大寺食堂院・右京北辺発掘調査報告』(二〇〇七年)。木簡番号は一八～一九頁の釈文に付せられたもの。

(44) 『延喜式』巻三十九、内膳司、漬年料雑菜(八七四頁)。

(45) 土山寛子・峰村貴央・五百蔵良・三舟隆之「『延喜式』に見える古代の漬物の復元」(『東京医療保健大学紀要』一一―一、二〇一六年)。

(46) 青菜の須須保利は天平宝字六年「経所食物下帳」(『大日本古文書』十五巻四七一頁)、カブナの酢漬は天平宝字二年「某雑物下充帳」(同十三巻四六九頁)に見える。

日本中世におけるアブラナ科作物と仏教文化

横内裕人

よこうち・ひろと――京都府立大学文学部教授。専門は日本中世史。主な著書に『日本中世の仏教と東アジア』（塙書房、二〇〇八年）、論文に「東大寺印蔵の文書管理構造――所司と大衆の関わりを中心に」（『南都仏教』一〇〇号、二〇一八年）などがある。

アブラナ科植物は日本中世社会において、貴賤を問わず、広く親しまれた食材であった。ゆえに文献史料や絵画史料にも数多く登場する。特に寺院社会においては、西域由来のイメージに加え、仏世界の食材として特別な意味が与えられたり、清貧な修行を象徴する食材として利用されてきた。現在、日常的に親しまれているアブラナ科植物の受容の歴史をたどってみたい。

一、中世人に親しまれるアブラナ科作物

本章では、中世日本におけるアブラナ科植物の利用の状況と食文化や宗教文化とのかかわりについて検討する。

すでに大根（蘿蔔）・蕪などのアブラナ科作物の蔬菜類は、日本古代において朝廷による栽培が確認されている。(1) たとえば大根は年始に天皇の延寿を祈るために供される「歯固め」の儀式に利用されてきた。(2) 日本におけるアブラナ科作物の利用方法は、中世史料にも数多く登場し、人々との関わり方も具体的にわかってくる。試みにいくつかの絵巻物を紐解いてみよう。

図3―3―1（口絵⑩）は、『信《し》貴《ぎ》山《さん》縁《えん》起《ぎ》絵《え》巻《まき》』に見える摘菜の場面である。

ひとりの女性が、地面にしゃがみ込み、菜を摘み曲物の手桶に収穫している。季節は桃の花咲く晩春。しかも野に出ての自生の菜を摘む「若菜摘み」とは異なり、道路に面した垣内（垣根で区切られた私有地）の畠で栽培している菜を収穫し

ている。この野菜は、やや幅広い葉を地を這うように広げている。菠薐草（ホウレンソウ）あるいは、蕪菜であろうか、残念ながら、作物は特定できない。だが、こうした蔬菜を収穫する様子を文字であらわした史料が残る。平安時代後期の説話集『今昔物語集』だ。(3)

今ハ昔、京ヨリ東ノ方ニ下ル者有ケリ。何レノ国・郡トハ不レ知デ、一ノ郷ヲ通ケル程ニ、俄ニ婬欲盛ニ発テ、女ノ事ノ物ニ狂ガ如ニ思ケレバ、心ヲ難静メクテ思ヒ繚ケル程ニ、大路辺ニ有ケル垣ノ内ニ、青菜ト云物、糸高ク盛ニ生滋タリ。十月許ノ事ナレバ、蕪ノ根大キニシテ有ケリ。此ノ男忽ニ馬ヨリ下テ、其ノ垣内ニ入テ、蕪ノ根ノ大ナルヲ一ツ引テ取テ其ヲ彫テ、其ノ穴ヲ婜テ、婬ヲ成シテケリ。然テ即チ垣ノ内ニ投入テ過ニケリ。

其ノ後、其ノ畠ノ主、青菜ヲ引取ラムガ為ニ、下女共数具シ、亦幼キ女子共ナド具シテ、其ノ畠ニ行テ、青菜ヲ引取ル程ニ、年十四五許ナル女子ノ、未ダ男ニハ不触リケル有テ、其ヲ青菜引取ル程ニ、垣ノ廻ヲ行テ遊ケルニ、彼ノ男ノ投入タル蕪ヲ見付テ、「此ニ穴ヲ彫タル蕪ノ有ゾ。此ハ何ゾ」ナド云テ、暫翫ケル程ニ、皺干タリケルヲ、掻削テ食テケリ。

話はセクシャルで謎めいた異常出生譚として進行していく。

今はそれを措き、描かれた情景を拾ってみると、大路に面した垣内の畠で青菜を栽培しており、秋になると大きな蕪が収穫可能となっている点、また女性による青菜の収穫の様子など、『信貴山縁起絵巻』の絵と符合する点が見いだされる。両者を合わせて読むことによって、青菜・蕪の栽培の状況が鮮やかに浮かび上がってくる。

図3―3―2（口絵⑩）は、『粉河寺縁起絵巻《こかわでらえんぎえまき》』の一場面である。河内国讃岐郡の長者に公事を納める様子が描かれる。各種の食物を数多く取りそろえた唐櫃が、長者の前に置かれている。われわれからみて最も手前の丸く大きな野菜が蕪と見られている。(4)歳末に領主のもとに届けられた公事物であろうから、庶民が食するものよりも質の良い大きな高級品であったのだろう。蕪や大根は、庶民の口に入るものもあれば、領主への貢納品や贈答品に登場するものもある。その詳しい様子については後述しよう。

図3―3―3・4（口絵⑩）は、市中で野菜を売り歩く、子連れの行商の女である。図3―3―3（『春日権現験記絵《かすがごんげんけんきえ》』）の女性が頭に載せたザルの中には、青菜付きの蕪がぎっしりと詰まっている。図3―3―4（『福富草子《ふくとみぞうし》』）の女性は、さらに大きな籠を頭に載せ、曲物に容れた魚と一緒に葉を落とした大根を売り歩いている。蕪や大根は、鎌倉時代以降、ひ

ろく売買の対象となっていた。

このように、中世にいたると、農民の自給のためばかりではなく、領主への貢納品や市場で売買され消費される作物として広く流通していたことがわかる。

鎌倉時代に法華宗を開いた日蓮は、世俗の門徒達に書状を書き、わかりやすく法華経の教えを説いたが、その手紙の中に、「凡夫を仏に成し給ふ。蕪は鶉となり、山の芋はうなきとなる」(5)、「いゑのいも一駄・こはう一つと・大根六本。いもは石のことし。こはうは大牛の角のことし。大根は大仏堂の大くきのことし。」(6)などのように譬喩《ひゆ》の事例に蕪や大根を用いている。日蓮の書状には「柿三本・酢一桶・くくたち・土筆給候了。」(7)など、アブラナと見られる「くくたち」＝茎立も登場する。庶民を教導するための法話に利用されるほど、日常社会に広く流通する作物だった。

このように親しまれたアブラナ科作物を、中世の人々が具体的にどのように利用し、その習慣・文化のなかに取り込んでいたのか、さらに具体的にみてみよう。

二、中世のアブラナ科植物の利用

寺社への貢納

建保年間（一二一三～一二一九）には、熱田神宮領尾張国落合郷は毎年二月・十一月に「白蕪　牛房」を神役として熱田神宮に収めていた。(8)宇佐八幡宮において六年に一度おこなわれる行幸会では、末社田笛宮がその舞台となる、そこで神饌として備えられる「窪坏物」には「鳥頭布　ナヒラ　青菜蒸（蕪カ）」が使われた。(9)冬から春の神事には欠かせない野菜、それが青菜や蕪だったのである。

寺院の場合も同様である。鎌倉時代中期、弘安八年（一二五八）の史料によれば、伊勢光明寺には、歳末に代銭納による年貢とともに、寺領荘園から「御節料青菜六束　員六十把」が届けられている。(10)正月の節日の儀式に供えられたのであろう。

鎌倉時代後期の東大寺の事例をみよう。永仁二年（一二九四）に作成された東大寺大仏殿灯油料田畠注文には、公事として納入された種々の品目が見える。割木・萱柴・筵や油・炭などのほか、畠で生産された農産物が記されている。(11)麦・小豆・瓜・茄子・牛房・子イモ・芋・浅合・ニラに混じって菁・カフラナ（菁菜）・御菜などのアブラナ科作物が見える。蕪や蕪菜は寺院で日常的に消費される野菜だったのだ。

前述したように正月に朝廷でおこなわれる歯固めでは、大根を含む蔬菜は、山城国久世郡にある内膳司管轄の御園が納めていた。(12)京都の東寺にも近郊の荘園から野菜が貢納されている様子が知られる。大和国平野殿荘からは、毎年末に壇供餅と一緒に菜・大根が納入されている。[13] 東寺領下久世村の畠一反では、毎年麦一斗・正月若菜一籠・四月御祭茗荷一把・七月盆供一籠・十一月神楽青菜一籠・節料米三把の公事を負担した。[14]

また定例の仏教法会としてはおそらく最大規模に属する興福寺維摩会では、米五六一石余・餅十八万八二〇枚・大豆二石五斗など毎年定例の期間の中で、大量の食料が必要とされている。そのなかで野菜類を負担したのは山城国大住荘であった。この荘園からは、

一青菜・大根・芋・菜　本より下す分は遣わさず　棚所これをあつかふ

大住庄例進　続茄子五十果、青菜二千百把、大根七百把、芋七石　近代四石九斗

とあるように、驚くほど大量の青菜・大根を納入している。[15] 以上見たように、蔬菜類は季節物として珍重され、貴族社会・寺院社会における行事・神事・法会で広くかつ大量に消費されていたのであった。

では庶民生活のなかで、アブラナ科作物がどのように利用されていたのか。実は、この点は文献史料からはあまりよくわからないが、次の史料を挙げておこう。

寛正三年（一四六二）八月に、将軍足利義政が東寺に御成になった。その準備のため、東寺では掃除や草刈りなどに人々が動員されたが、その際に出された食事メニューの一つに大根が含まれていた（図3―3―5（口絵⑪））。[16]

七月廿八日鳥羽寛河并人夫以下酒直事 十四人

百五十文　米

三十一文　みそ（味噌）

二文　しほ（塩）

十文　なすひ（茄子）

十文　さゝけ（ささげ）

六文　六てう（六条豆腐）

八文　大こん（大根）

三文　す（酢）

二文　はし（箸）

五文　うり（瓜）

百六十四文　酒

二十文　わら（藁）

〆四百十一文　乗珍（花押）

（花押）

大根は汁物の具材となったのであろうか。大根の旬からははずれた季節であるが、こうした形で庶民の食卓に上った様子が想像される。

応永十三年（一四〇六）、南都南市で商売をする三十の座が

知られている。魚座・鳥座などの魚鳥、絹座・小袖座・紺座・筵座・炭座などの手工業品とならび、大豆座・ヤマノイモ座・米座などの農産物がある。そのひとつに大根座が確認できる。(17) 先に行商による商売の姿を見たが、市場において売買取引される一種別として数えられるほどに大根の流通が活発であったことが知られる。

三、大根の薬効と宗教性

さてこのように身分を問わず日常生活で利用されていたアブラナ科作物であるが、その中でも、異彩を放っているのが大根である。日本初の本草書『大和本草』を著した貝原益軒は、その著書の中で大根について「南北埴沙無不宜、民用ニ最有利益、群菜ノ第一トスベシ、四時常ニアリ」と記している(五 菜蔬「蘿蔔《らほ》」)。江戸時代には、場所と季節を選ばず栽培でき、人々に親しまれた野菜、それが「群菜の第一」の大根だった。それゆえか現在においても、単なる食材としてだけでなく、人々の習俗のなかにも取り込まれている。たとえば京都の冬の風物詩となっている千本釈迦堂や鳴滝了徳寺の「大根焚《だいこだき》」は諸病封じとして人々に親しまれている。大根は、健康増進に効果のある食材として利用されていた。

大根にまつわる説話としてよく取り上げられるものに『徒然草』第六十八段がある。(18)

筑紫になにがしの押領使などいふやうなるもののありけるが、土大根よろづにいみじき薬とて、朝ごとに二つづつ焼きて食ひけること、年久しくなりぬ。

ある時、館の内に人もなかりける隙をはかりて、敵襲ひ来りて囲み攻めけるに、館の内に兵二人出で来て、命を惜まず戦ひて、皆追ひ返してげり。いと不思議に覚えて、「日ごろここにものし給ふとも見ぬ人々の、かく戦ひし給ふは、いかなる人ぞ」と問ひければ、年ごろ頼みて、朝な朝な召しつる土大根らにさぶらふ」と言ひて失せにけり。

深く信をいたしぬれば、かかる徳もありけるにこそ。

筑紫国(いまの福岡県)で治安警察の任に当たっていたある押領使は、大根を万能薬として毎朝二つずつ焼いて食してきた。あるとき敵の不意打ちにあったところ、大根の化身となった兵二人が現れて敵を撃退したという。大根の精が擬人化されるほどに、その効能がもてはやされるに至っていた。

古くから仏教においても、大根は多くの経典で言及される野菜であった。こころみに仏教経典を網羅的に検索できるDB(SAT大正新脩大藏經《だいぞうきょう》テキストデータベース)(19) で、大根の別称である「蘿蔔」を検索すると実に多くの経典や聖教がヒットする。西域伝来の野菜である大根は、仏教文化圏でも広く親しまれた野菜であった。

そのなかで興味深いのが、真言密教での大根の利用法である。真言密教の修法のひとつで毎年正月に行われる後七日御修法では、いくつかの修法壇のうち、聖天法があるが、その壇には聖天の供物として大根が備えられる（図3—3—6（口絵⑪））。

平安時代のおわりに密教僧覚禅が編纂した真言密教の百科全書『覚禅鈔《かくぜんしょう》』には「聖天《しょうてん》」の項目がある。(20)『迦楼羅密語《かるらみつご》経《きょう》』という経典に、聖天を祀る壇の西側に方形の別壇を設け、蘇・牛乳・酪蜜を用いて、団・蘿蔔とさまざまな飲食を起て、毘那夜迦天王《びなやかてんのう》（聖天の別称）とその眷属《けんぞう》を名香・花で供養せよ、さすれば「大歓喜」を生じて作法は成就する、と記されている。聖天は象頭人身の夫婦和合の姿で知られる。『覚禅鈔』にも、いくつかの行像の説明があるが、二身抱合し左手に「蘿蔔」を、右手に「歓喜団」を持つとするもの、三面三目四臂のものは（図3—3—7（口絵⑪））、左上の手に刀、次の手に歓喜団、右の上の手に棒、次の手に「蘿蔔根」を持つとする。(21)そしてなぜ大根を持つのかという点については、『伝集』という文献を引いて、聖天はもともと「象鼻山（毘奈耶迦山）」に住んでおり、その山に「蘿蔔根」があるからだ、と説いている。(22)象鼻山は、須弥山を回る九山八海の第六の山とされる。大根は、その聖地の産物と捉えられてきたわけである。真言密教の教説によって、大根には西域伝来の野菜というイメージに加えて、須弥山世界の特殊な産物としての意味が与えられたのであった。

奈良県生駒聖天（宝山寺）など日本各地の「聖天さん」でも、年末の厄除け行事に「大根焚」を行っているが、これは聖天（歓喜天）の持物として大根が使われてきたことに関係しよう。こうして大根には、諸病を除く薬効に宗教性が付加されて、とりわけ人々に親しまれる野菜となっていったのである。

四、蕪・大根のブランド化と禅宗文化

南北朝時代・室町時代にいたると禅宗寺院のなかでのアブラナ科作物の利用のありさまが頻繁に記録されるようになる。南北朝時代に成立した往来物『庭訓往来《ていきんおうらい》』(23)には、禅寺で供される齋のメニューが記されている。「御齋汁」の材料には「蘿蔔・山葵《わさび》」が、「菜」の材料には「繊蘿蔔」（細く刻んだ大根）や「蕪」「チシャ茶苣」が挙げられている。室町時代中期の往来物『尺素往来』にも「点心ノ菜」として「生蘿蔔」が、また「茶ノ子」として「乾胡蘆」「乾蘿蔔」が見られる。(24)

生ものだけでなく、用途に応じて乾物に加工され、長期保存できる食材として利用されていた。このようにアブラナ科作物は精進料理に欠かせない食材として珍重されていた。

さらに室町時代の禅宗寺院では、アブラナ科作物が贈答品として散見する。わさび山葵[25]や白芥子[26]などに加えて、「山城土産」の「大蘆菔十五本」などの特産品[27]が歳暮の贈答品に使われているのが注目される。安土桃山時代に下ると京都産の大根を興福寺僧が贈答に用いている例がある[28]。京都ブランドの大根は南都にまでその名が聞こえていたらしい。前述の『庭訓往来』には、全国の名産品を書き上げた部分がある。特に京周辺の産物のなかに「東山蕪」の記載があるのが注目される[29]。すでに南北朝時代に、のちの聖護院大根につながるような地域ブランドが成長していたのである。

禅宗文化のなかでは、とくに絵画において、蔬菜は特別な位置を占めている。かつて自給自足の食事を重んじた禅宗において、重要な食材であった蔬菜は、宗教的な意味が与えられ盛んに描かれた。「花卉雑画《かきざつが》」と呼ばれる絵画である[30]。そのなかでももっとも著名なものは、伝牧谿《もっけい》の「蘿蔔蕪菁図」（図3―3―8・9（口絵⑪））であろう。牧谿は、宋末元初、十三世紀の禅僧。蘿蔔には「助庵日飫」、蕪菁には「客来一味」の賛が施されている。日飫は日々の賜り物を指し、蘿蔔が自給生活の資となっていることを示す。そして客来は理の外にある客人を指し、一味とは真実が平等であり、諸相みなひとつの真実に向かうことを示す。葉の一枚一枚を諸相すなわち客と見立てているともいう。のちに狩野元信（一四七六～一五五九）が本図に倣って描いた蘿蔔図も現存している。こうした大陸の仏教文化が、鎌倉時代以降に日本に伝来し、日本の禅宗文化のなかで育まれていったのだ[31]。

日常的に親しまれながらも、室町時代には禅宗によって特別な意味が付与され、寺院社会で珍重された野菜、それが大根や蕪菁だったのである。

五、アブラナ科作物と「油菜」

現在、われわれが知っているアブラナ科植物の利用方法としては、以上のような食材のほかに、菜種《なたね》から油を抽出するものがある。「アブラナ」の名称のもとにもなった、この利用方法はいつ頃から一般化したのであろうか。かつて、『大日本産業事蹟』（明治二十四年刊）[32]は菜種油が古代に始まると説いたが、史料から判断してこれは適切ではない。

今、手近な辞書類を紐解けば、

「山城の大山崎離宮八幡宮、摂津の住吉大社の神人や奈良興福寺大乗院の寄人らが行っていた中世の製油では、油料原料の第一はエゴマ（荏胡麻）であったが、十七世紀大坂に展開した製油業ではすでにナタネがこれにとって代わっており、ナタネは綿実とともに近世の主たる油料原料となった。」（平凡社『世界大百科事典』）

などのように、中世から近世への間に油の原料が荏胡麻から菜種に切り替わったとされる。その画期の背景には、搾油技術の革新があったようだ。荏胡麻から油を絞るには、長木という轆轤《ろくろ》を使用して搾圧したが、菜種には搾圧力不足であった。近世になり立木という楔を打って搾油する技術が改良されてから、菜種油が一般化したという（『国史大辞典』）。ではその画期がいつなのか、もう少し絞り込もうとすると実ははっきりしない。

今回、あらためて中世における文献を概観したが、荏胡麻から菜種への転換はもとより、油の原料としての菜種の史料を見つけることはできなかった[33]。「油菜」と記した史料として知られるのが、室町時代宝徳五年（一四五三）、遣明船に乗って入明した僧侶笑雲瑞訢《えうんずいそ》が、寧波滞在中、中国側官人から宴会の接待を受けた時のものである。官人が日本の関係者や水夫に与えた食材に、「麺粉」「砂糖」「酒」「醋」「鹽」「醤」「鮮筍」「楊梅」「鵞鳥」とともに「油菜」が見える[34]。これが「油菜」の初見とされることが多い。ただし、近年の校訂本では、「油」「菜」と別々の材料を併記したものと解釈している[35]。

仮にこれが「油菜」を指すものとしても、中国での食材の呼称であった点には注意を払う必要がある。さらに、この名称の「油」が搾油に由来するものなのか、そもそも、いわゆるアブラナ科作物を指すのかどうかも実は判然としない。

その後、興福寺僧英俊の日記『多聞院日記』天正二十年（一五九二）四月二十七日条に「サウメン・ハウハン・菜ハキ・キリコフ・アフラナ・シル平茸・タウフ・竹スシ」の記述があり、興福寺の行事に供された食材に「アフラナ」の名が見える。菜としての油菜の確実な初見である。以後、油菜の名称は一般化していくが、それが搾油に由来するものなのかどうかを見極める必要がある。今回、中国における「油菜」の歴史と搾油原料としての利用については、考察が及ばなかったが、日本への影響の有無を含め、さらなる探索がもとめられよう。

注

（1）青葉高「『延喜式』でみる蔬菜の利用と栽培」（『野菜の日本史』青葉高著作選Ⅱ、八坂書房、二〇〇〇年）

（2）『西宮記』正月・供御薬、『江家次第』一正月・供御薬

（3）『新日本古典文学大系　今昔物語集五』（岩波書店、一九九六年）六・七頁。廣瀬忠彦『古典文学と野菜』（東方出版、一九九八年）一七六頁

（4）渋沢敬三編著『絵巻物による日本常民生活絵引』第三巻（角川書店、一九六六年）一九頁解説
（5）建治二年十二月日日蓮書状（鎌倉遺文一二六一六）
（6）弘安四年九月二十日日蓮書状（鎌倉遺文一四四六二）
（7）鎌倉時代の説話集『古今著聞集』巻第一八には「聖信房の弟子ども、くくたちをまへにゆでけるに、なべのはたより、くくたちの葉のさがりたりけるをみて……」など、鍋で茹でて食していた（『日本古典文学大系』岩波書店、一九六六年、四八八頁）。また貴族社会の重要行事に供される料理でも「汁〈雉羹　居加生蚫　茎立　或白根〉」など、アブラナ科作物が利用されている（元仁元年十二月十三日任大臣大饗支度注文、鎌倉遺文三三三二）。
（8）尾張国落合郷神役注文（鎌倉遺文二二五〇二）
（9）延慶二年（一三〇九）十二月三十日宇佐保景定状案（鎌倉遺文二三八四五）
（10）弘安八年（一二八五）茂平年貢等送文案（鎌倉遺文一五七六九）
（11）鎌倉遺文一八五一七
（12）『類聚雑要抄』には、歯固に用いる瓜・茄子・蘿蔔を産出するところとして、山城国久世郡の奈良御園・長江御園・竹御園・奈癸御園が挙げられている。
（13）弘安二年（一二七九）（鎌倉遺文一三八一二）、徳治二年（一三〇七）（鎌倉遺文二三一二三）、応長元年（一三一一）（鎌倉遺文二四五〇一）、正和元年（一三一二）（鎌倉遺文二四七五二）、文保二年ヵ（一三一八）（鎌倉遺文二六八九三）、文保二年（一三一八）（鎌倉遺文二六八九九）、応永十三年（一四〇六）（東寺百合文書キ函六四号）
（14）文永八年（一二七一）西念田畠売券（鎌倉遺文一〇七八七）
（15）正治二年（一二〇〇）興福寺維摩会不足米餅等定（鎌倉遺文一五五九〇号）。『尋尊御記』（京都大学所蔵、平松家文書）にも同様の記述がある。
（16）寛正三年七月二十八日鳥羽寛河井人夫以下酒直注文（東寺百合文書モ函一〇五号）、百合百話「25．仕事のあとに、ちょっと一服」（東寺百合文書WEB、http://hyakugo.kyoto.jp/hyakuwa/25）
（17）『三箇院家抄』第二（『史料纂集』）
（18）小川剛生訳注『新版　徒然草』（角川ソフィア文庫、二〇一五年）より引用。広瀬忠彦前掲『古典文学と野菜』二五五頁
（19）http://21dzk.l.u-tokyo.ac.jp/SAT/
（20）『覚禅鈔』聖天「蘿蔔事」（大日本仏教全書『覚禅鈔六』第一書房、一九七八年）二〇五五頁
（21）古くは、智証大師円珍が入唐して持ち帰った密教図像集『胎蔵図像』（奈良国立博物館所蔵）に「毘那耶迦」が左手に蘿蔔根を持っている図像が確認できる（『大正新脩大蔵経』図像部二）二六八頁
（22）前掲『覚禅鈔』二〇七三頁
（23）『続群書類従』第十三輯下、消息部。青葉高『野菜の日本史』（青葉高著作選Ⅱ、八坂書房、二〇〇〇年）九六頁
（24）『群書類従』第九輯消息部。青葉高前掲『野菜の日本史』九六頁
（25）『蔭涼軒日録』（『続史料大成』）延徳二年十二月晦日条など
（26）『蔭涼軒日録』（『続史料大成』）延徳二年六月二十二日、明徳元年十二月二十一日など
（27）『蔭涼軒日録』（『続史料大成』）明徳元年十二月二十四日
（28）『多聞院日記』（『続史料大成』）文禄三年五月十日条に、興

福寺

(29) 多聞院英俊が春日社に参籠した寺務に音信として「一瓶　京大コン・白瓜」と塩を送っている。

(30) 青葉高前掲『野菜の日本史』九六頁

(31) 渡邊明義「中国絵画の意味を尋ねる」(『週刊朝日百科　皇室の名宝〇九　三の丸尚蔵館』朝日新聞社、一九九九年)

(32) 京都国立博物館『特別展覧会　室町時代の狩野派——画壇制覇への道』(一九九五年)二一八頁。大林有也『大日本産業事蹟一』(平凡社、東洋文庫四七三、一一六頁)、『同二』二六二頁)

(33) アブラナ科植物のカラシ(芥)から取れる芥子油は、漢訳仏典には数多く記載があり、まさに枚挙にいとまがない。仏典以外にもたとえば、『大唐西域記』にもインドでは芥子油が食材に利用されていることが記されている(東洋文庫『大唐西域記一』一九四頁)。大陸においては、芥子油が一般的であったことは、日本でも奈良時代以降知られていたことは間違いない。日本では、芥子・白芥子は、正倉院文書・延喜式にも見られ、僧侶の供料に使用されたり(『東大寺要録』供養東大寺盧舎那大仏記文、貞観三年三月十四日)、密教の護摩供に薬香として利用されている。一般的とはいえないまでも、古代から芥子が使われていたことは間違いないが、日本の古代・中世において油の原料とされていたかといえば、それは否である。確かに、平安・鎌倉時代の聖教類には、「芥子油」の語が散見するものの、いずれも聖教が典拠とした漢訳経典・儀軌を引用したものである。さらに、平安時代中期の天台僧良祐撰『三昧流口伝集』(大正新脩大蔵経七七巻、二九頁下段六行)に、「南ノ伝ニ云、焼キ油ハ可レ用二芥子一油子ノ細ヲ也。但シ此ノ国、件ノ物希レ也リ。仍テ芥子ヲ磨碓テ可レキ加二入油一ニ也云云。」と記すように、芥子油が希であるため、芥子を砕いて油に混ぜて代用していたことが知られる。古代中世の日本人にとって、芥子油は輸入品以外には手の届かない稀少品だったのである。

(34) 「允澎入唐記」『続史籍集覧』一(一八九四年)

(35) 村井章介・須田牧子編『笑雲入明記』(平凡社、東洋文庫七九八、二〇一〇年)

最新の育種学研究から見たアブラナ科植物の諸相

――江戸時代のアブラナ科野菜の品種改良

鳥山欽哉

油用のアブラナや、カブ、ハクサイ、キャベツ、ダイコンなどのアブラナ科野菜について、江戸時代の本草書などを見ながら、品種改良の歴史を振り返ってみよう。合わせて、バイオテクノロジーを駆使した最近の品種改良技術についても紹介したい。

一、身近なアブラナ科野菜

食卓に並ぶ野菜を見てみよう。ハクサイ、カブ、コマツナ、キャベツ、ブロッコリー、カラシナ、ノザワナ、ダイコン……これらはすべてアブラナ科に属する野菜である。

それでは「菜の花」は？「菜の花畑に入日薄れ……」「チョウチョウ、チョウチョウ、菜の花にとまれ……」でお馴染みの「菜の花」は元来植物学的にいうとアブラナ（別名ナタネ）のことである。アブラナはもっぱら種子を採り、それから「菜種油」を得る目的で栽培されていた。江戸時代の元禄期以降、「行燈」用の油として需要・栽培が増えた。現在は、サラダ油の原料としてカナダなどから輸入されている。

二、学名の話

アブラナ科植物は、いずれも四枚の小さな花びらが、十字状に着生する。これより、アブラナ科は以前「十字花科」と呼ばれていた。

生物の名前には、和名の他に、学術的な本名である「学名」がラテン語でつけられている。学名は、私たちの姓（Last

表3-4-1 主なアブラナ科野菜の一覧

和名	学名	染色体数
アブラナ カブ ハクサイ コマツナ ミズナ	*Brassica rapa*	2*n*=20
キャベツ コモチカンラン ブロッコリー カリフラワー ケール	*Brassica oleracea*	2*n*=18
カラシナ タカナ	*Brassica juncea*	2*n*=36
セイヨウアブラナ	*Brassica napus*	2*n*=38
ダイコン	*Raphanus sativus*	2*n*=18

name）に相当する属と、名（First name）に相当する種小名に分かれている。理系の人間は学名と種の分類が好きであるので、ちょっとお付き合い願いたい。ハクサイ、カブ、コマツナなどは同じ種で学名は*Brassica rapa*（ブラシカ　ラパ）、キャベツ、ブロッコリーなどの学名は*Brassica oleracea*（ブラシカ　オレラーケア）、カラシナ、ノザワナなどの学名は*Brassica juncea*（ブラシカ　ユンケア）という（表3—4—1）。ダイコンは属が異なり、*Raphanus sativus*（ラファヌス　サティウス）という。属名は最初の一文字のみで省略して記載することがある。

江戸時代まで日本で栽培されていた菜種油用のアブラナ（別名ナタネ）は*Brassica rapa*（古い学名は*Brassica campestris*）に属しており、染色体数は2*n*=20である。明治以降、ヨーロッパより菜種油用のセイヨウアブラナ（別名セイヨウナタネ）が導入されたが、この学名は*Brassica napus*（ブラシカ　ナプス）という。染色体数は2*n*=38であり、*B. rapa*（2*n*=20）と*B. oleracea*（2*n*=18キャベツの仲間）との雑種（複二倍体）である。セイヨウアブラナは在来のアブラナに比べ、葉が濃緑色で白いろう質をかぶっている、種子が黒っぽいなどの特徴がある。在来のアブラナより丈夫で育てやすく、油の収量が多いので、現在栽培されているものはほとんどセイヨウアブラナである。

生物の種が異なる（すなわち、上記の学名が異なる）と、それらの間で子孫が得られない。たとえば、キャベツ（*B. oleracea*）とカブ（*B. rapa*）では雑種が得られにくい。同じ学名を持つもの、たとえば、カブ（*B. rapa*）とハクサイ（*B. rapa*）などは、容易に雑種が得られる。このことが、アブラナ科野菜の品種改良を行う際の重要なポイントになってくる。

三、花の構造

品種改良（農学用語で「育種」という）を進めるには、花の構造と子孫繁栄の仕組みを理解しておく必要がある。文系の学生向けに、日本で初めての植物学書といわれている「菩多《ぼだ》尼訶経《にかきょう》」で紹介しよう。宇田川榕庵《ようあん》著「菩多尼訶経」は文政五年（一八二二）刊で、植物学の要点を一二一一文字の経文に仕立てている。

「如是我聞。……花陰處也。粉男精也。……葯精嚢也。
花柱膣也。柱頭陰門也。礎卵巣也。子宮也。胚胎也……
作禮而去」

興味を持たれた方は、国立国会図書館デジタルコレクションで全文を見ることができる。[1]

アブラナ科植物の花には、がく片四枚、花弁四枚、雄しべ六本、雌しべ一本がある。雄しべ六本のうち、四本は長く、二本は短い。雄しべの葯に含まれる花粉が雌しべの先端の柱頭に付着し、花粉が花粉管を花柱に伸張させて精細胞を胚珠に運んで卵細胞と受精させ、胚ができる。重複受精の結果できる胚乳は早期に退化し、その代わり発芽時に必要な栄養分を種子の子葉に脂質として蓄積する。種子に貯えられる脂質を搾り取って「油」として利用される。

ひとつの花に雄しべと雌しべがあるので、自分の花粉が自分の雌しべに受粉して種子が出来そうであるが、以下に述べるように、ほとんどの種類はそうはいかない。ただし、セイヨウアブラナ（*Brassica napus*）だけは自分の花粉が受粉しても種子が実る。この性質が品種改良を行う上で重要なポイントとなる。

四、アブラナ科野菜の伝統的な育種

植物も私たち動物と同じように、遺伝的な多様性を保つしくみを備えている。遺伝的多様性があれば、栽培地の気候、年次的な気候変動、土地むら、病原菌や害虫などに柔軟に対応できる。遺伝的な多様性を保つため、アブラナ科の野菜は、近親結婚を避けるしくみを発展させ、基本的に、自分自身の花粉を雌しべが受粉した時（専門用語で自殖）には種子が実らず、他の個体の花粉を雌しべが受粉した時（専門用語で他殖）に種子を結実するようなしくみを持っている（自家不和合性と呼ばれる。詳細は第Ｉ部渡辺論文（植物の生殖の仕組みとアブラナ科植物の自家不和合性）参照）。そのため、アブラナ科野菜は従来「複数の個体の集団」として栽培されて次世代の種子が採種されてきた。集団のうちから相当数の優良個体を選び、その種子を混ぜて後代をつくる集団育種法である。選抜を続けた結果できた品種が「固定種」と言われるもので、地方の伝統野菜がこれに相当する。「固定種」といっても、遺伝子型がすべての個体で同一であるわけではなく、様々な遺伝子がヘテロの状態で混合して存在している状態である。

江戸時代には「お伊勢参りなどに行った道中で集めた種子

を地元に持ち帰り、そこから選抜して、その地方・風土にあった新品種がいろいろ作られた」という話が多く残っている。野沢菜も天王寺カブの種子を長野へ持ち帰ったものに由来するという話である。もともとの「固定種」が様々な遺伝子を保持する集団であるので、そこから新しい風土と食文化に適合した遺伝子が選抜されて新しい品種ができたと考えられる。地方の伝統野菜は、何世代もかけてその土地の気候風土で選抜淘汰を繰り返した結果できた野菜である。

　アブラナ科野菜の花粉はハチによって運ばれるので、近くに別の種類のアブラナ科野菜が栽培されていると、容易に交雑して、品質が低下した雑種になってしまう。山形県の温海温泉にはアツミカブという伝統的なカブを地理的に隔離された「焼畑」で栽培している。品質が低下した雑種ができないように、他の品種のカブやハクサイなどは一切栽培しないという掟があるそうだ。秋の収穫期になると、典型的な優良アツミカブを数十個体選び出し、それらを別に植え直し、翌春にそれらの間で放任受粉させて、次の世代の種子をとるそうだ。このようにして代々受け継がれている。

五、古典に見るダイコンの品種改良

――一〇〇年間で三〇センチ伸びた――

「守口大根」は見たことありますか。名古屋や京都のお土産で味噌漬けとして売られている。根の長さは平均一二〇センチだそうで、味噌漬け樽の中にとぐろを巻いている。ギネス世界記録は一九一・七センチ（二〇一三年）とある。これを江戸時代の書物で見てみよう。一七一二年発刊の寺島良安『倭漢三才図会《わかんさんさいずえ》』[2]には、二尺（＝六〇センチ）という記述があり（図3―4―1）、江戸時代後期の岩崎灌園《いわさきかんえん》（生年不詳～一八四二）が描いた『本草圖譜《ほんぞうずふ》』[3]では、三尺（＝九〇センチ）との記述とその彩色図がある（図3―4―2（口絵⑫））。昭和初期には一二〇センチあったそうだ。つまり一〇〇年間で三〇センチ伸びた計算になる。栽培方法の改良もあるだろうが、長

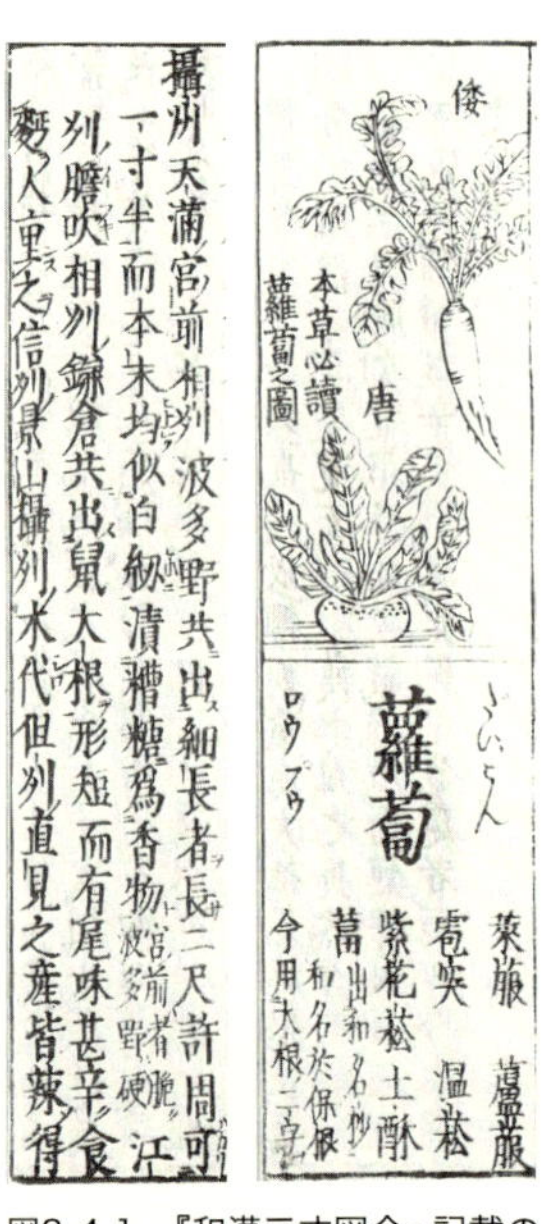

図3-4-1　『和漢三才図会』記載の守口大根

いものの選抜を繰り返した育種の賜物とも考えられる。

桜島大根は世界最大のダイコンとしてギネス世界記録に登録されている。三一・三キログラム（胴回り一一九センチ）とある。平均的な重さは一〇〜二〇キログラムとあるが、従来の育種法でここまで大きくなるように品種改良できるということを示している。

海外学術調査「十字花科植物の伝播・栽培・食文化史に関する領域融合的研究」において雲南農業大学を訪問した時に、本海外学術調査の目的とともに研究例として、「日本の古典に見る野菜の品種改良」についてセミナーを行った。その時に紹介した「桜島大根」の輪切りの漬物を翌年持参したところ、その大きさに驚かれ、大変好評であった。

六、アジアで発達した「菜っ葉」

平安時代（九一八年ごろ）の古い本草書である『本草和名』には、蕪菁（カブ *B. rapa*）、萊菔（ダイコン *Raphanus sativus*）菘（ミズナの仲間 *B. rapa*）、芥（カラシナ *B. juncea*）が記載されている。[4]

カブ（*B. rapa*）の原産地は北ヨーロッパとされる。ヨーロッパではもっぱら根を利用する「カブ」として発達し、飼料用のカブも育成されてきた。一方、アジアでは、他に葉を利用するように改良され、いわゆる「菜っ葉」として多くの品種が成立したことが興味深い。これらの菜っ葉類は「草かんむり」に「松」という漢字「菘」が当てられ、私の愛読書である江戸時代（一六九七年）の農学書『農業全書』にも「蕪菁《かぶらな》に似て別ものなり。唐《もろこし》の書に何れも別に出せり」とあり、水菜、兵主菜、京菜、江戸菜が紹介されている。

『農業全書』の記述を少し紹介しよう。「農業全書」にはカブの別名を「諸葛菜《しょかつさい》」として、そのいわれを次のように説明している。

「諸葛孔明の軍のさきざき、しばしの在陣にても、必ず地をえらび、是を蒔かせられし故にかくは名付るなり。

『三国志』で有名な諸葛孔明が戦場で種子を蒔いて、兵糧の補いにしたということである。飢饉の時に助けになることが詳しく記載されている。

カラシナ（芥）は、実を辛味として用いるのみならず、葉を野菜としても利用してきた。菘には葉を食べる*B. juncea*も含まれるようだ。

菘と芥の実は油をとるためにも利用されていた。

七、油をとるためのアブラナの育種

前述したように、江戸時代まで日本で栽培されていたアブラナは*B. rapa*である。前述の江戸時代の農学書『農業全書』には、「油菜一名は蕓薹、又胡菜と云。始めだったんより来たるゆへに胡菜と云となり。」「油と搾る利多きゆへ農民多く作る。三月黄なる花を開き、さながら広き田野に黄なる絹をしけるがごとし。」とある。江戸時代、特に元禄期以降、「行燈」用の油として需要・栽培が増えた。セイヨウアブラナ*B. napus*は明治以降導入された。在来のアブラナより丈夫で育てやすく、油の収量が多いので、現在栽培されているものはほとんどセイヨウアブラナである。

　セイヨウアブラナといっても、農学的に正しく言えば、在来のアブラナの血が混じったセイヨウアブラナである。在来のアブラナは日本の風土に適しており、耐寒性、耐湿性、耐雪性が強く、熟期が早いために水田の裏作にも向いていた。他方、セイヨウアブラナは湿潤な日本の風土に合わず、さらに晩生のため水田の裏作にも適していなかった。そのため、在来のアブラナと種間交雑し、在来のアブラナの望ましい遺伝子を移入することで、日本の気候と栽培の都合に合うように品種改良されたセイヨウアブラナ（*B. napus*）である。

　二〇一六年に行った前述の海外学術調査「十字花科植物の伝播・栽培・食文化史に関する領域融合的研究」において、雲南省農業科学院園芸作物研究所を訪問した時に聞いた話によると、一面の菜の花畑で有名な「羅平」の菜の花は、三十年前までは在来のアブラナ（*B. rapa*）を栽培していたが、現在は、セイヨウアブラナ（*B. napus*）を栽培しているそうである。この地域のセイヨウアブラナはもともと日本から導入されたそうだ。在来のアブラナより丈夫で育てやすく、油の収量も多いので、すっかり*B. napus*になってしまった。筆者は一九八四年二月に雲南の西双版納《シーサンパンナ》を訪問したことがあるが、同行したブラシカ育種のエキスパート篠原捨喜先生が景洪のあたりの菜の花畑を見渡しながら「この辺りの菜の花はテン・クロモゾームだ」と言っていたのを思い出す。テン・クロモゾームというのは十本の染色体、すなわち、*Brassica rapa*であるという意味である。三十年前には在来のアブラナ（ナタネ）が栽培されていたのに、古い品種が急速に消滅する例である。

　ナタネ油は従来「行燈」用の油として用いられ、食用には向いていなかった。脂肪酸組成を見ると、炭素数の長いエイコセン酸とエルシン酸が非常に多く、逆にリノール酸が少ない。エルシン酸は動物に心臓障害を起こす危険性もあった。また、からし油配糖体であるグルコシノレートは家畜の飼料とした時に悪影響を与えることが知られている。そのため、カナダでは、セイヨウナタネ（*B.*

napus）の品質に関する品種改良が進められ、エルシン酸を全く含まず、グルコシノレートの含有量も削減した品種「キャノーラ」が開発された。キャノーラの脂肪酸組成は食用油に適しており、現在サラダオイルといえばキャノーラ油である。

八、キャベツとハクサイの歴史

「せりなずなおぎょうはこべらほとけのざすずなすずしろこれぞ七草」は鎌倉時代一三六二年頃に書かれた『河海抄《かかいしょう》』にみられ、「すずな」はカブ、「すずしろ」はダイコンということになっている。ハクサイやキャベツは登場しない。

それでは、ハクサイ（*Brassica rapa*）とキャベツ（*Brassica oleracea*）とはいつ頃から日本で栽培されるようになったのでしょう？

中国で発達したハクサイは、日本の風土で結球が難しく定着しなかったと言われている。明治時代になってから「山東白菜」が中国から輸入され、愛知県で栽培に成功し、改良して、「愛知白菜」「野崎白菜」などが作り出された。日清戦争で持ち帰った種子が「仙台白菜」のもととなったと言われており、宮城県が大産地となったが、それには日本三景として知られる「松島」が関係する。先に述べたように、ハクサイの花粉は昆虫の媒介ですぐ交雑し、せっかく優良品種を育成しても、油断すると、たちまち粗悪な雑種になってしまう。自然交雑による雑種化を防ぐために、松島湾に多数存在する島のひとつにひとつの品種だけを栽培して種子をとるという方法が、民間の育種家（現在の渡辺採種場）によって行われ「仙台白菜」という優れた品種を作り出し、それを維持することに成功した。松島湾に浮かぶ「桂島」には「白菜採種記念之碑」があり、現在は「朴島」で採種が行われている（図

図3-4-4 松島湾に浮かぶ「朴島」にある「白菜採種記念之碑」

3—4—3（口絵⑫・4）。

キャベツの仲間（*Brassica oleracea*）は、ヨーロッパで品種改良され、江戸時代にオランダ人によって南蛮文化とともに伝えられた。岩崎灌園（〜一八四一年）著の「本草圖譜」には、「そてつな」、「むらさきからし」という名前で、木立ちとなるケール（*B. oleracea*）の彩色図が載っており、脚葉を食べると紹介されている[5]（図3—4—5（口絵⑬））。いわゆる結球するキャベツは未だ登場せず、本格的に日本に広まったのは明治以降といわれている。なお、ケールは観賞用の植物に改良され「ハボタン」となった。

九、一代雑種品種

伝統野菜のように集団で維持されてきた「固定種」は、様々な遺伝子型を含み、集団の揃いが悪いなどの欠点もある。収穫期もまちまちで、昔の家庭菜園ではその方が少しずつでも長期間食べられて好都合だった。しかし、現代の流通市場では均一性が求められる。最近の野菜の種子はほとんど「一代雑種品種」となった。

一代雑種品種育種法という、多収穫でしかも揃いが良い品種を育種する方法がある。異なる系統の交雑によって生じた子孫を雑種（ハイブリッド）というが、雑種第一代をF_1（Fは子を示すfiliusの頭文字）と表す。そのため、F_1ハイブリッド、あるいは、ハイブリッド品種とも呼ばれる。縁が遠い系統を交雑すると雑種第一代は両親に比べ旺盛な生育を示し、これを雑種強勢という。この性質を利用して、強い雑種強勢を示す両親系統を選抜し、そのF_1種子を経済的に採種する育種法である。この方法で得られる種子の遺伝子型はすべて同一で、収穫物も均一である。

多量に経済的にF_1種子を採種するには、自家受粉を抑制して交雑種子を得る必要がある。そのために、アブラナ科野菜では「自家不和合性」が利用されてきた。「自家不和合性」というのは、自分の雄しべの花粉では、雌しべが受精しないことをいう。自分の花粉では種子をつけないため、隣りに異なる系統を植えておけば、採れた種子が一代雑種となるしくみである。

最近は、細胞質雄性不稔性といわれる花粉を作らない性質を持った植物が育種に用いられる。A系統とB系統の一代雑種の種子を採種する場合、母親とするA系統の個体が花粉を作らなければ自家受粉が起こらず、A系統に実った種子は確実にA×BのF_1種子であるため、一代雑種の経済的採種に利用されている。細胞質雄性不稔性を利用した一代雑種品種は自家不和合性を利用したものより安定で純度がよく、より揃いが良いと言われている。生育時のバラツキがより少なくなり、市場に出荷した時も規格外で振るい落とされる心配も少なくなる。

細胞質雄性不稔性は、細胞の核に存在するDNAとミトコンドリアに存在するDNAの相性が悪い時に見られる現象である。花粉ができないような遺伝子を持つミトコンドリアを食べて私たちに影響がないか心配する人がいるかもしれない。しかし、そのようなミトコンドリアは自然界にも多数存在し、人為的に核との相性を変化させた時に現れる性質なので、心配するに及ばない。細胞質雄性不稔性の植物は、近縁の野生種を母親として、栽培種の花粉を交雑することを繰り返すこと（連続戻し交雑という）でも得られることが知られている。たとえば、東北大学ではヨーロッパに野生する*Diplotaxis muralis*という名前のブラシカ近縁種に、天王寺カブ（*B. rapa*）を連続戻し交雑することで、ミトコンドリアを含む細胞質が*Diplotaxis muralis*で細胞の核が天王寺カブという植物を育成した。見た目は天王寺カブとなんら変わりがないが、雄しべは花弁状に変化し、花粉ができない細胞質雄性不稔性を示す。*Diplotaxis muralis*のミトコンドリア遺伝子と天王寺カブの核遺伝子の相性が合わないために起きた現象である。*Diplotaxis muralis*のミトコンドリア遺伝子は*Diplotaxis muralis*の中ではなんら花粉発達に影響を与えない。

アブラナ科野菜で広く実用化された細胞質雄性不稔性を付与するミトコンドリアの有名なものとしてオグラ型雄性不稔細胞質というのがある。もともと、日本人の小倉さんが野生のハマダイコンから発見したものである。ダイコンの雄性不稔化に利用されるのみならず、種間交雑によりこのミトコンドリアがキャベツの仲間（*B. oleracea*）にも導入され、細胞質雄性不稔性の系統として育種に利用されている。ミトコンドリアには*orf138*と呼ばれる特殊な遺伝子が存在し、この遺伝子と核遺伝子の相互作用で雄しべが退化すると報告されている。

身近に観察できる細胞質雄性不稔性の例としてブロッコリーがある。市販されているブロッコリーのほとんどは、細胞質雄性不稔性を利用した一代雑種品種である。ブロッコリーは蕾のかたまりであるが、そのまま栽培して花を咲かせても花粉はできない（図3−4−6（口絵⑬））。学校の自由研究で観察して見るのも面白いだろう。私はアブラナ科植物の花粉にアレルギーがあるので花粉ができないブロッコリーはありがたい。

ブロッコリーやダイコンなどのアブラナ科野菜、トウモロコシ、ソルガム、イネ、テンサイ、ヒマワリ、ニンジン、セロリ、ネギ、タマネギ等において細胞質雄性不稔性を利用した一代雑種品種が実用化されている。

ホームセンターや園芸ショップに行って野菜の種子の袋を見てみよう。「一代交配」「F_1」などが目につくだろう。野菜のほとんどが一代雑種品種である。一代雑種品種は　とにかく揃いがよく一度に収穫でき、ぴったり箱に収まり、流通の規格に合う。一代雑種品種が急速に普及し、在来の固定種はほとんど姿を消してしまった。品種が均一化され、品種の多様性が失われつつある。最近、日本では地方の在来種、伝統野菜を見直し、復活させてブランド化しようと取り組みが始まっている。

二〇一五年に行った海外学術調査において、雲南を調査した時に、元陽の朝市で、少数民族ハニ族の人がハクサイなどの種子を販売していた。棚田で有名な伝統的農業を維持してきたハニ族の村では古い在来種が見られるのではないかと期待していた。しかし、ほとんどの袋のラベルに「一代雑交」「一代良種」の文字が見える。いわゆるF_1種子である。収量が多く揃いの良い一代雑種品種が普及するにつれ、在来種が消えていくのかと思うと、在来種の系統保存をする必要性が強く感じられる。

一代雑種品種は、それに実った種子を翌年栽培すると、様々な形質が分離するため商品として利用できない。農家は毎年種子を購入する必要がある。タネ屋さんから見れば、毎年種子を買ってもらえるので開発コストの回収や、権利の保護ができるので都合がよい。

実のところ私はイネの細胞質雄性不稔性の分子メカニズムを研究している。自分の研究成果が「よりよい種子をより安くより多くの人々に届ける」ことにつながればよいが、それは在来種が栽培されなくなることにつながるかもしれないので、できるだけ在来種の保全にも力を注ぎたいと思っている。在来種には「伝播・栽培・食文化史」に関する話のタネもいっぱい詰まっている。皆さんも地方野菜と食文化は大事に受け継ぎましょう。

十、バイオテクノロジーによる品種改良

私が学生の頃は、細胞融合がはやっていた。ゴジラの映画でも「ゴジラ」と「バラ」と「ヒト」の細胞融合で生まれた「ビオランテ」というのがあった。このように、これまで交雑では作ることができなかった種間でも雑種をつくることのできる技術である。私は、大学院の研究で、アブラナ科植物でサハラ砂漠に自生する*Moricandia arvensis*という野生の植物とキャベツの細胞融合実験を行っていた。高温・乾燥に適

応した*Moricandia arvensis*の持つ特殊な光合成特性をキャベツに導入するのが狙いであった。できた雑種はというと、両親の悪いところを併せ持った子供であった。煮て食っても焼いて食ってもまずい。煎じて飲んだら苦い分何か薬になりそうな気がした程度だった。それでも、自分で作った「世界に一つだけ」の花である。今でもループタイにして身につけている。

細胞融合によって育種された品種に「バイオハクラン」がある。ハクサイとキャベツの細胞融合によって作り出された。キャベツにはカンラン（甘藍）という呼び名もあるので、ハクサイの「ハク」とカンランの「ラン」を融合させてつけられた名前である。ハクサイは*Brassica rapa*、キャベツは*Brassica oleracea*で種が異なるため、通常の交雑では雑種を作るのが難しい。交雑した後、未熟な胚を取り出して培養することでも「ハクラン」を作ることができる。キャベツの甘みと白菜のみずみずしさが調和した品種として売り出された。

十一、最近の育種目標

ふた昔前までは「大きいことはいいことだ」であった。しかし、最近は、手のひらサイズ、食べきりサイズがトレンドである。冷蔵庫にすっぽり収まり、しかも、核家族でも食べきることのできるサイズである。日本では「娃々菜《わわさい》」というベビー白菜が市販されている。中国でも事情が同じなようだ。前述の雲南省農業科学院園芸作物研究所では、そのようなニーズに対応したミニ白菜の育種に力を注いでいる。

十二、遺伝子組換え作物

一九九七年頃から遺伝子組換え技術によって作られたセイヨウナタネが栽培化されるようになり、二〇一四年にはセイヨウナタネの二五パーセントが組換え植物となっている。栽培国は米国、カナダ、オーストラリア、チリである（バイテク情報普及会二〇一五）。日本に輸入される菜種油《なたねあぶら》のほとんどは遺伝子組換えナタネに由来する。菜種油にはDNAや組換えタンパク質が混入しないため、遺伝子組換え食品の表示義務はない。大手スーパーから我が家で買ってくるキャノーラ油には「なたね油（なたね）：遺伝子組換え不分別（遺伝子組換えなたねが含まれている可能性がある。）」と表示してある。日本に輸入が認められている遺伝子組換えナタネには微生物由来の除草剤耐性遺伝子が組み込まれている。具体的な除草剤として、除草剤ラウンドアップの主成分グリホサートは芳香族アミノ酸の合成に必要な酵素の活性を阻害することにより植物を枯死させる。グリホサートで阻害されない変異型の酵素の遺伝子が土壌微生物から発見され、それを作物に遺伝子導入することでラウンドアップ耐性の作物が作出された。除草剤バスタの主成分グルホシネートはグルタミン合成酵素の活性を阻害することで植物を枯死させる。グルホシネートを無毒化する酵素が土壌微生物から発見され、この遺伝子を作物に遺伝子導入することによりグルホシネート耐性の作物が作出された。

十三、こんな遺伝子組換え作物も開発されている

一代雑種品種は両親の良いところを併せ持ち、雑種強勢を示す優れた品種である。一代雑種育種をセイヨウナタネ *B. napus* で行うために、遺伝子組換え技術を用いた雄性不稔性のセイヨウナタネが開発された。そこでは、微生物由来のRNAを分解する酵素の遺伝子を導入することにより、葯のRNAを分解して花粉ができないようにしている。それでは、農家が菜種油をとるために種子が必要な場合はどうするか。RNA分解酵素を阻害するタンパク質の遺伝子を導入した系統を別に作っておけば、これは花粉ができるので、この花粉を交雑した一代雑種には種子が実り菜種油がとれる。なんとも巧妙な仕組みだ。

ターミネーター・テクノロジーという、映画に出てきそうなちょっと恐ろしげな遺伝子組換え特許もある。種子がほとんど実る時期に致死性のタンパク質（リボソーム阻害タンパク質）を作る遺伝子を種子特異的に発現させ、採れた種子が死んでしまう（発芽できない）ようにする技術である。企業が種子を増殖する際は種子が死なず、農家に売る直前の種子に「おまじない（部位特異的組換え酵素を薬剤で発現誘導する）」をして種子発達後期に遺伝子のスイッチが入るように工夫してある。企業が種子を独占供給するように仕組まれているのである。

十四、遺伝子組換えプロセスの痕跡を残さない新技術開発

微生物などの外来の遺伝子が組み込まれた遺伝子組換え作物は気持ち悪いと思っている人も多いかもしれない。トウモロコシでは一代雑種品種を育種する際の維持系統に遺伝子組換え植物を用いるが、外来遺伝子カセットを含む種子が、一代雑種種子に含まれないようにする技術も開発されている。この場合、消費者が手にする産物（いわゆる市販される食用の実）は遺伝子組換え食品ではない。接《つ》ぎ木についても考えてみよう。台木と穂木の間では低分子のRNAが移動し、遺伝

子の発現を改変できることがわかってきている。台木に遺伝子組換え植物を用いて、穂木に非遺伝子組換え植物を接ぎ木した場合、穂木に実った果実は遺伝子組換えの規制の対象となるだろうか？

最近は、外来の遺伝子を染色体に組み込むことなく、元々存在する遺伝子を人為的に改変する技術が開発され、作物の品種改良に利用され始めている。「ゲノム編集」と呼ばれる技術である。遺伝子の特定の場所を切断したり、変異を導入したりすることができる。その過程（プロセス）では、遺伝子組換え技術を使うのではあるが、最終的な産物（プロダクト）には、組換え遺伝子が残らない。そのため、突然変異で起こる現象と区別がつかない。このようにして作られたプロダクトは組換え遺伝子を検出できないので、遺伝子組換えの規制の対象外となるようである。実際、アメリカでは「ゲノム編集」（専門的にはCRISPR-Cas9というテクニック）で作られたトウモロコシとマシュルームが規制をスキップして市場にでるというニュースが最近あった。[6] セイヨウナタネなどのアブラナ科作物についても、このような新育種技術（New Breeding Technique; 略称NBT）で改変された品種が市場に出回る日が近いでしょう。

注

（1） 国立国会図書館デジタルコレクション参照。(http://dl.ndl.go.jp/info:ndljp/pid/1146445)

（2） 国立国会図書館デジタルコレクション［巻号77］［コマ番号13］(http://dl.ndl.go.jp/info:ndljp/pid/2569773?tocOpened=1)

（3） 国立国会図書館デジタルコレクション［第7冊 巻46 菜部菫菜類2］［コマ番号26］(http://dl.ndl.go.jp/info:ndljp/pid/1287157?tocOpened=1)

（4） 国立国会図書館デジタルコレクション(http://dl.ndl.go.jp/info:ndljp/pid/2540509) p.113-114.

（5） 国立国会図書館デジタルコレクション［第7冊巻46 菜部菫菜類2］［コマ番号8］(http://dl.ndl.go.jp/info:ndljp/pid/1287157?tocOpened=1)

（6） Nature Biotechnology 2016: Vol 34:582

◎コラム4◎

奈良・平安時代のワサビとカラシ

吉川真司

はじめに

三世紀に著された「魏志倭人伝」(『三国志』魏志東夷伝倭人条)は、そのころの倭人の食生活をよく語っている。主食は「禾稲《いね》」らしい。温暖の地とあって、一年中「生菜」を食べていた。人の喪に際しては肉食しなかったというから、ふだんは魚や肉を食べたのであろう。倭人はそうした食材を竹や木の高杯に盛り、手で食べるのだという。ここで気になるのは、「薑・橘・椒・蘘荷あるも、以て滋味となすを知らず」という記述である。つまり、倭人は香辛料を用いない、と書かれているのである。(1)

しかしその五〇〇年後、奈良時代の日本人は、「魏志倭人伝」に見えるショウガ・タチバナ・サンショウ・ミョウガを好んで使っていた。それだけではない。ワサビ(山葵)・カラシ(芥子)・タデ(蓼)・コショウ(胡椒)なども用いられた。伝統的な香辛料の多くがこの時代、すでに出揃っていたことは疑いない。(2)

このうちワサビとカラシはアブラナ科植物である。どちらも鼻につんとくる香りと辛みをもち、いまも日本人に愛好されているが、ワサビは日本特産種で、根茎を香辛料に用いるのに対し、カラシは中央アジア~中国を原産とし、その種子を粉末にして使う。十世紀の辞書を見ると、『本草和名《ほんぞうわみょう》』巻十八(菜)にはワサビが「山葵」、カラシが「芥」として載せられ、『和名類聚抄《わみょうるいじゅうしょう》』巻十六(薑蒜類)も全く同じである。(3)ただし、古代史料ではワサビを「山薑」、カラシを「芥子」と表記するのが普通であった。

それでは、ワサビとカラシは奈良・平安時代にはどのように用いられたのであろうか。基本史料を整理し、その概要を見わたしておきたい。

一、ワサビとカラシの貢進

古代日本王朝は、ワサビやカラシを香辛料として利用するため、租税品目に指定した。律令のうち租税・力役に関する条文を集めた「賦役令《ぶやくりょう》」第一条には、「調副物」（調の付加税）の一つとして「山薑」が見え、成人男性一人あたり年額一升を貢進せよと定めていた。これは天平勝宝九歳（七五七）に施行された養老賦役令の規定であるが、『令集解《りょうのしゅうげ》』に引く大宝令の注釈書「古記」が「薑」の語義を詮索しているから、大宝元年（七〇一）施行の大宝賦役令でもおおむね同様であったと推測される。このようにワサビ貢進は律令に定められた制度であったが、カラシに関する貢進規定はまだ存在しなかった。

養老元年（七一七）十一月、調副物は廃止され「中男作物」制がこれに代わった。(4)朝廷や上級貴族が用いる各地の特産物を、中男（十七〜二十歳の男性）を使役して調達させる制度である。『延喜式』によれば、中男作物として多種多様な物品が貢進され、そこには調副物の系譜をひく染色・工芸材料、油、調味料のほか、鳥獣の干肉、魚貝、海藻、木の実などが含まれていた。その規定の中に「山薑・芥子各二升」が見え、ワサビに加えてカラシが貢進物に指定されたのである。(5)

正倉院には、中男作物のカラシを入れた布袋が伝わる。天平十三年（七四一）と天平勝宝二年（七五〇）のもので、それぞれ次のような銘文が施されている。(6)

（一）信濃国少県郡芥子壱斗
　天平十三年十月

（二）信濃国水内郡中男作物芥子弐斗
　天平勝宝二年十月

このうち（一）は「中男作物」と記さないが、郡単位での貢進であることは（二）と同じだから、そう解して問題あるまい。おそらく中男作物制の創始からほどなくしてカラシの貢上が始められ、布袋に一斗ないし二斗の種子を入れて京進したのであろう。

『延喜式』の中男作物のワサビ・カラシは、このように奈良時代前半に遡ると考えられるが、それぞれの貢進国は全く異なっていた。ワサビが越前国だけであったのに対し、カラシは甲斐国・上総国・信濃国・下野国に及んでいたのである。ただ、斎宮に送られる租税品を見ると、カラシ五斗が信濃国から、ワサビ二斗が飛騨国からとあり、飛騨国に中男作物が課されない点は措くとしても、ワサビの特産国が越前のみでなかったことは確かである。(7)

ワサビの貢進は、実はそれだけではなかった。天皇の食材となる「諸国例貢御贄」として、越前国は「甘葛煎・雉子・稚海藻・山薑」ほかを奉るきまりであった。また、これに似た「年料御贄」として、若狭国・越前国・丹後国・但馬国・因幡国からは年に三度、「山薑一斗五升」が貢進された。(8)すべて雪深い日本海側の国々で、東国に偏ったカラシの貢進国とは截然たる違いがあるが、ワサビが贄、すなわち生鮮食料品として進上されたことは注目に値する。新鮮な根茎を用いるため、ワサビは贄でなければならなかったのである。また、贄がふつう狩猟・漁撈・採集品であることに照らせば、ワサビも山野に自生するものを採ったと考えられる。(9) おそらくカラシナを栽培して得ていたカラシとは、この点でも対照的であった。それぞれの特産国の意味はさらに追究する必要があるだろう。

なお、ワサビについては七世紀代の木簡が発見されている。飛鳥宮に隣接する苑地の遺跡から出土した小さな付札で、片面に「委佐俾三升」と記す。この遺跡では薬や造酒に関わる木簡も出土しており、薬用もしくは食用のワサビと解されている。(10) 海藻の付札も見られるから、やはり贄などとして飛鳥の地に運ばれたものかもしれない。

二、ワサビとカラシの利用

【延喜式】

諸国から都に運ばれてきたワサビとカラシは、どのように利用されていたのだろうか。まず平安時代の様相を、主として『延喜式』から見てみることにしよう。

最初に指摘しておくべきは、ワサビに関する『延喜式』規定がきわめて少なく、その利用が限定的であったと思われることである。ワサビが御贄として天皇の食材にされたことはすでに述べたが、天皇の食事にどれだけ用いるかについては規定がない。一方のカラシは、天皇の食料として、月に「四升五合」(一日一合五勺)を供したことが知られる。斎宮の食事についても、ワサビ・カラシを送る規定はあっても、実際の使用量がわかるのはカラシだけである(月に三升、つまり一日一合)。このほか、朝廷関係でのカラシの利用としては、皇太子の月料、図書寮での写経生の食料、園韓神祭・平野祭・春日祭・松尾神祭といった祭祀の参列官への雑給料、東大寺授戒会・大極殿御斎会・太元帥法・仁王会・大安寺大般若会・嘉祥寺地蔵悔過・七寺盂蘭盆会などの法会の供養料、聖神寺・常住寺の仏聖菜料などがあり、香辛料として幅広く利用されていたことが明らかである。(11) 各条文の成立時期を見きわめる必要はあるが、『延喜式』の段階においては、ワサビよりもカラシのほうが、香辛料としてずっと広く用いられたことを認めてもよさそうである。それは生鮮品の根茎に比べ、乾物の種子が使いやすかったためだろうか。

いずれにせよ、ワサビ・カラシを香辛料としてどう使うかについて、『延喜式』から得られる情報はごく少ない。そうしたなか、仁王会の僧供養に関する規定は具体的である。やはりカラシであるが、一合二勺を①好物料五勺、②茹菜料三勺、③汁物料四勺に分けて用いていた。(12)

②茹菜では醤・麁醤・味醤・塩・鳥坂菜・角俣菜・生薑と、③汁物では小豆・酒・酢・醤・麁醤・味醤・塩・紫菜・大凝菜・干薑・生薑・胡桃子とともに使う。つまり野菜ではなく、海藻を主体としたスープで、カラシはその香り付けになったのである。残る①の「好物」はこの条文だけに現われる語である。材料として、糯糒・糖・白大豆・黒大豆・小豆・胡麻子・豉・酒・酢・醤・麁醤・味醤・塩・於期菜・鹿角菜・角俣菜・滑海藻・生薑・蜀椒子・瓜・萵苣・薊・荊根・胡桃子・生栗子・薯蕷という多様な食材が使われる。ここで注意すべきは瓜五顆の用途で、「醤漬、糟漬、好物、羹、生菜」に一顆ずつ使うというから、「好物」とは抽象的な「味の良い料理、もしくはうまい物」[13]とは解釈しがたく、食材に何らかの調理を施したものと考えるほかない。全部まとめて調理するのか、その一部でよいのかは判然としないが、豆・栗・芋を使っているから、加熱する料理なのであろう。とすれば、仁王会の僧供養において、カラシはすべて暖かい料理の香辛料として使われ、「からし酢味噌」「からし醤油」[14]のようなソースにはしなかったと思われる。なお、カラシは粉に引かれて香辛料となった。内膳司では薄絁製の篩をカラシ用にしており、おそらく木製の臼と杵で舂いてから、ふるいにかけていたのであろう。[15]

　朝廷や斎宮・東宮、および朝廷行事におけるワサビ・カラシの利用は以上のようであったが、『延喜式』には諸国におけるカラシの利用についても規定がある。諸国国分寺安居会の供養、諸国講師の年中供養、さらに出雲国四王寺修法の供養として、カラシが用いられていたのである。[16]実例を検するに、九世紀後半〜十世紀の摂津国では、最勝王経講説・吉祥悔過・国分寺安居・仏名懺悔でカラシが支出されていたらしい。[17]この事実は存外に重要である。平安前期の日本において、全国規模でカラシナが栽培され、カラシが香辛料として用いられたことを示すからである。そう考えるとき、『延喜式』の中男作物のカラシが、甲斐国・上総国・信濃国・下野国のみから貢進されたことをどう評価すべきなのか。このうち信濃は奈良時代にさかのぼる貢進国である。都での需要に応じてカラシ特産地が形成されたのち、香辛料として全国に広まったと見るべきだろうか。また、律令のワサビ規定から『延喜式』のカラシ全盛にいたる道筋も、香辛料文化が在来のワサビから新しいカラシへと移行したものと考えることもできる。史料的制約は大きいが、古代におけるワサビ文化とカラシ文化の変遷を跡づけることは、重要な研究課題と言わねばならない。

【正倉院文書】

　そこで最後に、奈良時代のワサビとカラシの利用実態について、正倉院文書からわかることを摘記しておきたい。

　正倉院文書の大部分は、造東大寺司系統の写経所で作成された帳簿であるが、興福寺・東大寺・法華寺・石山寺などの造営に関する史料も含まれ、また紙背文書として諸国から進上された公文類が伝わっている。重要なのは、それらすべてを見渡しても、ワサビの姿はどこにもなく、現われるのはカラシばかりだということである。

正倉院文書のカラシは、写経生（経師～校生）の食料として用いられるものが大多数を占める。これに加え、興福寺西金堂や法華寺金堂の造営、金光明寺・東大寺の造仏などに際しての食料[18]、皇太后御斎会《ごさいえ》・随求壇供法・上山寺悔過《けか》・吉祥悔過といった法会の供養料に支出された[19]。その際、カラシを支給されるのは一定階層以上の者に限られる。例えば天平十一年（七三九）八月の写経司の食料請求では、経師・装潢・校生には米・塩・醤・酢・未醤・滓醤・海藻類とともにカラシが支給されたのに対し、供養所舎人・女竪・火頭には米と塩しか与えられなかったのである[20]。日常生活においても、カラシを香辛料として使えるのは、下級官人クラス以上の人々だったのではないだろうか。

写経事業の食料としてカラシが必要な場合、現物支給を受けるか、銭をもらって買うかしなければならない[21]。現物支給するのは写経事業を命じた主体であり、購入するのは写経所の官人であるが、そうした人々は諸国から貢進されたカラシを何らかのルートで入手したのではないかと思われる。と言うのも、『延喜式』では東西市にカラシの店が見えず[22]、それは平城京でも同様だった可能性が高いからである。カラシの民間流通は、香辛料の普及度もあって、あまり進んでいなかったのであろう。なお、売買されるカラシには「春芥子」もあった[23]。袋に入れられていたカラシも確認でき、一斗で一袋というのは中男作物の袋がそのまま使われたものかもしれない[24]。

このように正倉院文書を見る限り、奈良時代のカラシ利用は階層的に限定されており、それは平安時代も基本的に同様であったろう。ワサビがほとんど見られないのは、写経所や造営機構が末端官司であり、贄などとして貢上される生鮮品が回ってこなかったためと思われる。宮廷や貴顕の家政機関ではどうであったか、また平安時代との段階差はいかほどであったのか、さらなる検討を進める必要がありそうである。

注

（1）奥村彪生『日本料理とは何か』（農文協、二〇一六年）。
（2）関根真隆『奈良朝食生活の研究』（吉川弘文館、一九六九年）。
（3）青葉高『野菜の日本史』（八坂書房、一九九一年）。
（4）『続日本紀』養老元年十一月戊午条、『類聚三代格』巻八、調庸事、養老元年十一月二十二日格、『令集解』賦役令調絹絁条。
（5）『延喜式』巻二四、主計上、中男作物条。
（6）松島順正『正倉院宝物銘文集成』（吉川弘文館、一九七八年）、調庸関係銘文、七九号・七八号。

(7)『延喜式』巻二十四、主計上、中男作物条、巻五、神祇五、斎宮、調庸雑物条。

(8)『延喜式』巻三十一、宮内省、諸国例貢御贄条、巻三十九、内膳司、年料御贄条。

(9)『播磨国風土記』宍禾郡条は、波加村の山に山薑が自生すると記している。

(10)橿原考古学研究所編『飛鳥京跡苑池遺構調査概報』(学生社、二〇〇二年)。

(11)それぞれ『延喜式』巻三十九、内膳司、供御月料条、巻五、神祇五、斎宮、初斎院月料条、巻四十三、主膳監、月料条、巻十三、図書寮、写年料仁王経条、巻三十二、大膳上、園韓神祭条・平野祭条・春日祭条・松尾神祭条、巻三十、大蔵省、戒壇十師条、巻三十三、大膳下、正月最勝王経斎会条・同月修太元帥法条・仁王経斎会条・大安寺読大般若経斎会条・嘉祥寺春地蔵悔過条・七寺盂蘭盆供養条・聖神寺季料条。

(12)『延喜式』巻三十三、大膳下、仁王経斎会条。

(13)虎尾俊哉編『訳注日本史料　延喜式下』(集英社、二〇一七年)の本条頭注。

(14)奥村彪生「日本の香辛料その使い方と歴史」(『全集日本の食文化　第五巻　油脂・調味料・香辛料』、雄山閣出版、一九九八年)。

(15)『延喜式』巻三十九、内膳司、年料条。

(16)『延喜式』巻二十六、主税上、諸国金光明寺安居条・諸国講師年中供養条・出雲国四王寺春秋修法条。

(17)保安二年度「摂津国正税帳案」(九条家本中右記紙背文書、『平安遺文』補四五号)。同帳を含む一連の摂津国公文類が九世紀後半～十世紀の状況を示すことは、吉川「院宮王臣家」(同編『日本の時代史5　平安京』吉川弘文館、二〇〇二年)を参照。

(18)天平六年「造仏所作物帳」(『大日本古文書』一巻五五六頁・五六〇頁にカラシ記載あり、以下同様)、天平宝字六年「造金堂所解案」(同十六巻二九六頁)、天平十八年十一月一日「金光明寺造物所告朔解案」(同九巻三〇〇頁)、天平宝字四年頃「奉作阿弥陀仏像等用度文案」(同一四巻三三六頁)。

(19)天平宝字四年八月「後一切経料雑物納帳」(『大日本古文書』一四巻四二三頁)、天平宝字四年十月十六日「随求壇所解」(同四巻四三六頁)、天平宝字八年三月七日「上山寺御悔過所供養料物請用注文」(同五巻四七九頁)、天平宝字八年三月十七日「吉祥悔過所請雑物解案帳」(同一六巻四九五頁)。

(20)天平十一年七月卅日「写経司解」(『大日本古文書』七巻二九二頁)。

(21)天平宝字七年三月十二日「奉写経所解」(『大日本古文書』十六巻三四九頁・三五二頁)。

(22)『延喜式』巻四十二、東西市司。

(23)天平宝字二年「後金剛般若経料銭下充帳」(『大日本古文書』十四巻一四頁)など。

(24)天平宝字二年「写千巻経所食料雑物納帳」(『大日本古文書』十三巻二五四頁)。

◎コラム5◎

ノザワナの誕生

等々力政彦

はじめに：Brassica rapaと日本の菜の花

ノザワナ（野沢菜）は、ネット上では、九州の高菜[1]、広島の広島菜と並んで、「日本三大菜漬け」の一つとされているそうである。それがどのデータに基づいているのかは不明であるが、ノザワナの全国的な知名度はかなり高いといってよいであろう。カブラ・ツケナ類の一地方品種に過ぎないノザワナが、どのように誕生し、どのように知名度を獲得していったのか？「天王寺蕪」が野沢において変異したという伝承などとともに、以下にとりあげてみたい。

ノザワナの属するアブラナ科アブラナ属*Brassica*は、そのおおくが栽培作物であり、ヒトの食生活にとってもっとも重要な植物分類群の一つである。一般にアブラナ科植物は種間交雑が生じやすく、属間雑種も存在する。そのため、多様な品種をもつ複雑な分類群となっている。アブラナ属の植物においても、種、亜種、変種、品種の区別はかなり混乱している。したがって、以下に「品種」とあるものは、とくにことわらない限り、亜種、変種、雑種を含んでいる。

菜の花の「ナ」とは、古代においては副食物を意味しており、かなり広い意味にとらえられていた。平安時代の十世紀前半に、源　順《みなもとのしたごう》によって編纂された『和名類聚抄』（十巻本および二十巻本）によると、たとえば肴（佐加奈：さかな）とは「酒の菜」、つまり酒のアテにする、穀物ではない食べ物という意味であった（源・狩谷 一九四三：一九八、青葉 一九八一：一九九）。一六〇三年から一六〇四年にかけて成立した『日葡辞書』でも、サカナ**Sacana**とは〝肉や魚などのような食物、また、何であれ酒を飲むときにおかずとして食べる嗜好物〟（土井ほか 一九八〇：五四六）とある。したがって、動物である魚（ウヲ、イヲ）も猪などの肉もひっくるめてナであったのである。現在では完全に意味が逆転し、サカナは魚として固定してしまい、むしろウオは特殊な呼称となってしまっている。このような理由から、阿乎奈《あをな》や太加奈《たかな》が確実にアブラナ科植物のみをさしていたかどうかはあいまいであるが、おおむね対応しているとしてよいであろう。

アブラナ属栽培植物の分類の最初の画期は、朝鮮王朝末期の乙未《いつび》事変[2]に加担した武官ウ・ボムソン（우범선：禹範善）の子として、日本で生まれ育った禹《う》長春《ながはる》（우장춘 ウ・ジャンチュン）によってなされた。禹は染色体数の調査から、アブラナ属の六種の栽培植物のゲノムが[3]、A（染色体基本数 $x = 10$; *Brassica rapa*：論文中では *B. campestris*）、B（$x = 8$; *B. nigra*）、C（$x = 9$; *B. oleracea*）をホモでもつ二倍体三種と、それらの内の二種の染色体数が倍化・交雑して生じた四倍体の三種よりなることをあきらかにした[4]（U 1934）。これから登場するノザワナは、その中のAゲノムよりなる *B. rapa* に属する地方品種である。

B. rapa に属する品種は、さまざまな地方品種以外に、アブラナ、チンゲンサイ、ハクサイ、コマツナ、ミズナ、ミブナ、カブラ（カブ）と、多彩な形質をもつおなじみの品種が知られている。そのこともあって、種としての *Brassica rapa* の標準和名は特に定められていない。ここでは、種名としては *Brassica rapa*（略称は *B. rapa*）を用いる。その中で、（漬物）利用時に根を用いるものをカブラ、葉を用いるものはツケナ、両者をまとめたものをカブラ・ツケナ類とする。

これまで *B. rapa* は、形態による分類から、十一の品種に分類されてきた（Bird et al 2017: 2）。ところが近年、DNAによる分子分類がすすんでくると、より少ないグループにまとめられる可能性が出てきた。バードらが、最新のDNA解析方法（GBS法[5]）をもちいて、三六四系統ものサンプルで網羅的に解析をおこなったところ、*B. rapa* は、（一）ヨーロッパ・カブラ群（ヨーロッパ亜種：ssp. *rapa*）[6]、（二）アジア・カブラ群（日本亜種：ssp. *rapa*, ssp. *nipposinica*, ssp. *dichotoma*）、（三）サルソン群（ssp. *trilocularis*, ssp. *dichotoma*）、（四）ハクサイ群（ssp. *pekinensis*, ssp. *chinensis*）、（五）パクチョイ群（ssp. *chinensis*, *ssp. parachinensis*, ssp. *narinosa*）の五群にまとめられる可能性が示された。さらにそれらの中には、これまで形態的には同一品種に分類されていたものが、じつは多系統であったこともあきらかになってきた。つまり、形態はよく似ているが、それぞれ独立に進化してきた、「他人の空似」であったというのである。これは、同一種内の現象とはいえ、収斂進化の例[7]とみなすことができるであろう。

このように、形態による分類は、かならずしもDNAからみた *B. rapa* の進化の歴史を反映していないことが理解される。

アブラナ属の種子は、黒褐色〜黄色の薄い皮（種皮）でおおわれているが、種皮を吸水させたとき、表皮細胞が膨らむもの（A型）と膨らまないもの（B型）におおきくわけられる（青葉 一九七一：三一六―三二〇）。A型はB型に対して優性形質である（青葉 一九八一：一八〇）。伝統的に日本で栽培されてきた*B. rapa*に属する品種も、種皮によっておおきく二種類にわけられており、岐阜県あたりを境界に、西日本にA型（和種系＝アジア系）、東日本にB型（洋種系＝ヨーロッパ系）がそれぞれ圧倒的におおく分布している（青葉 一九八一：一八五、二一〇）。A型とB型の違いは、地理的分布から、それぞれ上記DNA解析のアジア・カブラ群、ヨーロッパ・カブラ群に相当する可能性が考えられる。

　両品種群がほとんど交じりあわずに東西日本に分かれて分布していた理由は、文化・言語の東西差が生じていることと同じ、つまり、ヒトの混ざり具合をあらわしているのではないかと想定されている（青葉 一九八一：一八九―一九一、二一三）。シベリアには野生のカブラが存在するといわれ、また中国には現在在来品種がほとんどみられないことから、東日本のB型はシベリア方面から直接に、あるいは朝鮮半島を経由して日本に入ったのではないかと推定されている（青葉 一九八一：九八、二二四、三二四）。これらを確認するためには、今後シベリアでの調査は不可欠であろう。

一、長野県の菜の花のその利用

長野県は、現在野菜の在来品種が比較的おおく残っている場所であることが指摘されている（青葉 一九八一：一二八）。享保二十年（一七三五）から元文四年（一七三九）にかけてまとめられた『諸国産物帳』でも、信濃の野菜は一四六品種で、諸国中で最も品種数がおおかった（大井・神野 一九九九：八三）。

　ノザワナは、もともと長野県下高井《しもたかい》郡野沢温泉村を中心として栽培されてきた、カブラ・ツケナ類の地方品種であった。長野県内の*B. rapa*[8]は、昭和初期まで、ノザワナ以外にも、稲扱菜《いなこき》、羽広菜《はびろ》、木曽菜、駒ヶ根菜がツケナとして認められていた（日本園芸会長野県支会 一九二九：三五六―三六三）。これらをはじめとする地方品種は、一時期かなり減少してしまったが、現在は全体としては保存の方向に動いているといえよう。いずれにしても、長野県内のツケナは、圧倒的にノザワナに偏重してしまっているといえる。さらに現在、ノザワナの主生産地は、冬季のハウス栽培による徳島県に移っており、逆説的ではあるが、これもノザワナのブランド力を示しているといえよう。

二、テンノウジカブラとノザワナ：野沢温泉村での伝承

「明石焼」とは他称であり、明石では「玉子焼」とよばれている。また、「関西風お好み焼き」という表現が大阪の人

をキレさせるのと同様、「広島焼き」は広島では「お好み焼き」である。同様に、ノザワナも他称であり、現地ではカブナ（蕪菜）、ナッパ（菜っ葉）、オナ（御菜）などとよばれている。ノザワナの利用法としては、蕪が使用される場合もあるが稀で、葉を利用したノザワナ漬け（現地では、「オハヅケ（御葉漬け）」）に限定されているといってよい。

以下に述べるノザワナの成立については、（一）ノザワナの種子をずっと栽培保存してきた野沢温泉村の曹洞宗薬王山健命寺《けんめいじ》、（二）野沢温泉観光協会、（三）江戸時代から続く、「第二の野沢温泉村行政機関」ともいえる野沢組(9)にインタビューをおこなった情報に基づいて記述する。上記のインタビューからは、初期のノザワナに関する歴史資料は確認できなかった。そのため、村や寺に伝えられている伝承に基づく情報のみとなる。

伝承によると、健命寺の八代住職(10)（通称「八代《はちだい》さん」）が、京都遊学のおり、帰省に際し、テンノウジカブラ（天王寺蕪）の種子を持ち帰ったとのこと。その年は、一部では宝暦六年（一七五六）に比定されているようだが、健命寺に伝わっている話では、単に宝暦年間（一七五一〜一七六四）であった、ということのみであるという。そのテンノウジカブラの種子を野沢に持ち帰って植えたところ、葉がおおきく成長してしまった。そのため、それをカブラではなくツケナとして利用しはじめたのがノザワナの起源であった、ということであった。

しかしながら、現在伝わっているテンノウジカブラは、西日本に典型的なA型のカブラ・ツケナ類である（青葉 1971: 97）のに対し、ノザワナはB型である（大井・佐藤 二〇〇二：二三八）。つまりノザワナは、伝承の通りであればA型であると考えられるが、実際には典型的な東日本のカブラであったのだ。したがって、種皮型から判断すると、ノザワナを天王寺に戻しても、テンノウジカブラには戻らない、ということになる(11)。

三、ノザワナのブランド化と固定

野沢温泉は、鎌倉期に「湯山村」として歴史にあらわれてくる。江戸初期にはすでに二十件を超える宿屋があり、明治初頭には年間二万人を超す湯治客が訪れていたという。もともとノザワナは、こういった近隣の新潟県十日町などから農閑期に湯治に来た客に対して供されていた。ノザワナを喜んだ湯治客は、土産として種子を持ち帰り、次第に長野県内や、隣接する新潟県へと広まっていった（日本園芸会長野県支会 一九二九：三六一）。また、野沢温泉村はスキーの導入が早く、大正期にはスキー場が開設されていた。このため、大正以降は入湯とスキーを楽しんだ都市部の観光客が、さらにノザワナの名を外部に広める役割を果たした。

昭和五十年代からは、ツケナ業者の成長とともにノザワナの販売が拡大した（大井・神野 一九九九：八三）。とくに、長野県内の日本エフディ株式会社（現・おむすびころりん本舗）は、一九七五年四月にノザワナをフリーズドライにしたお茶漬けパック、「おむすびころりん野沢菜茶漬」を発売。全国的に、テレビCMで頻繁に宣伝した。こういった累積的な情報拡散が、最終的に知名度を高め、定着する原因となったのではないか、と結論できるであろう。

おわりに

日本におけるカブラ品種の最古の記録は、一六三八年の『毛吹草』にみえる、山城の「内野蕪」、摂津の「天王寺蕪」、陸奥の「大蕪」である（青葉 一九八一：一〇四）。ここで、テンノウジカブラがすでにブランドとして定着していたことが理解される。

ノザワナのように、*B. rapa* とその漬物が温泉の名物として知名度を定着してゆく過程は、以下に述べる山形県西田川郡温海《あつみ》町のアツミカブ（温海蕪）の例に類似している。このカブラの初出は、一六七二年の『松竹往来』で、上記のカブラに匹敵する古さとなる（青葉 一九八一：一〇四）。しかも、文献記録がおおく残っている。

アツミカブは、元来、温海温泉より五キロ上流の一霞《ひとかすみ》地区の焼畑で栽培されていた。一六五八年（万治元年）、庄内藩主・酒井忠勝が温海温泉に御茶屋を建て、保養地として発展させた（青葉 一九八一：一〇二―一〇六、岡田ほか 一九九七）。その湯治客のための朝市において、アツミカブとそのカブラの漬物（アバ漬）が名産品となっていったのである。名称は、カブラの産地の一霞ではなく、当初から温海の名をもって呼ばれることとなった。ちなみに、アツミカブの種子は、現在でも一霞で採種している。アツミカブの利用は温泉だけにとどまらず、庄内藩主は、しばしば上納の命令を出しており、江戸にも持参されていた。そのことから、江戸においてもこのカブが「庄内名物」として藩外にも知られることになったと推察されている（青葉一九八一：一〇五）。

野沢温泉村での伝承を認めると、ノザワナがもたらされた十八世紀中旬は、アツミカブが報告された時期よりおよそ一世紀遅れていることになる。『毛吹草』の記述からは、当時テンノウジカブラはすでに定着したブランドであったと考えられる。そのためノザワナは、東日本におおいB型の種皮を持つツケナとして発達してきていたにもかかわらず、健命寺八代住職の京都遊学にちなんで、テンノウジカブラのブランドイメージに便乗したのであろう。これが、最初は温泉湯治客の口の端にのぼり、やがてスキー場を訪れる都市部の観光客にも知られることとなり、さらに一九七〇年代から八〇年代にかけてのテレビコマーシャルなどによって知名度を確立した。以上が、妥当なノザワナの誕生までの歴史と考えられる。

上記したように、次世代シーケンサを

用いた分子分類法はすでに確立している(Bird et al 2017: 3-5)。今後、周辺の地方品種のカブラ・ツケナ類とともに、ノザワナの来歴を精査する扉は開かれているのである。

注

(1) 広島菜は、以下に述べる*B. rapa*であるが、高菜は同じアブラナ属だが*B. juncea*である。

(2) 一八九五年、李氏朝鮮の第二六代国王妃の閔妃が、王宮に乱入した日本軍守備隊、朝鮮親衛隊、朝鮮訓練隊、朝鮮警務使らに暗殺された事件。

(3) 生物が生命活動に必要な、最小限の染色体の一組。

(4) 論文中では、六種にくわえてさらに外側に、Aゲノム(*B. rapa*)とACゲノム(*B. napus*)との交配による六倍体(*B. napocampestris*)も考察されている。

(5) 次世代シーケンサを用いて、低価格で一塩基多型(SNP)の傾向を探ることができる効率の良い方法。類縁関係の近い品種同士の関係の強さを調べたいときに用いる。

(6) カッコ内は、これまで形態分類から命名された学名。形態分類と分子分類がずれていることがわかる。

(7) 分類的に遠く離れている生物同士が、独立に同じような形態に進化すること。例)フクロモモンガ *Petaurus breviceps* とモモンガ *Pteromys* sp.、フクロネコ *Dasyurus* sp. とネコ *Felis* sp. などは、分類が離れているが、形態はよく似ている。ただし、収斂進化を判断する際、似ている、似ていないの判断には恣意性が働くので、どのように中立性を担保するのかは議論の余地があるだろう。

(8) 長野県内のカブラ・ツケナ類は、東日本的なB型と、西日本への移行を示すAB混在型の二種類が報告されている(大井・神野一九九九:八三)。

(9) 組とは、江戸時代に領主が領内支配のため設けた行政区画。現在も、野沢温泉村の家々からメンバーが構成されて続いている。総代は、一年交代で選挙によって選出される。組として山・水路・温泉・スキー場などを所有しており、野沢温泉村役場に匹敵する権限を有する、という。

(10) 二〇一六年に大阪天王寺に建立された「野沢菜原種 旅の起点」碑では、その名は「晃天園瑞《こうてんえんずい》和尚」となっている

(11) 伝承がカブラの形質から確かめられる例がある。山形県米沢市遠山の遠山蕪は古くから山形県の特産品の一つだが、一六〇〇年(慶長五年)、上杉藩が越後から会津をへて米沢に転封した際、持参したものといわれている。このカブラはAB混在型で、東北地方では唯一、北陸地方におおい青首の根を有する。そのため、カブラの形質は、上杉藩の伝承を裏書きしていると考えられている(青葉 一九八一:一一四—一一五)。仮にノザワナがテンノウジカブラに由来しているとすると、DNA解析によってそのことが確認されうるはずである。

参考文献

青葉高(一九七一)「アブラナ類(Brassiceae)植物の種皮の形態について」(『山形大学紀要:農学』6(2))三一五—三三五

青葉高(一九八一)『野菜:在来品種の系譜』(法政大学出版)

青葉高(二〇一三)『日本の野菜文化史事典』(八坂書房)

Bird et al. 2017 "Population structure and phylogenetic relationships in a diverse panel of Brassica rapa L." *Frontiers in Plant Science* 8: 1-12.

土井忠生・森田武・長南実（一九八〇）『邦訳日葡辞書』（岩波書店）
日本園芸会長野県支会（一九二九）『長野県の園芸』（日本園芸会長野県支会）
岡田悟・飯淵康一・永井康雄（一九九七）「庄内藩における温海（あつみ）温泉の御茶屋と御本陣について」（『日本建築学会計画系論文集』五〇〇）二二九―二三六
大井美知男・神野幸洋（一九九九）「長野県のカブ・ツケナ品種」（『信州大学農学部紀要』35（2））八三―九二
大井美知男・佐藤靖子（二〇〇二）「長野県在来カブ・ツケナ品種の類縁関係」（『信州大学農学部紀要』1（4））二三七―二四〇
U, N. 1934 "Genome-analysis in Brassica with special reference to the experimental formation of B. napus and peculiar mode of fertilization." *Japanese Journal of Botany*. 7 (1-2): 389-452.

◎コラム6◎

近世から現代に至るまでの日本社会におけるナタネ作付と製油業の展開の諸相

武田和哉

はじめに

日本では近世以降の時代になると、都市部を中心に庶民層にも文字の普及が進み、社会的分業の進展から夜間の内職等の普及や[1]、また娯楽の広まりなどもあって、夜間の活動時間が増加するなど、人間生活の面では大きな変化が生じた。そして、そうした夜間の活動を可能にしたものは、やはり灯明油の一般社会への普及とそれを支えた流通制度の確立であろう。

前段の第Ⅲ部の武田論文でも述べたように、日本における灯明油の原料については、古代はイヌザンショウの種実であったのが、やがてエゴマの種実へと替わり[2]、そして室町時代以降より段階的にナタネすなわちアブラナ（油菜）の種実や綿実へと替わっていく[3]。こうした原料の変革により搾油の収量が増加し、前述のような需要増大ともあいまって、結果的に近世中期以降の日本社会では油の流通が整備されていき、大きな都市の近傍などでは作付が奨励された。

本コラムでは、近世から近代にかけての、ナタネ作付の様相とそれを原料とした製油と油流通の発達について、先行研究をもとにして概観しつつ、第二次大戦以降の新たな展開等についても概観してみたい。

一、近世幕藩体制下でのナタネ栽培と油の流通

室町時代には油の流通を担う存在として各地に油座《あぶらざ》が成立しており、これらの多くは室町幕府との関係で販売の権利を保持するなどしていた[4]。ただし、これらの扱う油の原料は当初はエゴマ種実が占めており、その後ナタネ（アブラナ）種実を原料とする搾油とその製品が出現することにより、室町時代の段階で形成されていた油座は相当な影響を受けたようで

ある。ただし、室町時代のどの時期より、具体的にどのような形でアブラナ作付やその種実を原料にした搾油[5]が社会的に広まっていたのかということに関しては、それらを知る詳細な史料が認知されていないこともあって、体系的な研究は未だ見当たらない。このほか、綿の実を原料とする綿実油も出現し、ナタネ油を凌駕するほどではないが、流通する油の中では一定の規模を占めていたようである。[6]

江戸時代に入り、政治的中心地は江戸へと移ったが、米などの商品流通の中心は依然として大坂であり、油についても同様であった。この時に流通の面で重要な役割を果たしたのは油問屋《あぶらどいや》であった。特に大坂では近郊でのナタネ作付が盛んになることで、原料産地と直結しており、原材料の集荷と製造、出荷などの総合的な拠点として機能し、それらは急速に人口が増大した大消費地・江戸へも供給されるようになる。[7]

江戸時代の中期以降になると社会的に灯明油の普及がより一層進んだが、結果としてそれは油が生活必需品としての性格を帯び始めたことを意味している。よって、価格変動の際には社会的生活的に少なからざる影響が発生することとなり、そのために世間の注視の対象ともなっていった。

このため、幕府としては油価格の安定に注意深く対応せざるを得ず、市場の統制を目指した政策を採るようになる。依然としてこの時期においても大坂の油市場の影響力は大きく、その相場により江戸の油価格も影響をうける状況が続き、幕府としては油仕《あぶらし》法《ほう》を発布した。[8]

こうした油市場の中で、やはりナタネ油は依然として中核的なシェアを占めていたようである。たとえば文化・文政年間に大坂より出荷された油に関する統計を見る限りでは、ナタネ油は約八・五割を占め、対する綿実油は一・三割程度であったという。[9]

当時、ナタネが油の原料として中核を占めた理由としては、ひとつには優れた収量を確保できるという元来の性質もあるが、消費者的な観点からすれば、灯明油として用いた時に発生する煤《すす》が比較的少ない製品であり、[10]さらには生産者側の観点からすると、米作とのセット関係での裏作に適した作物である[11]等の事情もあった。こうしたいくつかの利点がナタネ作付地域の増大につながっていったものであろう。

ちなみに、江戸の中期以降は全国の諸藩では財政的事情から殖産志向の政策を採用するところが多くあり、その一環としてナタネの作付なども奨励された。そのため、春先には野山に一面に菜の花が咲く光景が各地で見られるようになり、さまざま文芸作品などにも描写されるようになっていく。結果として、菜の花の咲く風景が日本の伝統的なイメージとして定着したのは、この時代のかかる様相が人々の心象に強く投射された結果であろう。

なお、政治史的にみれば、十八世紀前半に水野忠邦が主導して行われた天保の改革によって、各種商業の問屋である株仲間が解散させられたものの、急進的な改革により当日の流通システムに与えた混乱・弊害もあって、その後の十八世紀中頃の嘉永年間には今度は問屋再興令が出され修正が図られた。しかし、その後は折からの黒船来航や幕末の政治対立等により、油価格は急騰するなどの影響が出た。(12)そうした状況の中で、江戸幕府に代わって明治政府が成立してゆく。

二、近代以降のナタネ栽培と製油業の展開

明治維新を経ても、ただちに日本社会における油生産と流通システムの骨格が劇的に変化したというわけではない。石油やガスといった化石燃料の利用はごく一部に限られ、基本的には都市部の一般家庭や地方などでは、依然として灯明油は夜間照明の主力であった。

ただし、開国政策によって諸外国の技術や情報等が多く吸収されることとなり、その過程で日本の在来種のアブラナよりも油の収量が見込めるとされるセイヨウアブラナが明治初期には北海道において初めて導入されたことは触れておかねばなるまい。(13)その後、この品種の作付が奨励された結果、現在日本各地で農作物として作付されているアブラナは基本的にはセイヨウアブラナとなっている。ちなみに、セイヨウアブラナの種は、その色から「黒だね」と称され、他方の日本在来種のアブラナは「赤だね」と称されて区別されていた。(14)

ところで、製油業は江戸時代からの伝統と技術を受け継ぎつつも、明治以降は開国に伴う新たな展開もあり、変化がみられる。まず、特に中国方面からの安価な輸入大豆を原料とした製油が明治三十年代頃から開始される。この結果、国内産油は次第に大豆油がシェアを増やし、大正末年頃にはナタネ油と大豆油は拮抗するようになった。(15)こうしたことに加えて、石油ランプの普及や、海外からのナタネの輸入もあり、国内のナタネの作付・生産量は以後減少の一途をたどることになる。

ちなみに、近代日本における製油業はその起源によっていくつかの系統に分かれているとされ、ひとつは江戸時代に大坂や四日市周辺でゴマ・ナタネ搾油をしてきたものが会社化して発展したタイプであり、ふたつめには明治大正時期に中国大陸の大豆を原料にして製油を展開した会社、そして残りは昭和以降に他業種からの参入や新規参入してきた会社などに分けられるのだという。(16)

なお、上記のように大正末年頃には大豆油とナタネ油の生産が拮抗する状況になったということは、江戸時代以来の大坂発祥（明治維新後には「大阪」の標記がほぼ定着する）の製油業が各種の時代の変化によってその優位性を失い始めたということを意味しており、それはとりもな

おさず製油業が手工業的な生産段階から大工業へと脱皮しはじめたことを表しているとする指摘(17)があるが、それは大変興味深いことであると言えよう。

三、第二次大戦以降のナタネ栽培の衰退と新たな展開

第二次大戦後の日本社会は、高度経済成長や情報化社会の到来などの大きな社会変化を経て、今日の時代へ至っている。この間、ナタネの生産は終戦直後に大きく落ち込んだ後に戦後復興とともにいったんは戦前を上回る生産量に戻るものの（図3―7―1）、昭和四十五年（一九七〇）以降になると、国内生産量は極めて低い水準で推移し続けていく(18)。

この要因のひとつは、折からの高度経済成長による電力供給システムの構築と電化製品の全国的普及により、ナタネが照明用油の原料としての使命を終えたことである。また、油脂の原料も用途に応じて製品の多角化が進み、石油のほかに、パームや大豆などの他の植物系原料が登場するなどして、原料としてのナタネの需要価値自体も徐々に薄れてきた。さらに、ナタネ自体も大規模栽培手法により効率・価格面で競争力のあるカナダ産の輸入が増加したこともあり(19)、その結果上述のようにナタネの国内生産は完全な頭打ちの状態となったのである。

こうして二十世紀の後期以降には、ナタネはわずかに食用や観光用といった利用目的しか見いだせない作物という認識が半ば支配的となり、生産量もいよいよ衰退の一途をたどった。

しかし、二十一世紀に入ると世界的な環境意識の高まりなどを背景に、近年では改めてバイオディーゼル燃料の原料としての意義や価値が見直されつつある。各地では菜の花を利用した地域振興や観光資源化なども企画されており、おおむね全国各地の自治体で同様の取り組みが増加してきている。このようなことから、現在のナタネの作付面積はむしろ増加に転じている。

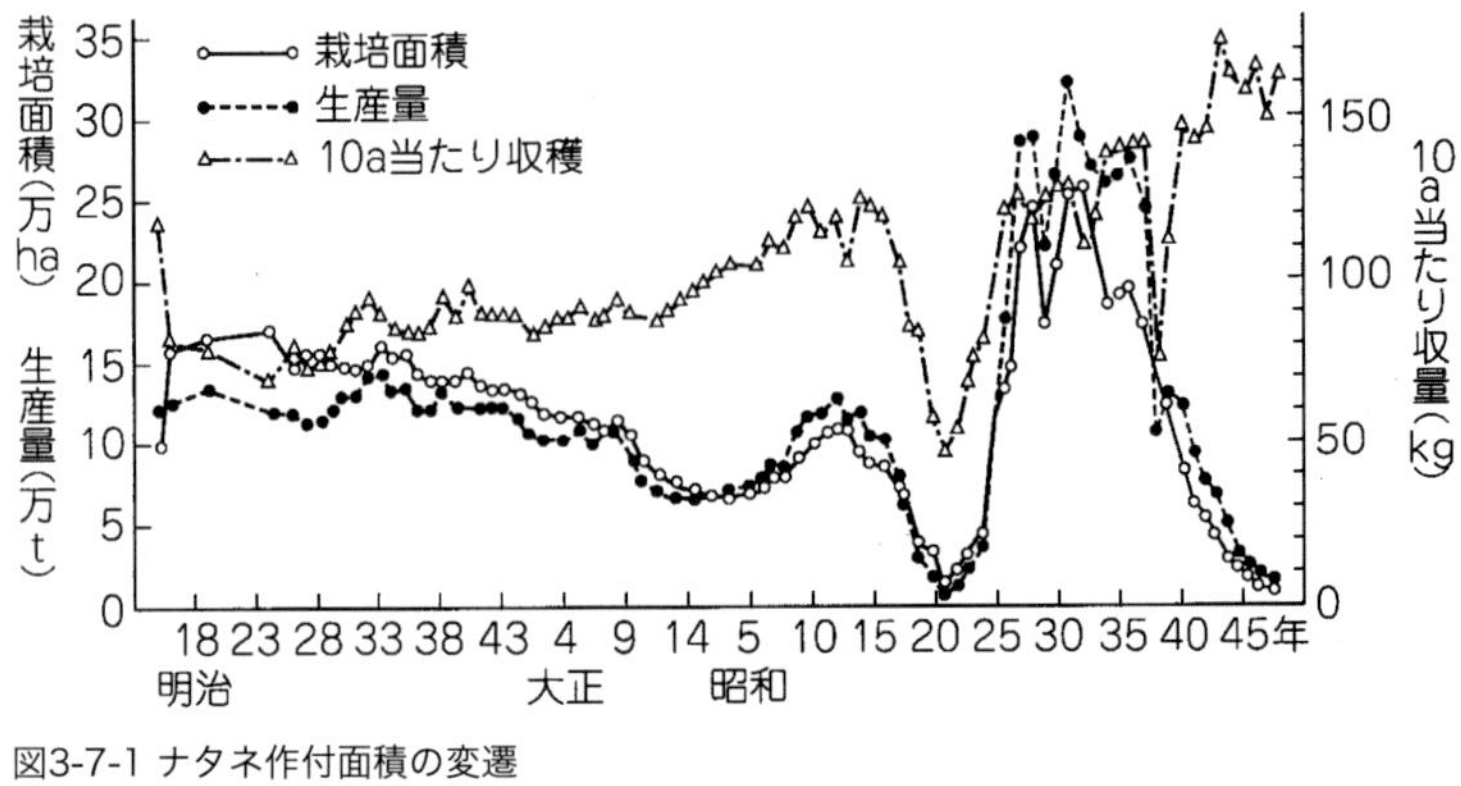

図3-7-1 ナタネ作付面積の変遷
（杉山信太郎『農業技術体系7』農山漁村文化協会、1989年より）

また、油原料としてのナタネの作付・栽培については、第二次大戦前後のよう

な規模ではなくなったが、同じアブラナ科の野菜の作付は、戦後の経済発展と食文化の多様化などによって著しく増加している点についても、ここで付言しておきたい。

おわりに

以上のように近世から現代における様相を概観すると、ナタネすなわちアブラナは人間社会を支えた作物であったことが明瞭である。また、二十世紀後半には一時その利用は衰退するものの、今日の新たな人間社会の価値観により改めてその価値が再認識されつつある。

しかしながら、これほどまでに人間との関わりのある植物であっても、作付の移り変わりや栽培・搾油の技法などの実態や歴史的変化といった基本的なことについては、未だに不明な点が少なくない。

今までの歴史学が政治史や経済史、思想・文化などを主たる研究対象としてきたことに大きな課題があり、さらにはこうした問題を研究するための基礎となる史資料が少ないという制約も否定できない。ただ、近世以降では各地で大量の文書が作成されていく時代でもあり、今後こうした問題意識や視点からの関係の史資料の把握・認知が進捗すれば、新たな史資料の掘り起しと研究の進展が期待できるようにも感じられる次第である。

注

（1）津田秀夫『新版 封建経済政策の展開と市場構造』（御茶の水書房、一九七七年）

（2）奈良文化財研究所編『香辛料利用からみた古代日本の食文化の生成に関する研究』（平成二十五年度 山崎香辛料財団研究助成 成果報告書）（二〇一四年）

（3）前掲注（1）津田著書

（4）脇田晴子「油座」（『国史大辞典』吉川弘文館）

（5）本コラムでは基本的に「搾油」という用語を用いることとするが、史料等には「絞油」という用語で標記されることもある。

（6）前掲注（1）津田著書

（7）前掲注（1）津田著書

（8）たとえば、「明和の仕法」（明和三年＝一七六六）、「油方改正仕法」（天保三年＝一八三二）など。また、それぞれの法令についても、部分的改正が適宜なされている。

（9）前掲注（1）津田著書

（10）小林正史・坂井良輔・藤田邦雄「脂質組成からみた中世から近世への灯明油の変化」（『人類学研究』一三、二〇〇二年）

（11）新保博「菜種作における商品生産と流通の構造」（『神戸大學經濟學研究年報』六、一九五九年）、のち『封建的小農民の分解過程』（新生社、一九六七年）所収

（12）東京油問屋市場編『東京油問屋史——油商のルーツを訪ねる——』（東京油問屋市場百周年記念）（二〇〇〇年）

（13）清水矩宏・森田弘彦・廣田伸七編『日本帰化植物写真図鑑』（全国農村教育協会、二〇〇一～二〇一〇年）

（14）日向康吉『菜の花からのたより』（裳華房）

（15）前掲注（12）東京油問屋市場編著

（16）前掲注（12）東京油問屋市場編著

（17）前掲注（12）東京油問屋市場編著

（18）杉山信太郎『農業技術体系七』（農山漁村文化協会、一九八九年）

（19）前掲注（14）日向著書

学校教育現場での取り組み
――今、なぜ、植物を用いたアウトリーチ活動が重要なのか

渡辺正夫

キャベツ、ダイコンなどは食生活で接しているが、教育現場では、「理科」として学ぶ一方、自然体験でもアブラナ科植物に接する機会は多い。近年、大学人が小中高生に出前講義を行う機会も増加し、学校とは異なる角度から植物を観察、理解できるしくみが構築されつつある。こうした植物との接点が子供たちの感性を醸成する上で重要であることを含め、教育への効果を概観する。

はじめに

これまでの第一部から第三部では、アブラナ科植物の基礎を踏まえて、アジア、日本におけるアブラナ科作物と人間社会の関係を様々な角度から議論してきた。第四部では、現代社会において、アブラナ科植物が人間社会とどの様に関係性を持ち、また、今後、アブラナ科植物を含めて、植物との関係性をどの様に構築するのがよいかを、教育、文化、観光、遺伝資源などから考察を行う。本章では、学校教育現場におけるアブラナ科植物を含む植物一般を教育対象と考えたとき、どの様な問題が内在し、また、現代教育において、植物で解決できる問題が何であるかを、考察してみる。

小学校、中学校の社会科の時間に、日本の国土を多角的に学ぶ。日本の国土は、その特徴として亜寒帯から亜熱帯にまで広がっていることを理解する。また、平野部は比較的狭く、急峻な山間地が全国土の約七三パーセント、森林が約六七パーセントを占めることを理解する。地軸が公転軸に対して

傾いていることから、四季の変化もあり、面積の割には、植物相も多様である。そのため、普段から日常生活において多くの植物に触れることができる。狭量ではあるが、平野部・中山間地の田畑では、主穀であるイネ・ムギに加えて、副食などになる野菜・果樹などが広く栽培されている。大都市圏を除けば、食糧や自然環境としての「植物」に接する機会が多く存在するのが、我が国の国土の特徴であるともいえる。もちろん、街路樹・公園などに自生する植物なども多く、大都市圏であっても自然に接することは十分に可能である。

一、学校教育現場とそれを取り巻く環境での植物

こうした自然環境下の我が国では、子供たちが学校教育現場で「植物」と触れあう機会が多く、種類も学年ごとに多様となっている。小学校では現在でも概ね、一年生はアサガオ（ヒルガオ科）、三年生はヒマワリ（キク科）、四年生はヘチマ（ウリ科）、六年生はイネ（イネ科）を栽培している（図4―1―1（口絵⑭））。また、子孫である「種子」をばらまくことによって、植物が繁栄していることを明確に見せることができる植物種として、ホウセンカ（ツリフネソウ科）なども花壇でよく見かける（図4―1―2A（口絵⑭））。子供たちは植物の栽培とともに観察を行うわけであるが、普段の肥培《ひばい》管理は、担任教員・理科教員などがカバーしている面が多い。また、現在では、素焼きの植木鉢を使わず、プラスチック製の鉢を使い、自動的に灌水ができるような装置がついていることもあり、便利である一方で、水加減・施肥のタイミングなどの大変さ・重要さを理解できている子供は少ない。実際、著者も大学で農学を専攻し、数多くの作目を自分で維持管理してみて初めて、その大変さが骨身に染みた。

これらの教材用植物は、全国的にどのような気候でも管理しやすく、簡単かつ安価に入手でき、病害虫などに対しても比較的強い、という点で選定されたと思われる（イネを除いて）。一方で、出前講義などのアウトリーチ活動で小学校へ伺うと、生活科、あるいは総合の時間を使ってだと思われるが、食すことができるミニトマト・ジャガイモ等〝ナス科野菜〞の栽培を見かけることが多くなった（図4―1―2G・I（口絵⑭））。これまでの教材植物は栽培したものを食すことができない（イネを除いて）。野菜の栽培は他の教材用植物より管理が複雑で大変だが、植物が持つ「食糧」と言う側面を子供たちに教育することができる。

こうした理科教育という面以外でも、花壇などに草花・野菜が栽培されていることが最近多くなった。学校での〝収

穫祭〟等の行事との関わりからか、サツマイモ（ヒルガオ科）、ダイズ（マメ科）、オクラ（アオイ科）などが栽培されているのをよく見かける（図4―1―2B・C・D（口絵⑭））。また、夏の日よけとなるすだれの代わりに、ゴーヤ（ニガウリ・ウリ科）をグリーンカーテンとして栽培している学校も多い。ゴーヤが完熟し、オレンジ色になって、果実がはじけて種子が周辺に落ちているのを見かけたこともある（図4―1―2E（口絵⑭））。適期に収穫・実食することの重要性を教えることも、「食育」の一つと考えるが、子供たちへの配布の「公平性」というか「コンプライアンス」を重要視するために、野菜が食されないまま放置されているのを見かけることがあり、残念である。

このように学校教育現場には多くの植物種が栽培されている一方で、登下校途中に植物と触れあう機会は、以前と比べて少なくなっている。現代の小学生は社会環境の変化によって、登下校中に道草をし、近くの広場で日が暮れるまで遊ぶことが少なく、コンピューターゲームなどをする機会の方が多いからだ。では、昭和四十～五十年代に小学生だった筆者たちが遊んでいた植物とは、どの様なものだっただろうか。蜜を吸って遊んだことがある植物は、ツバキ（ツバキ科）、ゲンゲ（レンゲ）。くさぶえ・コマなどの遊び道具になった植物は、スズメノエンドウ（マメ科）、オオムギ（イネ科）、ナズナ（アブラナ科）、オオバコ（オオバコ科）、ムラサキカタバミ（カタバミ科）、オシロイバナ（オシロイバナ科）、イノコヅチ（ヒユ科）、アメリカセンダングサ（キク科）、クヌギ・ミズナラ（ブナ科）などがあった（図4―1―3（口絵⑭））。四季折々でこれらの植物を使い分け、遊びに興じた。もちろん、本書で主題としているアブラナ科植物も多く含まれていた。

これらの多様な植物種を解剖し、それを「道具として遊ぶ」という自然の中での経験を通じて、昭和四十から五十年代の子供たちは植物が有している「共通性」、「多様性」を知らず知らずの間に理解してきた。言い換えるならば、昭和四十から五十年代の子供たちが植物を通じて獲得したであろう「生命観」、「倫理観」、「観察眼」などを、現代の子供たちは体験を通じて獲得することが困難になっている、ともいえる。もちろん、こうした植物の多くは現代でも目にすることができ、子供たちがこれらを活用することは可能である。しかし、社会環境の変化によって草花で遊ぶ子供文化は失われつつある。これらの体験を取り戻すためには、安心して外で遊べる社会の構築、豊かな自然環境の保持などが必要だが、一朝一夕にはいかない。そうしたことからも、学校教育現場での自然体験がいっそう重要になってくる。例えば、アウトリーチ活動を通じて子供たちに植物と触れあってもらうことは、失われた体験を子供たちに取り戻す一案であろう。

二、学校教育現場とそれを取り巻く環境でのアブラナ科植物

これまで、学校教育現場をはじめとする子供たちの周辺での「植物との関わり」について記してきた。このあたりで本題である、子供たちと「アブラナ科植物との関わり」という点について記すことにする。

小学校の理科の時間ではモンシロチョウの生育過程を観察する。モンシロチョウの産卵から羽化までの一連の生活環は、多くの場合、幼虫の餌となるアブラナ科野菜「キャベツ」の葉の上で行われる。筆者が小学生の時には、クラスの誰かが理科の時間にあわせて、近所の畑や家庭菜園で栽培されているキャベツから卵・幼虫・蛹などを見つけて持ち寄っていた。学校の花壇にはキャベツが栽培されていなかったように記憶している。ところが、最近アウトリーチ活動で小学校へ伺うと、モンシロチョウの生育観察用にキャベツが植えられているのを見かける（図4―1―4A（口絵⑮））。小学校の校区内にキャベツが栽培されていない校区であれば致し方ないと思うが、周辺に田畑がある校区でも、学校でのキャベツ栽培を見かける。これも社会変化への対応なのか。いずれ、学校全体で何かをするという姿勢があってよいように思う。

キャベツは、学名を*Brassica oleracea*という。同種には、ブロッコリー・カリフラワーのような野菜から、正月の寄せ植えでお馴染み、冬の花壇の主役・ハボタンなどが含まれる。小学校でブロッコリー・カリフラワーを栽培しているところは珍しいが、見かけたことはある。一方、ハボタンは近年の品種改良により、形態・葉色などが多様であることから、小学校の花壇で学校の校章をかたどったりして植えているのを見かける（図4―1―4C（口絵⑮））。上述のようにこれらは同種であることから、開花がそろえば訪花昆虫により雑種ができる。人工受粉を行えば（例えば子供たちによってキャベツの花粉をブロッコリーの雌しべに運ぶ等）、キャベツとブロッコリーの中間的な雑種を翌春に見ることができる。キャベツの花粉を代わりにハボタンの花粉にしても同様に雑種ができる。[1] さらに、キャベツ類である*B. oleracea*は多年生であり、一度播種すれば夏の高温期に水管理を上手に行うことで、五年、十年という単位で植物体を維持できる。長い年数、維持管理できれば、茎の地面に近い部分は樹木のようになる木化が生じ、とてもキャベツ類とは思えない植物体が観察できる。[1] 春先の小学校の花壇ではハボタンは中央部から茎が伸長する薹《とう》が立

ち（抽苔《ちゅうだい》）が見られるが、開花している植物を見ることは少ない。多くの場合、抽苔・開花前後に、春夏の草花に植え替えられることが要因である。しかし、ハボタンが多年生である利点を考え、その一部を花壇から移植して数年にわたり栽培をしてみると、子供たちの植物に対する理解が変化、深化してくるのではないかと考える。

アブラナ科植物として、先に取り上げたキャベツ類を除くと、学校での栽培を見かけたことがある植物種は、ダイコン（*Raphanus sativus*）、アリッサム（*Alyssum*属植物）、アラセイトウ（*Matthiola incana*）などである。一方、ナズナ（*Capsella bursa—pastoris*）、タネツケバナ（*Cardamine scutata*）などは、花壇の雑草として見かける（図4—1—4D・E・G・H（口絵⑮））。身近な野菜である、ハクサイ・カブ（*B. rapa*）、カラシナ（*B. juncea*）などを見かけることは稀であるのは、栽培が難しいことによるのかも知れない。もちろん、学校への通学路、学校周辺などに広がる田畑には、ハクサイ・カブ（*B. rapa*）、キャベツ・ブロッコリー（*B. oleracea*）、ダイコン（*Raphanus sativus*）、カラシナ（*B. juncea*）などが栽培されているが、多くは開花前に収穫されることがほとんどである。そのため、「菜の花」と呼ぶ春先の黄色い花が、ダイコンを除くこうしたアブラナ科作物の総称であることは意外と知られていない（図4—1—4I・J（口絵⑮））。詳細に見ると、ハクサイ・カブ類の花色の方が、キャベツ・ブロッコリー類の花色より黄色が濃い。つまり、キャベツ・ブロッコリー類の花はレモン色に近い色ともいえる。一方、ダイコンは花色が白色から薄紫色が主流であるが、黄色の花びら（花弁）を有しているダイコンの花を見かけることもある（図4—1—4K・L（口絵⑮））。

このように、アブラナ科植物は子供たちの学校生活やその周辺で散見することができ、身近な植物といえる。その意味でも、アブラナ科植物を学校教育現場で利活用することができれば、理科・科学への興味・感心などを醸成させることができると考える。

三、アブラナ科植物などを利用した小学校、高校現場へのアウトリーチ活動

一方で、筆者は、二〇〇五年から小学校・高等学校を中心に、児童・生徒に向けてアブラナ科植物に限らず、様々な植物種の花・野菜・果物を題材とした出前講義を展開し、この十四年間において、二十二都府県で一〇〇〇件を超えるアウトリーチ活動を実施してきた。(2) こうしたアウトリーチ活動を通して、植物を含めた生物の「多様性への理解」・「生命倫理」・「観察眼」を小学校時代に育成することが、中学校以降

の学校生活、普段の生活における「俯瞰的・解剖学的な見方」、「より深い理解力」、「自ら考える力の養成」につながる、と感じている。こうした観点の醸成は、著者が数回の出前講義で身につくものではなく、小学校では現在実施されていない「理科専科」の教員配置など、様々な工夫が必要であり、現在の教育現場での課題ともいえる。こうしたことを踏まえて、筆者が今まで行ってきた出前講義の実例を挙げる。

小学校では、先述した各学年で栽培・観察されている植物材料をベースに講義をしたり、アブラナ科植物などを材料に出前講義ができる仕組みを構築した。実例を挙げると、三年生では「ヒマワリのお花の秘密——たねはいくつあるのかな？」と題して講義を行っている。この時、ヒマワリは花の大きさによって採れる種子の数が異なるが、その数が極端に多くならないのはなぜなのかなど、普段の理科の時間にはあまり考えて見ないことを、児童に問いかけるような双方向の講義形式で行っている。本来、理科とは自然科学の基礎的なものであり、事象を記憶することも重要であるが、自然現象の奥にある本筋を考えることの方が、さらに重要と考えているからである。様々な回答が出てくるが（支える茎の太さに限界があるというような理由があるなど）、上述の様に、なぜ、それを考えたのかという本質の部分を考えてもらうような講義を心がけている（図4—1—5A（口絵⑮））。四年生では「ヘチマとそのなかまたち——実は、たくさんの仲間がいます」と題して、ヘチマが属するウリ科の野菜・果物の種子、果実、植物体の形を比較し、考えるような講義を行っている。また、小学校の理科で繰り返して学習する「発芽〜生長〜開花〜結実」という植物の生活環を、ウリ科の各植物の写真で見比べることによって、似ているところ・違うところを探し、「植物の多様性への理解」と「植物に対する観察眼」を養うことが肝要である（図4—1—5B（口絵⑮））。

小学校高学年の五・六年生では、筆者自身が小学生時代に理科の時間に扱った植物の記憶がないことから、現在の研究内容に近いテーマを設定し、講義を行っている。一題は「キャベツとブロッコリー——何が同じで何が違うの？」として、キャベツとブロッコリーの雑種植物がどの様な形態的特徴を持つのかということを考える講義を行っている。前述の通り、キャベツとブロッコリーは同種（*B. oleracea*）であり、容易に雑種植物を得ることができる。しかしながら、植物体を栽培、開花させ、交雑し、その交雑種子を得ることは準備段階から考えれば、半年以上かかる実験となり、容易ではない。こうした時間的な制限、困難さを乗り越えるために、キャベツ、ブロッコリーの実物を見ながら、この二つの遺伝子をもつ、雑種植物の形態がどの様なものになるのかを、グループ学習で十程度の班に分かれて考えてもらう。その上で、模造紙に雑種植物の絵を描き、その特徴を班ごとに発表し、質疑応答を行う。現在の教育で主流になりつつある「アクティブラーニング」の一形態といえばよいだろうか。この時に、雑種植物の形態を自由に発想してもらうが、その時の最低限のルールは、理科の時間に学んだ「植物の形態的特徴」から外れないこととしている。根、茎、葉、花が相互にどの様な位置関係になっているのか、ということは、多くの植物を材料に理科の時間に学んでいるからである。また、小学校での理科の場合、答えは一つということが基本である。しかしながら、雑種植物は両親の中間的なものに限られることはなく、両親のどちらかに偏ったものが出現することもある。中学校以降に学習するであろう「遺伝学」の基礎的なこともあわせて、教育している（図4―1―5C（口絵⑮））。

この講義には、後日談があり、実際にキャベツ・ブロッコリーを学校側が用意し、ピンセットで交雑を行った小学校が三校あり、雑種植物を自分たちの手で作ることにチャレンジした。そのうちの一校である今治市立今治小学校では雑種植物の栽培にまで成功し、両親の特徴をどの様にもらったかを、実際に両親の形態と比較して説明することができた（図4―1―5F（口絵⑮））。葉っぱだけでなく、植物全体の形も雑種で様々であったということを児童の方々に観察してもらうことができた。詳細については筆者の拙文を読んで頂ければよいのだが[3]、今治市で理科への高い取組ができる背景には、五十年以上前から連綿と続く小学校での「理科専科」の仕組みがあることは見逃せない。自然科学の発展に伴い、小学校で学ぶ内容はほとんど変化がないにせよ、高い専門性を有した理科教員が理科を教えるということは子供たちの興味を醸成・深化させることができることは言うまでもない。

小学校高学年向けの二題目は「花の不思議な世界――リンゴの花からリンゴができるまで?・」。別項（本書第I部渡辺論文（アブラナ科植物について））で記したとおり、アブラナ科植物の花は「自家不和合性」を持ち、種内の遺伝的多様性を維持している。また、「リンゴ」の花も自家不和合性を有している。筆者の専門であるアブラナ科植物で自家不和合性を説明することもできるが、子供たちが好んで食べる「リンゴ」をモデルとした方が、定着率が良いように感じる。開花から受粉、さらに受精という流れを学んでもらうと同時に、本来は高校生物で習う「自家不和合性の仕組み」についても触れ、理解してもらっている（図4―1―5D（口絵⑮））。また、小学生には少し難しい点であるが、受精をしてできるものは、種子であり、果実は基本、母親由来の遺伝子から構成されているということ。高校生になっても、この点がしっかり理解されていることは難しい。理科教育のある種の「隙間」とでも言えばよいのだろうか。改善を必要とする項目であり、それをこうしたアウトリーチ活動で、補強できるのであれば、よい連携の仕組みの一つになると思う。

通常の出前講義からもう一歩進んだ体験型として「花を解剖して、花の構造を理解しよう！」と題した講義を行うこともある（図4―1―5E）[3]（口絵⑮）。筆者の子ども時代には、学校の帰り道の道草で季節に応じた花を解剖したり、植物全体を解剖して観察したりすることができた。しかし、現在は社会環境の変化などから、それが困難な時代である。そこで、クラブ活動などの時間を活用して、できるだけ形態の異なる季節に応じた花を用意して、ピンセットなどで自由に分解してもらい、顕微鏡で観察してもらう。筆者の子供時代には実施できたような体験をしてもらい、観察眼を養ってもらうのが目的である。

中学校での出前講義実施例は少ないが、高等学校にはこれまでも多くの学校に出前講義で伺った。この十年ほどでずいぶんと大学教員が高等学校で講義を行う「出前講義」のスタイルが定着した。これにより、高校生が大学での講義を先取りし、大学で学ぶとは何か、ということを考えることができるようになった。このことは、高等学校・大学の両者にとってメリットがあるように思う。植物を材料としていることから、普通科や農業科での講義・実習が多い。普通科での講義は「進化論を唱えたダーウィンも注目した高等植物の自家不和合性」と題して、花の受粉～受精の仕組み、植物の遺伝的多様性を保つための自家不和合性の仕組みなどを、その意義を含めて考えてもらっている（図4―1―5G）（口絵⑮）。一方、農業科では、「高等植物における生殖・受粉反応――自家不和合性・受精・品種改良――」と題して、普段の「作物」・「野菜」・「果樹」などの農業の時間にも学習していることをより深め、受粉反応や受精反応について、品種改良の現状や実学的な側面を講義している（図4―1―5H）（口絵⑮）。また、実験実習として「作物の観察・管理と受粉・受精」と題して、ウリ科のメロン・スイカ、アブラナ科のハボタンなどを交雑させ、果実の生長を観察してもらっている（図4―1―5I・J（口絵⑮）。農業科では野菜や果樹の人工受粉を実習の時間に行っているが、種が異なるもの、同種であっても形態的に異なるものを交雑した結果を経験的に知っている生徒は少ない。その意味でも、実際に人工受粉を行い、その結果を自分の眼で観察することはより重要性を増すと考える。以上の講義・

実習の中で、アブラナ科植物を全面的に利用できるわけではないが、学年・理解度・季節などに応じて材料を変化させることで、植物との関わりをより深く理解できる。

おわりに

本章ではアブラナ科植物に限らず、小学校・中学校・高等学校における植物との関わりを広く捉えて、今後の小中高大連携を含めた実際例を示した。筆者が様々な学校に出前講義に伺い見えてきたことは、現在の学校環境で「植物との関わり」が、筆者が小学生だった四十年ほど前から比べるとずいぶん減少していることである。結果、植物全体の理解だけでなく、共通性・多様性の理解、倫理観の醸成、観察眼の養成という面も失われつつあると感じる。[4] これによって現代の教育環境だけでなく、将来の社会環境にも影響を及ぼすのではないか、という危機を感じている。こうしたことをカバーするために、地域・社会として小中高大連携をより深化・発展させることが重要ではないだろうか。それにより、近年失われつつある様々な体験を取り戻すことができると考える。実際、農業高校で調査の結果、農作物の肥培管理を通した観察や工夫などの農業活動によって「感受性」・「自立性」・「感性」・「人間性」などが養われることが導き出されている。[5]

元来、日本人は農耕民族である。これまで日本人は、四季ごとに様々な植物と関わることで、その文化を構築してきた。今後も、これまで以上に植物との関わりを大事にする必要があると感じる。もちろん植物との関わりのみならず、かつての屋外での遊びの復活も教育的価値を十分に有しており、[6] それらの融合が子供たちの教育にとって、さらに効果的であると考える。

このように、本章では、小学校・中学校・高等学校でのアウトリーチ活動において、アブラナ科植物を含む、多様な植物種を使った教育の重要性を説き、日本の文化との接点まで考察してみた。次章では、教育という限られた社会環境ではなく、広く植物と人間の関わりを食文化、観光などの社会的側面との関係性を解析・考察し、本誌が中心に据えてきた「植物文化学」がどの様なものであり、その広がりを理解することが、これからの我が国の実社会の発展などを見すえたときに、重要であるかを概説する。

注

（1）りんごろう先生の小学校の先生に送るイチから伝授実験法（2010）キャベツに飽いたらハボタンに止まれ．Science Window 5: 28-29.

（2）http://www.ige.tohoku.ac.jp/prg/watanabe/activty/delivery/

（3）渡辺正夫（二〇一三）「研究者が小中高生の理科教育にか

かわるために——東北大・渡辺をモデルケースとして」(『化学と生物』五一)二六三―二六六頁

(4) 渡辺正夫(二〇一三)「今、大切なこと：自然を観察すること、基礎をおろそかにしないこと、考えること」(『愛媛高校理科』五〇)三九―四四頁

(5) 別府和則・露口健司(二〇一七)「農業活動の教育効果に関する考察」(『愛媛大学教育実践総合センター紀要』三五)一三―二七頁

(6) 初見健一(二〇一三)『子どもの遊び黄金時代——70年代の外遊び・家遊び・教室遊び』(光文社新書)二六一頁

謝辞　本章をまとめるに当たり、図版作成、査読頂いた東北大学大学院生命科学研究科・鈴木(増子)潤美修士、伊藤加奈修士にお礼申し上げます。出前講義でお世話になるとともに、本章の執筆に当たり、貴重なコメント並びに、植物の写真を提供頂きました愛媛県立西条農業高等学校・別府和則教諭に、この場を借りてお礼申し上げます。さらに、今治市立乃万小学校・村上圭司校長にも多くの植物の写真を提供頂き、お礼申し上げます。また、多くの出前講義の場を提供してくれました小中高校の先生方にもお礼申し上げます。ありがとうございました。

植物文化学の先学者たちの足跡と今後の展望
——領域融合型研究の課題点と可能性

武田和哉

本書のメインテーマである植物と人のいとなみという視点からの研究は、既に多くの偉大な先学によって重要な成果が挙げられている。しかしながら、農学・生命科学と人文学・経済学などの文・理双方にまたがる研究フィールドであるがゆえに、体系的な学問分野として認知・定着し、展開されていくにはまだ多くの課題点が存在している。本章では諸先学の足跡をたどりつつ、今後の文理系領域の融合による研究の可能性について、展望を述べたい。

はじめに

本書では、アブラナ科植物を通じて、植物と人間のかかわりやいとなみという大きなテーマを扱ってきた。こうした視座からの研究は、今後の社会の在り方を考えると、いずれ必要になっていく分野であろうと考えている。しかしながら、従来の研究においてこうした視座からの研究が皆無であったかというと、決してそうではない。

本章では、そうした先学者たちの足跡や研究動向・手法などを振り返りつつ、今後我々がこの植物文化学を継承・発展していく上で留意すべき点や、研究手法・研究組織の在り方について、試論をしてみたいと考える。

一、先学者（あるいは「先覚者」）たちの軌跡と植物文化という視点

もともと、日本や中国の歴史展開の中では優れた農書が編

纂されてきた。それは農耕社会において必要不可欠な知であり、それまでは個人の経験や口承等によって展開・継承されてきた農業技術や栽培技法、利用方法等が文字情報として公刊された点は、大きな意義がある。また、中国に起源がある本草学という伝統的な学問分野があり、これは漢方薬の原材料としての植物利用を前提としたもので、こちらも大きな知を蓄えてきた世界である。

日本では、江戸時代に入り、十八世紀以降になると作物栽培に関する詳細な情報を載せた農書や、精緻な画像を伴う本草書などが複数刊行され、その存在はすでに先学者らにより詳細な調査・研究がなされてきている。

そうした蓄積を継承しつつ、近代に入って以降は人文学・経済学といった大きな学問体系が確立していく過程の中で、農業史・農業経済といった専門研究部門も生まれていく。大正末までには、東京・京都帝国大学の農学部には、農業・農学を社会科学面から研究する学科（農業経済学科など）が設置され、本格的な研究と人材養成が開始される。

こうした過程の中で、主に経済学的見地から農業問題に取り組むアプローチと、人文学（特に歴史学）的見地から取り組むアプローチなどの流れが顕著となっていく。前者においては、やがて東畑精一・近藤康男・山岡亮一・栗原百寿・梶井功ら多数の優れた研究者を輩出しつつ、後には日本農業経済学会が設立されて、現在では多くの学会員を擁する学問分野となった。また、後者においては、第二次大戦前の時期に満鉄調査部に所属していた天野元之助を中心に西山武一・熊代幸雄ら中国の農書を研究するグループがあり、天野は戦後に発足した京都大学人文科学研究所に招聘されて共同研究の拠点を形成した。[1]その天野の後を継いだ飯沼二郎、そして古島敏雄・三橋時雄・岡光夫らは日本農業史学会や関西農業史研究会などを相次いで結成して研究活動の輪を拡げ、やはり同様に今日では確固とした学問分野となっている。

これらのふたつの学問分野・学会が主眼を置いてきた研究対象は、農村社会の構造や農業生産と流通、前近代の農業技術、そしてこれらに関わる政治・社会制度や税・財政などであり、主として農業・農林経済学や社会経済史、政治制度史、財政史的な見地からの研究展開が主流を占めていたように感じられる。これは、特に第二次大戦後の日本においては、食糧増産とその基盤整備としての農村振興が国の重要な施策として位置づけられていたという背景があり、農業・農村の振興と発展に寄与する研究視点が重視されていたことと不可分ではないだろう。

他方では、本書がメインテーマとした植物（特に主食となる農作物ではなく、蔬菜類など）と人間のかかわりやいとなみという面について、食文化や環境などの視座にも積極的に光を当てつつ、総合的・学際的なアプローチを志向した先駆的研究者も複数存在している。本章では、その中から以下の四名の研究者に注目してみた。

①南方熊楠（みなかたくまぐす・一八六七〜一九四一）[2]

ご存知の方は多いであろう。まさしく在野の知の巨人という名が相応しい人物である。和歌山県の出身で、上京して大学予備門に入学後中退し、アメリカやイギリスに留学する。大学予備門の時代には、発掘調査や菌類の調査などを手掛け、欧米留学中は動植物を広く研究対象とした。その後大英博物館で職を得たのちに帰国し、郷里の和歌山で植物や菌類の研究を為したが、広く生態全般を捉える視座からのものであったと評価できる。このほか、民俗学の業績も残している。

南方のこうした対象の広い研究は、いわゆる博物学と呼ばれるものに該当するのかもしれないが、併せて彼の独特の個性やこだわり、そして行動力や語学力、さらには実地でのフィールド調査経験などが大きな原動力なり糧となっていることは間違いないであろう。

本書のテーマとの関係でいえば、植物と人間とのかかわりを民俗学的見地から研究する視座を形成した最初の研究者として認識できる。

②篠田統（しのだおさむ・一八九九〜一九七八）[3]

大阪府の出身で、京都帝国大学理学部・大学院で学んだ後に欧州に留学した。元々は化学畑の研究者であったが、学位論文は昆虫の腸の分泌に関する内容であり、その後陸軍で従事の後に復員して大阪学芸大学（現・大阪教育大学）の教官となり退官に至った。専門分野は化学から昆虫学、そして生理学や酵素学・食物学などを手掛け、そして最終的には食物史という分野の開拓者的な存在となった。

篠田の足跡は、前述の南方とは異なり、大学の研究者・教育者としての生涯であった。また、さまざまな研究分野に遷移していくという点に特徴がある。そして、それぞれの分野で多くの業績を残しているという点も印象深い。

本書のテーマとの関係でいえば、食文化・食物史（特に中国や日本）という点で大きな先駆的研究がなされている。

③青葉高（あおばたかし・一九一六〜一九九九）[4]

埼玉県の出身で、千葉高等園芸学校（現・千葉大学園芸学部）卒業後に京都大学より農学博士の学位を受けた。その後山形大学で教鞭をとり最後は母校の千葉大学で勤務して退官となった。専門は野菜園芸学であり、特に山形大学在職中は当県に多く残る在来品種の野菜を研究対象として手掛けた。

他方で、日本史の歴史史料中の記述にも大きな関心を持ち、数多くの著作を残している。

青葉の研究は、農学という分野に軸足を置きつつも、個人的な努力により日本史分野にも果敢にアプローチして、歴史史料・文献の情報と園芸の知識を融合した、まさに「野菜史」ともいうべき分野を形成した。

本書とのテーマとの関係でいえば、歴史的視座からの植物の変遷という視点での研究を行い、大きな足跡を残した研究者といえる。

④筑波常治（つくばひさはる・一九三〇～二〇一二）(5)

東京出身で、旧皇族の山階宮《やましなのみや》家から分家した筑波侯爵家に生まれた。学習院中等科を経て海軍経理学校に進み、戦後東京農業大学中退後に東北大学農学部に学び、大学院を経て、法政大学・早稲田大学で教員を務めた。専攻は、農業技術史・自然科学史である。華やかな出自ながら少年期のいくつかの紆余曲折を経て農業との接点を見出し、東北大学在学中は作物遺伝学を専攻した。そして長らくＮＨＫラジオの番組で「農業こぼれ話」を担当し、その内容をまとめた著作集がある。

筑波の研究は、自身が関わったラジオの仕事もあり、国民の身近にあるさまざまな農業関係の題材を広い視野からみつめ直し、またそれらを視聴者にわかりやすく伝えるために平易かつ時代的感覚を織り交ぜた内容として再構築と再提示を行った点が特徴的である。

本書のテーマとの関係でいえば、社会と農業との接点や、時代変化に即した農業や学問の在り方、アウトリーチ活動の重要性の点で、モデルケースとなる業績を残したといえよう。

このほかにも、いろいろとご紹介すべき業績のある研究者は多々おられるが、残念ながら紙幅の関係もあり、本章ではこの方々にとどめたい。

さて、これらの諸先学に共通する点としては、やはり第一にはいろいろな学問分野に携わる、あるいは接点を持ったという点があげられよう。第二には、自身の人生の中で各人各様の事情があったにせよ、自分の研究フィールドを持っていたことであろう。そして、第三にはそれらを基礎としつつも、独自の視点・研究手法などから新たな研究分野の形成なり再構築なりを為した、という点であろう。

こうした背景には、当時の日本社会の歴史的経過や社会が持つ独特の寛容さ、そして今日の成果第一主義とは異なる研究環境などが背景にあるようにも感じられる。

このようにみると、こうした先学者（先覚者）たちと同じ研究スタイルを、現代に研究機関に所属する立場の者が果たして為しえることが可能かどうかと問われれば、おそらく相当な努力をしてもかなり困難ではないか、と認識をする。

　また、かつてのノーベル物理学賞受賞者の湯川秀樹のように、学者一家に生まれ、幼少より漢文や歴史史料に親しみつつ、大学では理系学問を専攻する、といったような人材を生み出すような類まれな家庭環境の事例[6]は、現代社会の中ではもはや皆無に近いであろう。

　であるとしたら、我々としてはこうした先学者達の時代の遺風を懐かしみ、参考とすることはできたとしても、それと同じ研究手法を採ることは困難である点をまずは明確に認識しなければなるまい。

二、問題の所在

　現在の日本における学術研究はいずれの分野でも細分化・専門化が進み、大きな成果を出しつつも今やそれがかえってひとつの弊害にもなっている、という指摘がなされて久しい。私がかつて学んだ歴史学分野や考古学の分野でもそうした傾向は見られ、特に一九九〇年代以降は個別の研究への実証主義的手法の徹底もあって、研究論文で扱うテーマの幅や奥行きはかなり限定されていく傾向が顕著である。かくいう筆者自身も実際にそのような限定されたテーマで個別事象を扱う論文を複数書いてきた一人でもある。

　その筆者自身ですら感じることは、大きな研究の構想枠を提示するような研究がやはり少なくなってきている印象があるということである。たとえば、かつて歴史学分野についてみれば、歴史の大きな展開の枠組みを史観として提示する研究がそれに該当しているだろうし、また考古学分野であれば出土資料の分析手法として提示された型式論や様式論といった議論もそれに該当していよう。また、それらの提起に対しては他の研究者から積極果敢な反論が出され、結果として「論争」と称される議論が継続的に展開されるような活況があったようにも思われるが、今日においてはやはりそういう状況も少なくなったと認識している。

　確かに限定された範囲での個別研究課題は、実証的研究の積み重ねにより、多くの場合で新たな知見獲得や事実解明などの成果が相当程度あがってきていることは間違いない。しかしながら、ダイナミックな研究視点の提示や展開といった面での動向が乏しい様相であると感じているのは、筆者だけであろうか。

　加えて、研究環境の展開や新たな研究課題の発生という事態も起きている。特に二十世紀末からさかんに叫ばれていた環境問題、あるいは情報学と呼ばれる新興の学問分野、そして二十一世紀には高度情報化社会によりもたらされた要因により新たに発生している社会的問題や環境変化などの諸課題を取り扱う分野などが該当していよう。

こうした新出の学問分野や研究課題については、既存の縦割り型の学問体系分野に裏打ちされた研究組織では恐らく対応は難しいのではないかと思われる。併せて、今日の社会の展開速度は非常に速くなってきており、問題解決のための研究成果が出た時には既に別の形の課題・社会問題へと遷移してしまっていることもあるだろう。

このように考えると、既存の研究組織・体制による研究実施が全て悪いとまでは思わないものの、新たな手法・発想による研究運営の在り方も考慮せねばならない時期には来ているように思われる。

ただし、それでは我々人間としての研究者の立場から考えると、そう簡単に研究上の学問分野をドラスティックに変えてみたり、あるいは複数の研究分野を持つということはなかなかできない。学部生から院生や研究員またはそれに準ずる職位等を経つつ、大学などの教育・研究機関、または公的もしくは民間の研究機関に所属して必要な専門知識や方法論の会得に努めつつ、研究論文などの実績を積んで研究者への過程を進んでいく中で、全く異分野の研究に携わるという経験をすることは余り想定できず、また仮にそうであったとしても専門分野での研究実績をあげていくという各種の「競争」の厳しさを考えれば、まずは自己が選択した専門領域の実績の充実とさらなる研鑽、あとはせいぜい専門分野と隣接する分野への副次的な取り組み、というあたりが妥当なところであろう。

ここで改めて、本書が扱って来た植物と人間のかかわりやいとなみというテーマを通して、そうした問題を考えてみると、より課題点が明確になるのかもしれない。すなわち、植物と人間のかかわりという問題を扱う学問的領域・分野は既存の枠組みの中には存在しない。また、関係が深いであろう農学や生物学、あるいは歴史学や民俗学といった分野、そしてそれらの関連的分野である農林経済学、農業史、園芸学、食文化という各分野が単独で正面から担えるというものでもない。こうしたテーマは余りにも問題点が多岐にわたっており、またそれに対応する現状の学問組織の側でも細分化が進んでいるからである。

また、植物と人間のかかわりやいとなみというものは、時代によりどんどん変化している。それは、まさに本書で多くの執筆者が明らかにしてきたように、アブラナ科植物と人とのかかわりやいとなみこそが、まさしくそれを如実に物語っている。かつては、食材のひとつであったのが、搾油原料として利用されはじめ、栽培が拡大したが、それが石油製品等にとって代わられると今度は観光目的としての利用、そして近年では環境問題や汚染除去に利用できる可能性が見出されるなどして、改めて脚光を浴びるという具合である。

よって、このテーマの研究に従事するためには、既存の学問体系に裏打ちされた体制下ではひとつのセクションが担うのは到底困難であり、当然にして領域融合的研究の遂行という方向を採用せざるを得ない。ただ、この各学問分野の「領域融合的」研究を行うということは実は極めて難しく、研究者組織の編成もそうであるが、その次の段階である研究者間の相互理解や信頼感の醸成から着手せねばならない。発想も手法も知識も問題意識も全く異なる者同士が相互の視点から基本的認識を積み上げるところから行う必要があろう。筆者自身、今回実際にこの研究テーマの研究班を運営する立場を担った経験をしたが、これはまことに偽らざる心境である。

三、各関係学問領域と方法論上の課題点

さて、改めて植物文化学を念頭に、今後の継承と発展をいかにしてなすべきか、またそれを達成するために留意すべきことは何か、という問題について試論してみたい。

前節で概観したように、既に今日の研究体制の中に存在する我々が先学者のようなスタイルで研究を遂行していくことは現実的ではない。もし遂行していくのであれば、どうしてもさまざまな関係学問分野の研究者を組織化して、学問的問題意識や研究目的等を共有しつつ、さまざまな障害を越えて理解を深めつつ、議論を進めていくという方向性しか選択し得ないということになる。

その上で、先学者が示した研究姿勢やスタイルなどの中には、見習うべきものは数多くあるようにも考える。

まず、植物と人間のかかわりやいとなみというテーマに関して言えば、既存の学問体系ではざっと見た限り以下の学問分野（日本学術振興会科研費申請科目の分類[7]を参考とした）が関係してくるであろう。

①人文社会系

人文学（史学〔含：考古学〕・文化人類学〔含：民俗学〕・言語学・人文地理学）

社会科学（経済学〔含：経済史〕）

②生物系

生物学（基礎生物学〔含：遺伝・ゲノム解析、生態・環境、生物多様性〕）

農学（農学〔含：育種学、作物学、園芸学〕・農芸化学〔含：植物栄養学・土壌学、食品化学〕・森林科学・農業経済学・境界農学〔含：環境農学〕）

③総合領域

情報学（人文社会情報学）・生活科学（食生活学）・科学社会学科学技術史・博物館学

④医歯薬系

薬学（天然資源系薬学〔含：漢方・和漢薬学〕）

以上はあくまで主要な分野に限ったものであるが、それでもこれだけの数がある。しかもいずれの分野とも、研究の方法論や研究視点、研究スタイルが確立し、学問的目的や使命も明確な分野ばかりである。また、さらにその中でもいくつかの分野に分かれ、さらに研究者の段階になるとそれぞれが持つ専門テーマがあり、その内容により千差万別の状態となっている。

因みに、筆者が学生時代以来携わってきた歴史学についてみれば、その中はさらに西洋史学・東洋史学・日本史学・考古学などに分かれており、そのひとつである日本史学にしてみてもさらにその中では分かれている。具体的には、古代史・中世史・近世史・近代史・現代史という時代別の区分のほか、思想史・宗教史・政治史・経済史・法制史・農業史・社会史・外交史といった部門別の区分け方もなされることがある。さらに研究者個人レベルではまたさまざまなテーマ設定がなされているというありさまである。たとえば、農業史という研究上の部門、また時代による区分、そして具体的に何を扱うのか（米作なのか畑作か、農業経済か技術か、など）といった状況である。

また、研究テーマとして設定をしても技術的に把握なり立証が困難、という事態も予想される。たとえば、日本古代の畑作の品種の実態ということを研究しようとしても、それらの手掛かり・証拠となる歴史史料が存在していなければ研究のしようがない。ただし、別分野での研究から、完全ではないもののある程度の考察が可能となりうる場合もないわけではない。それは本書でも示したように、考古学分野で花粉分析という科学分析を用いた結果を参照すれば、当時の堆積土に含まれている花粉の種類から当時の植生の様相がある程度判明するので、畑作かどうかの判断は別として、当時の遺跡の周辺に多く生えていたということだけは証明されることになる、という具合ではある。

また、例えば日本史学の研究者がすべて日本の各時代の歴史史料をすべて読みこなせるかというと、まったくそうではない。もちろんそれが理想であり、そうした能力を持つ研究者がまったくいないということではないが、史料を読むためには当該時代の歴史的背景や専門知識が必要であり、かつ当時の言語や史料に頻出する当時の用語等の意味や語感に対する理解がなければ「釈読」には至れない。こうしたことは、専門化が進捗したという意味でもあろうが、他方では、もはや現状としては一人の人間がオールマイティな研究能力を発揮して独力で完結した研究を完成させるという次元ではなくなっている、ということでもあろう。

このように考えると、各学問分野には研究対象に関するアプローチが異なり、それが得られる成果の形の違いとなって現れてくる訳であるが、つまりこの様々な学問分野が出せる成果の形やその強み、得意な研究分析手法・視点というものをまずは俯瞰的に理解していくことが重要であるように思われる。

その上で、関係のある各分野から研究テーマに関心のある研究者の参画を広く求める必要がある。ただし、漠然と参加して協業をするということでは研究組織は成立しない可能性が高い。やはり共通の目的・目標の提示があり、その達成に向けて参集するという課題達成型の組織編成をする必要がある。さらに、前述のように相互に他の分野の研究手法や指向性、そして出てくる「成果の形・性質」や、あるいは研究手法による限界などをについて、理解を深め合う必要があろう。

四、展望——まとめに代えて——

以上のように、雑駁な内容ながら、植物文化学的な先学者の足跡をたどりつつ、我々が今日的な学問の展開と継承をしていく上での留意点や課題点について試論した。結果として、各学問分野からの参加者による研究組織をいかに編成するか、そして研究者間での他分野に対する相互理解をいかに深めるか、という点が大きなポイントであることは間違いない。

なお、近年には「課題解決型研究」なる手法が既に提唱されてはいて、従来とは異なり具体的なテーマの提示と公募という方式から着手していく手法である。運営管理者には一定の権限や予算措置をするということでそのイニシアティブを高めるというねらいもあるようであるが、実際には研究者間の連携というのは非常に微妙な問題であり、個人的な関係が色濃く反映されていくことを完全に排除はできないであろう。また、近年の大学を取り巻く諸環境の変化という経過の中で、個別の研究者がその所属機関の都合・諸事情等に影響を受けることもあり、一筋縄ではいかないことも予測される。

しかし、翻って考えてみれば、学問には自ずと目的や役割があり、それを社会に還元することが研究者としての使命であるのなら、それでも敢然とこうした困難や障壁のある諸問題に取り組んでいく意義は当然にしてある。

本書で扱ってきた植物と人間のかかわりやいとなみというテーマに関わる今日の社会的諸課題はいくつもあり、特に近年重要視されてきている環境というテーマとも不可分な問題でもある。こうした点については研究者だけでなく社会的に様々な立場の方々の参画も必要であり、そのように考えると研究者だけが自己の都合や研究環境に拘泥している時代ではなくなってきているという点も踏まえつつ、改めてこれからの研究という仕事の在り方を自覚せねばならないと省察する次第である。

注

（1）天野弘之・井村哲郎編『満鉄調査部と中国農村調査――天野元之助中国研究回顧』（不二出版、二〇〇八年）、渡辺武「天野元之助と中国古農書研究」、徳永光俊・本多三郎編『経済史再考――日本経済史研究所開所七〇周年記念論文集』（大阪経済大学日本経済史研究所・思文閣出版、二〇〇三年）。

（2）南方熊楠の著作については膨大なものがあり、まとめた全集としては澁澤敬三編『南方熊楠全集』（全一二巻）（乾元社、一九五一〜五二年）がある。このほか、随筆や書簡集を集めたものとしては、『南方熊楠随筆集』（筑摩叢書一一八）（筑摩書店、一九六八年）、岩村忍編『南方熊楠文集』（東洋文庫三五二・三五四）（平凡社、二〇〇六年）、松居竜五ほか編訳『南方熊楠英文論考』（『ネイチャー』誌篇、『ノーツアンドクエリーズ』誌篇、集英社、二〇〇五年）、ほか数多くの著作収録集が存在する。また、彼の複座的視点からの研究に関する最新の評伝としては、松居竜五『南方熊楠 複眼の学問構想』（慶應義塾大学出版会、二〇一六年）を挙げておきたい。

（3）篠田統の著作についてまとめた全集は存在しないが、テーマごとの著書は多数存在する。略歴や著作の概要については、生活文化同好会編「篠田統先生略歴・作品目録」（『生活文化研究』一三、一九六五年）があり、また評伝としては、馬場功「篠田統氏――日本風俗史学会理事・理学博士（ひと）」（『季刊人類学』二―二、一九七二）、友寄景仁「大阪教育大学教授列伝・篠田統先生〝八宋兼学の学殖〟」（『大阪教育大学教育研究所報』二五、一九九〇年）がある。また、篠田が生涯にわたり収集した各種の学術資・史資料等については、現在国立民族学博物館に収蔵されており、その目録が同博物館より公刊されている。

（4）青葉高の著作については、各種のテーマの著作が公刊されているほか、まとめたものとしては『青葉高著作選』（全三冊）（八坂書房、二〇〇〇年）がある。またこのほかには膨大な個別研究論文が存在している。

（5）筑波常治の著作については、特に歴史関係の伝記を中心として各種テーマの著作が公刊されているが、農業関係に関しては、『農業博物誌』（玉川大学選書八九・一一三・一五一・一五二）（玉川大学出版部、一九七八〜一九八三年）にまとめられているほか、各種の農業関係著作が存在する。また著作目録や経歴、評伝については、「筑波常治教授略年譜〔含 著作目録〕」（『教養諸学研究』一一〇、二〇〇一年）、鈴木善次「筑波常治さんを偲ぶ」（『生物学史研究』八八、二〇一三年）がある。

（6）貝塚茂樹「私達をこう育てた――科学者湯川兄弟の父故小川琢治博士」（『ニューエイジ』二―一、一九五〇年）

（7）日本学術振興会の二〇一七年度の「系・分野・分科・細目表」を参考にした。

◎コラム7◎

アブラナ科植物遺伝資源に関わる海外学術調査研究

——名古屋議定書の発効で遺伝資源の海外学術調査研究は何が変わるか

佐藤雅志

はじめに

アブラナ科作物であるキャベツ、カラシナ、ダイコンやカブは、今日では世界で広く栽培されているが、その原産地はヨーロッパ、地中海から中央アジアの地域と言われている。原産地からさまざまな地に伝搬したアブラナ科作物は、それぞれの気候風土に適応し、栽培や食用に適する遺伝構成を有するものすなわち遺伝資源が、農民により選ばれ継承されてきた。この様な過程は、アブラナ科作物に限られたことではなく、人類の主要な穀物であるイネ、コムギやトウモロコシをはじめ、他の作物でも例外ではない。十五世紀半ばから十七世紀半ばまで続いた大航海時代では、トウモロコシやジャガイモがアメリカ大陸からヨーロッパに伝来しているように、作物遺伝資源を保有していた国から利用する国へ遺伝資源が伝播したと言われている。十七世紀以降には、先進国はプラントハンターを主に発展途上国に派遣し、食料、香辛料や薬となる作物遺伝資源を掻き集めたとも言われている。これらの作物遺伝資源に関しては人類共通の財産との考えが共通認識であったが、二十世紀後期に入ると遺伝資源の多様性保存、適正な利用について国際的な議論がわき上がった。

海外で生物（遺伝資源）の調査に関わる国際条約としては、ラムサール条約、ワシントン条約、生物多様性条約がある。ラムサール条約「特に水鳥の生息地として国際的に重要な湿地に関する条約；The Convention on Wetlands of International Importance especially as Waterfowl Habitat」は、水鳥の生息地として国際的に重要な湿地及びそこに生息・生育する動植物の保全を促し、湿地の適正な利用を目的としている。(1) この条約は、一九七二年にイランのラムサールで採択され、一九七五年に発効された条約である。ワシントン条約「絶滅のおそれのある野生動植物の種の国際取引に関する条約；Convention on International Trade in Endangered Species of Wild Fauna and Flora」は、希少種の取引規制や特定の地域の生物種の保護を目的としている。(2) この条約は、一九七三年にアメリカのワシントンで採択され、一九七五年に発効された条約である。生物多様性条約；Conventin on Biological Diversity（CBD）は、上記の二つの国際条約を補完し、生物多様性の保全、生物多様性の持続可能な利用、遺伝資源の利用から生じる利益の公平かつ衡平な配分を目的としている。(3) この条約は、一九九二年にケニヤのナイロビで採択され、一九九三年に発効した。二〇〇〇年に、この条約の三番目の目的である「遺伝資源の取得の機会およびその利用から生ずる利益の公正かつ衡平な配分；Access and Benefit Sharing（ABS）」が、名古屋で開かれた生物多様性条約第十回締結国会議で名古屋議定書として採択された。(4) この名古屋議定書が、二〇一七年八月二十日に日本でも発効し指針が施行された。

　ここでは、約半世紀前から東北大学大学院農学研究科・育種学研究室が中心となり行われてきたアブラナ科植物に関する三回の海外学術調査、とくに第一回目の調査を紹介し（角田 一九九二）、その遺伝資源の海外調査を名古屋議定書に照らし合わせてチェックする。

一、アブラナ科植物に関する海外学術調査研究

第一回目の海外学術調査「アブラナ族並びにその近縁属植物の系統分化に関する調査」は、一九六五年四月から六月まで、香港、インド、エチオピア、エジプト、トルコ、ギリシャ、イタリア、チュニジア、モロッコ、スペイン、フランス、イギリスに出向き調査した。この調査研究には、代表者として育種学研究室の水島宇三郎教授、分担者として角田重三郎助教授、随員としては後に育種学研究室教授となられた日向康吉氏と株式会社渡辺採種場社長になられた渡邉《わたなべ》穎悦《えいえつ》氏が参加した。

　第二回目の海外学術調査「西部地中海地方のアブラナ属並びにその近縁属植物の系統分化に関する調査」は、第一回の海外学術調査から十年目の一九七五年六月から七月まで、モロッコ、アルジェリア、スペイン、ポルトガルに出向いていた。この調査研究には、代表者として角田重三郎教授、分担者として水島宇三郎名誉教授、日向康吉助教授、スペイン・ポリテクニカ大学農学部のゴメス・カン

ボ教授の四名が参加した。調査地域は、サハラ砂漠の周辺、サハラ山脈、地中海沿岸、スペイン内陸部、大西洋に浮かぶマディラ島であった。

さらに、八年後の一九八三年五月から六月まで、第三回の海外学術調査「東部地中海地方のアブラナ族並びにその近縁属植物の系統分化に関する調査」が行われている。この調査研究には、代表者として育種学研究室の日向康吉教授、分担者は角田重三郎名誉教授、スペイン・ポリテクニカ大学農学部ゴメス・カンポ教授、およびトルコ・エーゲ大学生物学部M・オツチュルク教授が参加した。調査地は、トルコのエーゲ海沿海、地中海沿海、東南部乾燥地域、東部内陸地域、東北部ステップ地帯、黒海沿海、西部内陸地帯である。一万キロを車でまわり、随時停車してアブラナ属栽培種の野生型を含むアブラナ科植物を調査した。

これらの調査研究の成果も含めて、アブラナ科栽培種の起源などについて、数多くの論文・著書が書かれている（本書第I部武田論文・渡辺論文（アブラナ科植物について）参照）。

二、一九六五年に行われたアブラナ科植物に関する海外学術調査

第一回の海外学術調査について旅程等を具体的に記述している論文がある(Mizushima and Tsunoda, 1967)。以下に、約半世紀前のアブラナ科植物遺伝資源に関わる海外学術調査の具体的な旅程や調査に関する記載を抜粋して紹介する（図4―3―1（口絵⑯））。

四月三日から四日までの二日間、最初の訪問地である香港に滞在した。短い滞在期間ではあるが、カリフラワーの葉柄が中華料理の食材になっていることに興味を持ち、香港周辺の農家に出向き、種子を入手した。

四月四日から九日までの五日間は、インドに滞在した。インド国農業研究所、作物導入部門長の.Singh博士に加え日本国大使館の計らいで、ヒマラヤの山麓、二〇〇〇メートルを超える段々畑に出向き調査することができた（図4―3―2（口絵⑯））。農家からチンゲンサイ*B. rapa*の種を入手した。アブラナ科の野生型には、ウシの飼料となっているものもあった。

四月十日から十七日の八日間、エチオピアに滞在した。アメリカ合衆国国際開発庁USAID、国際連合食糧農業機構FAOの協力を得て調査ができた。クロカラシ*B. nigra*は野菜畑の雑草で、高地では薬用植物として利用されていた。ヤセイカンラン*B. oleracea*、は、ケールとして紀元前から栽培されてきたと聞いた。アビシニアカラシ*B. carinata*は二十世紀一九三六年にイタリアから導入され栽培されてきたとの記録があった。市場で種子を手に入れた。

四月十七日から二十三日までの六日間、エジプトを訪問した。Kahera大学・農学部のWarid氏、アラブ連合共和国のス

タッフが、調査旅行を全て調整してくれた（図4―3―3（口絵⑯））。アブラナ科植物は、雑草として荒れ地、耕地、水田の畦などにも生育していた。カイロから地中海に面したアレキサンドリアまでの道沿いのブドウ畑やオリーブ畑の空き地に生育しているクロカラシ *B. nigra* の野生種が多く観察された。*B. nigra* は薬草として使用されていた。

四月二十四日から五月二日までの九日間は、地中海のギリシャのクレタ島、ロードス島に移動して調査を続けた。ギリシャ国の国立野菜種子研究所長が、地方事務所に交渉して、調査を調整・手配してくれた。ブドウ畑やオリーブ畑の空き地を、アブラナ科植物の黄色の花で埋め尽くされていた。エーゲ海の海沿いには海岸の散歩道端や急な崖、アクロポリスの丘の斜面の石積みの間に、ブドウ畑やオリーブ畑の空き地などに、アブラナ科植物が自生していた。

五月三日から十一日までの九日間、トルコに滞在した。イズミールにできたFAOとトルコ政府機関との共同機関である作物研究導入センターのプロジェクトマネージャーKuckuck博士は、調査に協力してくれた。エーゲ大学のRegel教授、農業研究センター長のDevecioglu博士が、調査旅行を手配してくれた。作物研究導入センターの農場にある野生のアブラナ科植物を確認することができた（図4―3―4（口絵⑯））。

イズミールからチェシュメまでの道沿いにアブラナ科植物の黄色の花が点在していた。シロガラシ *B. alba* を確認できたが、開花期で種子を採集することはできなかった。ホソエカラシ *Sisymbrium alba* は麦畑の雑草、ハリゲナタネ *B. tournefortii* は砂地に自生していて乾燥抵抗性があるようだ。内陸のイズミールからサルディスまでの道沿いには、これまで確認したアブラナ科植物の野生種に加えて四種を確認した。

FAO代表オフィスとトルコ農業大臣の親切な計らいで、アンカラ国立農業研究所のDemirlicakmak博士の同行を得て、アンカラからPolatliまでの半乾燥地を調査することができた。麦畑の雑草の多くはアブラナ連植物の雑草でしめられていた。それらの雑草は満開の時期で、目の届く限り黄色の花で農地は覆い尽くされていた。それらの雑草の中で、アブラナ *B. rapa* や西洋アブラナ *B. napus* が優占種であった。それらの種子はまだ実っていなかったが、アンカラ大学農業研究所教授であるKaramanoglu博士は親切にも、彼がアンカラ周辺で集めたアブラナ科植物のタネを提供してくれた（図4―3―5（口絵⑯））。

地方農業研究所長であるTasam博士が、イスタンブール周辺の調査に親切に協力してくれた。研究所のUzal氏の案内でマルマナ島のヨーロッパ側の海岸を調査し、道端や家の周りの空き地に自生している合計九種の野生種を確認した。ボスポラスのヨーロッパ側から黒海の入口にあるKilyosまでの道沿いでも同様の野生種を確認した。

五月十二日から二十一日までの十日間、イタリアに滞在した。イタリア半島の調査は、ＦＡＯのDelhove博士、ローマ大学のMontelucci博士の協力を得て、ローマ周辺、ローマからフィレンツェの道沿い、およびローマからナポリまでの海岸沿いに生えているアブラナ科植物を調査した。野生種のコロニーは、道路沿い、村や町の空き地、荒れ地、畑に観察することができた。ナポリ大学のスタッフの案内で火山Monte Nuovoの山腹に、*B. fruticulosa*が自生していることを確認した。フロレンスでは、フロレンス大学のMoggi教授が収集したアブラナ科植物のコレクションがある植物園を見学した。

ＦＡＯからの手紙を受け取ったパレルモ大学・植物研究所のMartino教授と助手のSortino博士が、シシリー島の空港で待っていてくれた。彼らの案内で、我々はパレルモの北海岸からトラパニ、西および西南海岸をアグリゲントまで行き、パレルモまで山を越えて戻ることにした。トラパニまでの途中で、Monte Pellegrino頂上付近の岩山にキャベツの野生種*B. oleracia var.rupestris*を今回の調査で初めて観察することができた。その山の傾斜面には、野生種六種を確認できた。それらの多くは開花期であった。海辺の空き地や道路沿いにも、野生種七種を確認できた。それらの野生種いずれも未熟の種子しか付けていなかった。

トラポリからEgadi島のFavignanoまではフェリーで移動した。Favignanoの急な断崖にでは、キャベツのもう一つの野生種*B. oleracia var.macrocarpa*を見つけることができた。沿岸の湿地、山道の道端、山の斜面の粘土質の土壌、石ころだらけの荒れ地などに、何種もの野生種を確認した。

五月二十二日から二十三日までの二日間、チュニジアに滞在した。四十八時間滞在したチュニスでは、チュニスからカルタゴまでの調査を除き、体を休めることにした。ヨーロッパの南部よりも開花が早く、特に早生の野生種はほとんど見つからなかった。

五月二十四日から二十五日までの二日間は、アフリカ北部の地中海に面しているアルジェリアを調査した。アブラナ科植物の標本をみるため、首都アルジェにある農業研究所を訪問した。さらに、アルジェの周辺を調査し、野生種五種を見つけ出すことができた。

五月二十六日から二十八日までの三日間は、アルジェリアの隣国であるモロッコで調査した。カサブランカとラバトまでの海岸を調査し、カサブランカの郊外では、耕した畑地に自生する登熟《とうじゅく》半ばの野生種集団を見出した。後半は、ラバトにある国立農業研究所のスタッフの協力で、これまで採集されていなかった野生種を見つけることができた。道端や海岸の砂地ではすでに開花していた。シロガラシはすでに登熟が終わっていた。

五月二十九日から六月六日までの九日間は、スペインのマドリッド周辺とマヨルカ島を調査した。マドリッド周辺では、港外の住宅地の道端ではちょうど開花期の近縁野生種を観察できた。Ciudad大学薬学部とマドリッド植物園を訪問しGoday教授とBorja博士にお会いし、スペイン国内各地から集めたブラシカ属十八種近縁野生種の種子の提供を受けた（図4―3―6（口絵⑯））。これらの種子は、今回の調査では採取できなかったものである。キャベツの野生種を採取する目的で地中海に浮かぶマヨルカ島に移動した。マヨルカ島では、西海岸から南海岸そして北西部海岸地域と調査したが、キャベツの野生種を見つけることができなかった。

六月七日から十日までの四日間は、フランス国のコルシカ島を調査した。イタリア半島の西に位置するフランス領の島、コルシカは今回の調査の最終調査地である。西沿岸を調査し、海岸の砂地に野生種を見つけることができた。アブラナ科植物の栽培種は完熟期、開花期であった。しかし、キャベツの野生種は見つからなかった。

六月十一日から十六日までの六日間、イギリス国のロンドンに滞在した。滞在した多くの時間は、イギリス王立キュー植物園の標本館で過ごした。世界中から収集されたアブラナ属の種や系統の標本を見ることができた。また、この調査で採集したアブラナ科植物三二九サンプルを同定するために、標本の写真を取ることができた。

三、海外学術調査は訪問国の現地研究者の協力が重要

具体的な記載からも分かるように、調査のために訪問した多くの国で現地研究者の協力のもと調査をすすめられている。現地の研究者との協力体制がなければ、調査はできなかったと言っても過言ではない。第一回のアブラナ科植物の海外学術調査の班員である渡邉穎悦氏からは、調査に出掛ける前に先生方は現地研究者と一年以上の長い時間をかけて十分な打ち合わせをしていたとお聞きした。電子メールを使える今日では考える事もできないほど打ち合わせに時間と手間が掛かったことと推察される。手紙がヨーロッパに届くまでには、航空便で最短で一週間、船便では一ヶ月間は掛かった時代であった。電話もダイヤルを回して直接つながるのではなく、電話交換手に申し込み、いくつもの回線をつないでやっとつながるのである。電話交換手に申し込んでから、電話がつながるまでに一時間以上も掛かることは珍しくありませんでした。今日のようにインターネットを利用すれば、現地の交通、宿、食事などの情報を容易に入手できる時代とは異なり、それらの情報の入手には困難を極めた時代であった。半世紀前の海外学術調査は、出発前の準備が想像を絶するものであったことは言うまでもない。

四、生物多様性条約・名古屋議定書と海外学術調査

　二〇一七年八月二十二日に名古屋議定書を日本が締結したことにより、これまでに比較して「遺伝資源の利用から生じる利益の公正かつ衡平な分配（Access and Benefit Sharing; ABS)」に厳密な対応を要することになる。では、生物多様性条約で取り上げている遺伝資源とはなにか、「遺伝の機能的な単位を有する動植物、微生物などに由来する価値のある素材」と定義されています。この遺伝資源には、生死を問わない生物個体の全体やその一部、これらが凍結、乾燥、粉末、DNAやRNAなどを含む抽出物も含まれる。遺伝資源の採取および持ち込みだけでなく、外国人留学生や訪問研究者が自国の遺伝資源を日本に持ち込んだ場合も生物多様性条約の対象となる。さらに海外で遺伝資源を購入し日本に輸入した場合、国内で購入した外国由来の商品も、生物多様性条約の対象となる可能性がある。さらに、遺伝資源に関連する先住民の知恵や伝統的な知識、例えば薬草の煎じ方法についても対象となる場合があり、遺伝資源の採取を行わない場合でも該当する場合があるので注意を要する。

　遺伝資源の利用から生じる利益の公正かつ衡平な分配には、金銭だけでなく、共著での発表論文、実験技術の供与、実験機材や資料の提供、研究者や学生の受け入れなども該当する。遺伝資源に関わる海外学術調査を行う場合、特に相手国からの遺伝資源の提供を受ける場合、これからは調査相手国の共同研究者との間で、共同研究契約書を作成する必要がある。共同研究契約書には、「研究によって生じる利益の配分を含めた相互に合意する条件」(Mutually Agreed Terms ; MAT）を記載しなければならない。さらに、調査で生物サンプルの採取や取得する場合には、提供国からの「事前同意書」(Prior Informed Consent; PIC）を取得する必要がある。MATおよびPICを取得した後、提供国政府の手続きによって「国際遵守証明書」(Internationally Recongnized Certificate of Compliance; IRCC）が取得できた場合、日本政府からの指針に従い定期的に行われるモニタリングへの対応を行わなければならない。上記の手続きを経ないで無断に生物遺伝資源を持ち出した場合、提供国での逮捕、研究の差し止め、研究費申請の不受理、発表論文の不承認等が起こるかもしれない。

　生物多様性条約が発効した一九九三年十二月二十九日以後に、海外から遺伝資源を取得している場合には提供国の法規制を確認する必要がある。提供国によっては、発効以前でも遺伝資源が対象となる場合があるので注意すべきである。さらに法規制が改訂される場合もあり、注意する必要がある。すでに取得した遺伝資源に関しては、海外学術調査に関してはMemorandum of Understanding (MOU）やMemorandum of Agreement (MOA)、材料に

関してはMaterial Transport Agreement(MTA)を、研究者間ではなく研究機関間で取り交わすことが推奨される。

調査対象国から遺伝資源を持ち出し、調査研究を行う場合、対象国において信用のおける共同研究者に調査研究内容を十分に理解してもらうことが、まずは必要である。調査対象国の共同研究者が、MAT、PIC、IRCCなどの手続きを十分に理解しているとは限らないことも留意する必要がある。さらに、調査対象国や調査地域によっては、国内法や地域の法律によって、事前に調査許可を得なければならない場合があるので注意を要する。

おわりに

紹介した半世紀前のアブラナ科植物に関わる海外学術調査では、調査対象国であり遺伝資源の提供国の研究者と、調査に向かう前の綿密な打ち合わせたことが、調査を成功裏に導いたと述べた。また、この調査に基づき、調査に参加された先生方は協力してくれた研究者といくつもの研究論文や総説を共著で書かれている。さらに、協力してくれた研究者を仙台に招聘し「アブラナ属作物と関連野生種」と題してシンポジウムを開いている。

そのシンポジウムで発表された論文は、海外の研究者の寄稿を加えて「*Brassica* Crops and Wild Allies (edited by Tsunoda et al. 1980)」を刊行している。また、調査相手国から研究者を長期滞在研究者としても招聘もしている。これらのことは、半世紀も前の遺伝資源に関わる海外学術研究ではあるが、名古屋議定書の「遺伝資源の利用から生じる利益の公正かつ衡平な分配」をうたった趣旨に、十分に対応していたと言える。今日、諸外国の情報を容易に入手できるインターネットなどの発達で、対象国の研究者の協力がなくとも、遺伝資源の入手や調査は比較的容易に出来る時代になったことで、名古屋議定書などの国際法が必要になってきたとも考えられるのではないか。

最後に、名古屋議定書の締結によって、研究者間の合意に基づいて行われていた遺伝資源に関わる海外学術調査が、提供国および入手国での手続きが明確になり、国際遵守証明書により国際的なお墨付きを得なければならなくなった。

提供国の法令や必要な手続きは提供国により異なっており対応が困難な場合がある。海外調査研究を企画する間に、国立遺伝学研究所・ABS学術対策チーム(5)に、それぞれの国のさまざまに異なる法規制や手続きへの対応、共同研究契約書や事前同意書等への対応などを相談されることをお薦めする。

注

(1) ラムサール条約「特に水鳥の生息地としての国際的に重要な湿地に関する条約」http://www.mofa.go.jp/mofaj/gaiko/kankyo/jyoyaku/rmsl.html

(2) ワシントン条約「絶滅のおそれのある野生動植物の種の国際取引に関する条約」http://www.mofa.go.jp/mofaj/gaiko/

kankyo/jyoyaku/wasntn.html

（3） 生物多様性条約「生物多様性の保全および持続可能な利用、遺伝資源の利用から生じる利益の公平な配分に関する条約」http://www.mofa.go.jp/mofaj/gaiko/kankyo/jyoyaku/bio.html

（4） 名古屋議定書「遺伝資源の取得の機会およびその利用から生ずる利益の公正かつ衡平な配分に関する議定書」http://www.env.go.jp/nature/biodic/abs/conf01.html）

（5） 国立遺伝学研究所・ABS学術対策チーム
（Tel; 055-981-5831, URL; http://www.idenshigen.jp, E-mail; abs@nig.ac.jp）

参考文献

星川清親（二〇〇三）『改訂増補 栽培植物の起源と伝搬』（二宮書店）三一一頁

Mizushima, U. and Tsunoda, S. 1967. A plant exploration in Brassica and allied genera. Tohoku J. Agr. Res. 17:249-277.

角田重三郎（一九九一）「アブラナ連栽培植物のルーツ—1——アブラナ連の栽培植物と関連野生植物」（『農業および園芸』六六）一二三三—一二三九頁

Tsunoda, S. Hinata, K. and Gomez-Campo, C. (eds) 1980. Brassica Crops and Wild Allies. Japan Sci. Soc, Press, Tokyo, Japan pp.354.

謝辞 このコラムに関連して本書口絵のカラー図版に掲載された貴重な写真および調査旅行に関する具体的な情報をご提供くださいました株式会社渡辺採種場会長・渡邉穎悦氏のご厚意に深く感謝いたします。

編集後記

本書の企画から、既に四年近い年月が経過した。本書企画の契機は、二〇一四年に採択された科学研究費による調査研究活動であり、農学と人文学の学際的研究を目指したものであった。本書の編者らが中心となり、それぞれ農学・人文学において有縁の研究者に声をかけて研究班が発足した。

二〇一四年六月に初めて山形県内で研究班の会合をした際には、編者ら以外は互いに面識がほとんどない研究者が集まり、各自がぎこちない自己紹介からスタートしたことを思い出す。当初は会合を重ねるたびに、農学と人文学、というより理系と文系の研究スタイルの違い、学術的志向や問題意識・学問的視点には相当な隔たりがあり、当然にして問題意識を共有して議論を行うという土台に到達するまでに一定の時間等を要したことを記憶している。それでも、地道に会合や調査を重ねて互いの学問領域やそこで生じている問題への認識等への理解を深めていくにつれ、自ずと研究班全体の基礎も固まり、議論が噛み合うようになった。

研究活動の成果を如何にして社会還元するのかという点についても、様様な意見が提出された。最終的には高度な学術論文よりも、一般の方々やこれから学問を目指す若い方に解りやすく読んで頂く形がよいのではということになり、本書が編まれることとなった。

ところで、最近この研究班の存在を知った諸方面から、どのようにして文系・理系の学際的チームを結成し得たのか、とのご質問を頂戴することが度々ある。それに対して実は我々にも何か特筆できるような答えがある訳ではない。ただ、自然に恵まれた片田舎に生まれて幼少時代に自然から多くを学び、多大なる影響を受けた経験を持つという点では共通項がある。そして、農学・人文学分野の違いこそあれ、双方ともそれぞれの専門分野ではフィールドでの仕事に従事し、さらに指導者や研究仲間等に恵まれていた、ということがひとつのポイントであったようには思われる。

しかしながら、こうした質問を多くお受けするということは、裏を返せばそれだけ他分野間の研究者交流が喫緊の課題となっていることの現れではないかとも思われる。学術界においても近年そうした点がさかんに叫ばれているが、それでもなかなかうまく行かぬことが多いとも側聞する。うまく表現できないのだが、どうやら研究班のベースには、理屈ではない何か人間同士の感性や志向の共通性、そして紐帯のようなものが必要なのかもしれない。

なお、本書は、左記の科研費による成果の一部である。また、本書の作成と編集ならびに校正作業の遂行に際しては、東北大学大学院生命科学研究科・伊藤加奈氏・増子（鈴木）潤美氏から多大なるご支援を頂戴した。さらには、平素からの調査・研究活動においては多くの方々からのご協力を頂いたことも決して忘れることはできない。ここに記して謝意を表する次第である。

最後に、本書の企画と刊行に際しては、勉誠出版の吉田祐輔氏をはじめとする関係各位より格別のご理解・ご支援を頂戴したことを記したい。特に、本書のような学融合的テーマが果たしてアジア遊学シリーズにふさわしいのかどうかという議論はおそらくやおありではあったかとは拝察するが、今回は版元としてこのようなご英断を頂き、本書が世に出る契機を頂いたことについて、末筆ながら深甚なる感謝を申し上げる。

二〇一九年春　平成から令和への御代替わりの時節に

編者識す

・日本学術振興会科学研究費・基盤研究（B）海外学術「アブラナ科植物の伝播・栽培・食文化史に関する領域融合的研究」課題番号：二六三〇〇〇〇三（二〇一四年度採択）
・日本学術振興会科学研究費・基盤研究（B）特設分野「歴史史料・考古資料活用による次世代作物資源の多様性構築に向けた学際的研究」課題番号：一八KT〇〇四八（二〇一八年度採択）

執筆者一覧（掲載順）

武田和哉　渡辺正夫
矢野健太郎　等々力政彦　江川式部
清水洋平　佐藤雅志　鳥山欽哉
吉川真司　横内裕人

附記　初版第２刷発行にあたり、内容・文章の変更は行わず、必要最低限の誤植の訂正のみ行った。

【アジア遊学235】
菜《な》の花《はな》と人間《にんげん》の文化史《ぶんかし》
アブラナ科植物の栽培・利用と食文化

2019年6月28日　初版発行
2023年9月25日　初版第２刷発行
編　者　武田和哉《たけだかずや》・渡辺正夫《わたなべまさお》
発行者　吉田祐輔
発行所　㈱勉誠社
〒101-0061　東京都千代田区神田三崎町2-18-4
TEL：(03)5215-9021(代)　FAX：(03)5215-9025
〈出版詳細情報〉http://bensei.jp/

印刷・製本　㈱コーヤマ

ISBN978-4-585-22701-4　C1345

コラム◎「刀伊襲来」事件と東アジア　蓑島栄紀
女真と胡里改―鉄加工技術に見る完顔部と非女真系集団との関係　井黒　忍
女真族の部族社会と金朝官制の歴史的変遷　武田和哉
コラム◎猛安・謀克について　武田和哉
コラム◎金代の契丹人と奚人　吉野正史
十五年も待っていたのだ！―南宋孝宗内禅と対金関係　毛利英介
コラム◎金朝と高麗　豊島悠果
第Ⅱ部◎金代の社会・文化・言語
女真皇帝と華北社会―郊祀覃官からみた金代「皇帝」像　飯山知保
コラム◎元好問―金代文学の集大成者　高橋幸吉
金代の仏教　藤原崇人
コラム◎金代燕京の仏教遺跡探訪記　阿南・ヴァージニア・史代
金代の道教―「新道教」を越えて　松下道信
女真語と女真文字　吉池孝一
コラム◎女真館訳語　更科慎一
第Ⅲ部◎金代の遺跡と文物
金上京の考古学研究　趙永軍（古松崇志・訳）
コラム◎金の中都　渡辺健哉
金代の城郭都市　臼杵勲
コラム◎ロシア沿海地方の女真遺跡　中澤寛将
コラム◎金代の界壕―長城　高橋学而
金代の在地土器と遺跡の諸相　中澤寛将
金代の陶磁器生産と流通　町田吉隆
金代の金属遺物―銅鏡と官印について　高橋学而
第Ⅳ部◎女真から満洲へ
元・明時代の女真（直）とアムール河流域　中村和之
ジュシェンからマンジュへ―明代のマンチュリアと後金国の興起　杉山清彦
コラム◎マンジュ語『金史』の編纂―大金国の記憶とダイチン＝グルン　承志

214 前近代の日本と東アジア―石井正敏の歴史学
荒野泰典・川越泰博・鈴木靖民・村井章介　編
はしがき―刊行の経緯と意義　村井章介
Ⅰ 総論
対外関係史研究における石井正敏の学問　榎本渉
石井正敏の史料学―中世対外関係史研究と『善隣国宝記』を中心に　岡本真
三別抄の石井正敏―日本・高麗関係と武家外交の誕生　近藤剛
「入宋巡礼僧」をめぐって　手島崇裕
Ⅱ 諸学との交差のなかで
石井正敏の古代対外関係史研究―成果と展望　鈴木靖民
『日本渤海関係史の研究』の評価をめぐって―渤海史・朝鮮史の視点から　古畑徹
中国唐代史から見た石井正敏の歴史学　石見清裕
中世史家としての石井正敏―史料をめぐる対話　村井章介
中国史・高麗史との交差―蒙古襲来・倭寇をめぐって　川越泰博
近世日本国際関係論と石井正敏―出会いと学恩　荒野泰典
Ⅲ 継承と発展
日本渤海関係史―宝亀年間の北路来朝問題への展望　浜田久美子
大武芸時代の渤海情勢と東北アジア　赤羽目匡由
遣唐使研究のなかの石井正敏　河内春人
平氏と日宋貿易―石井正敏の二つの論文を中心に　原美和子
日宋貿易の制度　河辺隆宏
編集後記　川越泰博

160 契丹[遼]と10～12世紀の東部ユーラシア
荒川慎太郎・澤本光弘・高井康典行・渡辺健哉　編
契丹史年表
一　契丹［遼］とその国際関係
十～十二世紀における契丹の興亡とユーラ

アジア遊学既刊紹介

256 元朝の歴史—モンゴル帝国期の東ユーラシア

櫻井智美・飯山知保・森田憲司・渡辺健哉　編

カラー口絵……『書史会要』(台湾国家図書館蔵洪武九年刊本)ほか
序言　櫻井智美
導論—クビライ登極以前のモンゴル帝国の歴史　渡辺健哉
元朝皇帝系図
本書所載論考関係年表
元朝皇帝一覧
Ⅰ　元代の政治・制度
元代「四階級制」説のその後—「モンゴル人第一主義」と色目人をめぐって　舩田善之
ジャムチを使う人たち—元朝交通制度の一断面　山本明志
元代の三都(大都・上都・中都)とその管理　渡辺健哉
江南の監察官制と元初の推挙システム　櫻井智美
【コラム】カラホト文書　赤木崇敏
【コラム】元代における宮室女性の活躍　牛瀟
元末順帝朝の政局—後至元年間バヤン執政期を中心に　山崎岳
Ⅱ　元代の社会・宗教
元代の水運と海運—華北と江南はいかにして結びつけられたか　矢澤知行
モンゴル朝における道仏論争について—『至元辯偽録』に見える禅宗の全真教理解　松下道信
元版大蔵経の刊行と東アジア　野沢佳美
【コラム】南宋最後の皇帝とチベット仏教　中村淳
【コラム】夷狄に便利な朱子学—朱子学の中華意識と治統論　垣内景子
回顧されるモンゴル時代—陝西省大荔県拝氏とその祖先顕彰　飯山知保
Ⅲ　伝統文化とその展開
「知」の混一と出版事業　宮紀子
白樸の生涯と文学　土屋育子
「元代文学」を見つめるまなざし　奥野新太郎
景徳鎮青花瓷器の登場—その生産と流通　徳留大輔
Ⅳ　元朝をめぐる国際関係
『朴通事』から広がる世界　金文京
日元間の戦争と交易　中村翼
日元間の僧侶の往来規模　榎本渉
モンゴル帝国と北の海の世界　中村和之
元と南方世界　向正樹
Ⅴ　研究の進展の中で
書き換えられた世界史教科書—モンゴル＝元朝史研究進展の所産　村岡倫
史料の刊行から見た二十世紀末日本の元朝史研究　森田憲司
【コラム】チンギス・カンは源義経ではない—同一人物説に立ちはだかる史実の壁　村岡倫
【コラム】モンゴル時代の石碑を探して—桑原隲蔵と常盤大定の調査記録から　渡辺健哉
【コラム】『混一疆理歴代国都之図』の再発見　渡邊久

233 金・女真の歴史とユーラシア東方

古松崇志・臼杵勲・藤原崇人・武田和哉　編

序言　古松崇志
関係年表　藤原崇人
金朝皇帝系図・金朝皇帝一覧　武田和哉
第Ⅰ部◎金代の政治・制度・国際関係
金国（女真）の興亡とユーラシア東方情勢　古松崇志
契丹遼の東北経略と「移動宮廷（行朝）」—勃興期の女真をめぐる東部ユーラシア状勢の一断面　高井康典行